教育部　财政部职业院校教师素质提高计划成果系列丛书
通信工程专业职教师资培养资源开发（VTNE027）

项目牵头单位：电子科技大学

项目负责人：曾　翎

项目专家指导委员会

出版说明

《国家中长期教育改革和发展规划纲要（2010—2020年）》颁布实施以来，我国职业教育进入加快构建现代职业教育体系、全面提高技能型人才培养质量的新阶段。加快发展现代职业教育，实现职业教育改革发展新跨越，对职业学校“双师型”教师队伍建设提出了更高的要求。为此，教育部明确提出，要以推动教师专业化为引领，以加强“双师型”教师队伍建设为重点，以创新制度和机制为动力，以完善培养培训体系为保障，以实施素质提高计划为抓手，统筹规划，突出重点，改革创新，狠抓落实，切实提升职业院校教师队伍整体素质和建设水平，加快建成一支师德高尚、素质优良、技艺精湛、结构合理、专兼结合的高素质、专业化的“双师型”教师队伍，为建设具有中国特色、世界水平的现代职业教育体系提供强有力的师资保障。

目前，我国共有60余所高校正在开展职教师资培养，但由于教师培养标准的缺失和培养课程资源的匮乏，制约了“双师型”教师培养质量的提高。为完善教师培养标准和课程体系，教育部、财政部在“职业院校教师素质提高计划”框架内专门设置了职教师资培养资源开发项目，中央财政划拨1.5亿元，系统开发用于本科专业职教师资的培养标准、培养方案、核心课程和特色教材等系列资源。其中，包括88个专业项目、12个资格考试制度开发等公共项目。该项目由42家开设职业技术师范专业的高等学校牵头，组织近千家科研院所、职业学校、行业企业共同研发，一大批专家学者、优秀校长、一线教师、企业工程技术人员参与其中。

经过3年的努力，培养资源开发项目取得了丰硕成果。一是开发了中等职业学校88个专业（类）职教师资本科培养资源项目，内容包括专业教师标准、专业教师培养标准、评价方案，以及一系列专业课程大纲、主干课程教材及数字化资源；二是取得了6项公共基础研究成果，内容包括职教师资培养模式、国际职教师资培养、教育理论课程、质量保障体系、教学资源中心建设和学习平台开发等；三是完成了18个专业大类职教师资资格标准及认证考试标准开发。上述成果，形成了共计800多本正式出版物。总体来说，培养资源开发项目实现了高效益：形成了一大批资源，填补了相关标准和资源的空白；凝聚了一支研发队伍，强化了教师培养的“校—企—校”协同；引领了一批高校的教学改革，带动了“双师型”教师的专业化培养。职教师资培养资源开发项目是支撑专业化培养的一项系统化、基础性工程，是加强职教教师培养培训一体化建设的关键环节，也是对职教师资培养培训基地教师专业化培养实践、教师教育研究能力的系统检阅。

自2013年项目立项开题以来，各项目承担单位、项目负责人及全体开发人员做了大量深入细致的工作，结合职教教师培养实践，研发出很多填补空白、体现科学性和前瞻性的成果，有力推进了“双师型”教师专门化培养向更深层次发展。同时，专家指导委员会的各位专家以及项目管理办公室的各位同志，克服了许多困难，按照两部对项目开发工作的总体要求，为实施项目管理、研发、检查等投入了大量时间和心血，也为各个项目提供了专业的咨询和指导，有力地保障了项目实施和成果质量。在此，我们一并表示衷心的感谢。

编写委员会

2016年3月

前　　言

电子科技大学作为牵头单位承担了教育部、财政部“职业院校教师素质提高计划”中“通信工程专业职教师资本科培养专业的培养标准、培养方案、核心课程和特色教材等资源”项目的开发工作。《移动应用Android技术》是该项目开发的主干课程教材之一。教材以培养从事通信工程专业职业教育的教师为目标，在教材中融合了专业知识、职业技能和教学教法。

目前中国移动互联网市场快速发展，行业竞争全面展开。随着手机应用的不断发展创新，移动互联网渗透到网民购物、社交、娱乐、阅读等日常生活的各个方面，吸引了越来越多的网民开始使用移动互联网，未来三到五年内，智能手机用户比例将大幅提高，这将极大地带动整个移动互联网产业的发展，同时也产生了大量的移动应用开发人才需求。因此，加快移动应用开发人才的培养有着重大意义，开展移动应用开发人才的培养将在一定程度上改善通信工程专业学生就业的现状，提高学生的就业质量。

☆ 本书的特点

目前市场上Android方面的书籍，大致可以归纳为两类：一类是以纯知识点为单位，对一个个的知识点进行介绍，缺少综合运用知识能力的培养；另一类则是案例式的教材，这类书一般都是以大量的代码构成，缺少“为什么要这样做”，对学习者来说缺少分析问题与解决问题能力的培养。

本教材依循行动导向教学理念，按照工作过程系统化进行开发，具有以下特点。

（1）以目标行动为导向

教材以目标行动为导向，告诉读者想成为移动应用开发人员，应具备什么样的技能，以及作为职业教师，在面对相关教学任务时，如何合理应用教学策略。本书共由6个任务、5个附件组成，分别以Android应用开发为导向进行展开。具体设计如下所示：

我想做Android应用开发

我怎样来设计Android应用的界面？	任务一：手机App典型的界面制作——界面布局
我怎样实现Android的数据存储？	任务二：迷你笔记本App制作——数据存储
我怎样实现Android对网络访问的？	任务三：迷你天气预报App制作——网络通信
我怎样实现Android对多媒体的操作？	任务四：音乐播放器制作——多媒体
我怎样实现Android位置与服务操作？	任务五：导航App制作——位置与地图
我如何实现Android基于Web服务器应用的开发，行业中有没有什么比较好的网络框架？	任务六：学生评教App制作——Google的Volley框架应用

（2）打破了理论与具体应用相脱节的状况

教材以项目为单位进行组织内容，每一个项目都完全遵循软件工程的流程进行设计，以目标为导向进行设计，每个任务都是一个完整的项目。每个项目都是以“我要做什么？我该怎么去做？我要实现这个目标需要用到什么技术？最后是如何一步一步去实现它？”的原理进行设计。这样将相关的知识穿插在实际的应用中，不仅将理论学习与实践应用有机结合在一起，使学生明白为了解决实际的问题而应该使用什么知识，真正做到学以致用，而且培养了学生分析与解决实际问题的能力，增强了学生实际项目开发的经验。

（3）根据工作过程设计学习过程，符合职业教育规律和技能型人才成长规律

教材依据职业标准和岗位要求，采用软件工程开发流程进行项目分析、设计、开发，有利于学生职业能力的培养。

（4）内容设计完全来自实际的产业

教材的内容都是目前产业中常用的技术，使学生的学习不会与产业脱节，做到与时俱进。

此外，本教材针对职教师资本科，教材中引入教学策略讨论，以培养学生的教学能力。

本教材编写体例采用任务式，该结构适合任务驱动式教学。设计任务由简单到复杂，由浅入深，循序渐进，知识和技能螺旋式地融于任务中。

建议授课方式：为了提高学生运用知识分析与解决问题的能力，培养学生创新能力和专业应用能力，在教学中只注重理论讲授是不够的，必须加大学生在学习过程中的训练量，让学生在训练过程中掌握软件开发的知识和技能、增强软件开发的能力。所以，应用本教材的课程建议采用任务驱动或项目式教学法。

建议教学环境：全部在实训室进行，这样老师可以根据具体的教学进度安排学生进行实践操作，加大学生的实际训练量，从而让学生真正做到了“边学边练”，加强对所学知识的运用能力，起到事半功倍的效果。另外，由于在实训室中老师可以全程控

制学生使用的计算机，从而可以杜绝学生做与学习无关的事，这样将大大提高教学的整体质量。

☆ 实训教学条件

移动应用Android技术属于具有很强实践性的课程，使用任务驱动或项目式教学法进行教学。建议机房连接Internet网，提供Android测试设备（手机）若干，最好有一台可自主管理的Web服务器。

☆ 教学学时

建议总学时80学时，理论40学时，实践40学时，可加大课外训练学时。

本书由曾翎、李文远主编。李文远编写任务一、任务二和附录A、附录B，张庆林编写任务三、任务六和附录C，文思群编写任务四、任务五和附录D、附录E，段景山统审全稿。

由于编者水平有限，书中难免有疏漏与不足之处，恳请读者批评、指正。

编 者

2018年5月

目　　录

任务一：手机App界面的制作——界面布局

目标：

通过专题学习，你应该能够：

- ◆ 理解Android布局管理的作用；
- ◆ 掌握Android常用的布局知识；
- ◆ 掌握实现一些特别的布局效果。

一个较好的Android软件，需要有一个良好的用户操作界面，在Android软件开发中，所有的界面元素（控件）都是由Android提供的布局进行呈现，也就是说，Android的布局有点类似于HTML网页中的DIV标签，相当于是一个容器，所有的元素及内容都是放在布局中的。

Android应用软件的布局大致可以使用LinearLayout、FrameLayout、RelativeLayout、TableLayout、AbsoluteLayout、ViewPager、Fragment等技术来实现。

1.1　任务描述与目标

某某软件公司是做传统软件起家的，为了能更好地迎合“互联网+”，决定新组建移动互联应用App软件团队。宇洁是这家软件公司的一个职员，他以后想从事Android应用App软件的开发。经过分析与思考后，他决定从Android应用App软件的界面设计开始入手。

新手上路最好的方式是模仿前人的成果，然后再去创新，宇洁参考了一些行业软件，决定设计一个“迅雷看看”的界面，见图1.1（a）。

图1.1　布局效果图（a）

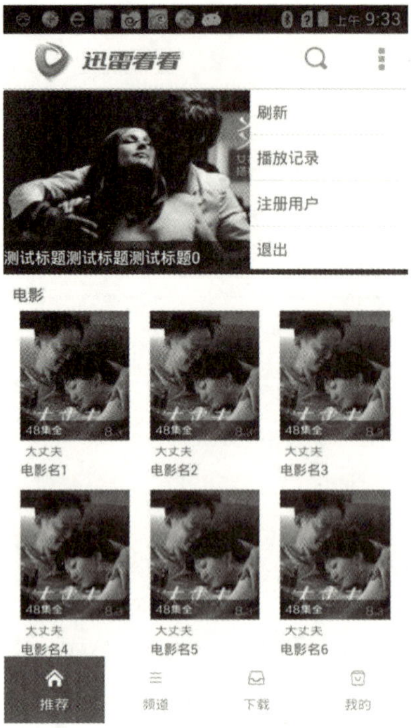

图 1.1　布局效果图（b）

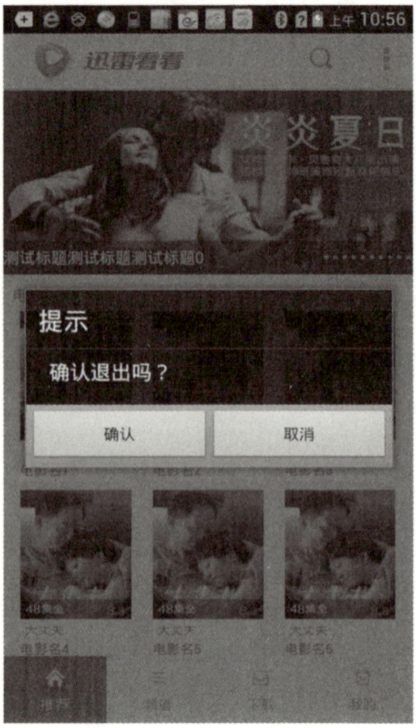

图 1.1　布局效果图（c）

从图中可以看出本任务的设计内容包括如下几点。

（1）最上面的标题栏由背景图片、Logo、查询按钮和下拉按钮 4 个图片构成，为简化设计查询按钮暂时是不可以点击的，在后续设计中，可以在此添加查询功能，只要点击查询按钮，就会弹出输入框，输入用户想看的电影名称，就可以给出查询结果。下拉框是可以点击的，如图 1.1（b）所示。下拉框有 4 个按钮，分别是刷新、播放记录、注册用户和退出。为简化设计，前 3 个按钮点击后的效果是隐藏下拉框。在后续设计中，点击刷新按钮，会执行一次刷新操作，从数据库中更新一下数据；点击播放记录，会弹出一个列表，显示已经播放过的视频；点击注册用户，会弹出对话框，要求输入用户名密码等信息。点击退出按钮会弹出对话框，如图图 1.1（c）所示，点击确定，应用程序就退出，点击取消，就不退出。

（2）焦点图片区域的图片可以左右滑动，对应每一张图片都有文字和焦点。一共放置了 9 张图片，对应的文字区域有 1 ~ 9，在右下角的焦点，有 9 个，每滑动一次图片，焦点就跟着跳到对应的位置，来标明当前是第几张图片。

（3）内容展示区域采用九宫格的形式放入多张图片，点击每张图片可以弹出另外一个界面，为简化设计，这个跳出来的界面，只是一张图片以及一个文本。

（4）最下面导航区的 4 个按钮，分别是推荐、频道、下载和我的。为简化设计，这里点击按钮是没有反应的。在后续设计中，要用到 Fragment 技术，当点击推荐按钮时，弹出一个列表，向用户推荐当前最热门的视频；当点击频道按钮时，弹出一个列表，这个列表是视频的一个分类列表，分别有人文、记录、战争和爱情等选项。

分析上述需求，我们可以分析得到以下技术目标，这些目标既是任务完成的关键，也是我们学习的目标：

1. 多区域布局，包括标题区、焦点区，九宫风格内容展示区域，底部导航区；
2. 下拉菜单；
3. 图片滑动选择；
4. 九宫格布局及点击事件响应。

1.2　任务分析

1.2.1　布局在Android开发中的意义

一个好的软件离不开良好的设计界面及用户体验。对于Android手机上的App应用来说，显得非常重要。

手机设备，由于尺寸等客观特性决定了它的特殊性。作为Android手机App应用的开发者，应该考虑到手机的相关特性，在有限的尺寸下，更好的呈现出App应用需要展示的信息，同时结合用户实际操作的情况，设计出信息组织不“杂乱”、用户操作方便的App应用软件界面，显得尤为重要。

所以，作为一名Android手机应用软件开发者，就必须掌握Android应用App的界面布局与设计的相关知识。那么，什么是Android应用的布局呢？

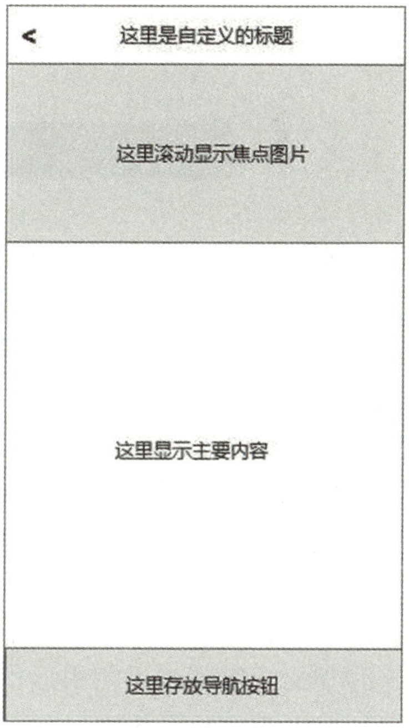

图1.2　界面布局设计原型示意图

Android应用的布局，实质就是开发者设计规划出该应用界面上应该呈现哪些信息，这些信息又应该以什么样的形式出现在什么位置，以及这些信息在整个界面中所占的比例等的规划。如我们可以将整个界面划分为三大部分，顶部为应用的标题，中部为应用内容呈现区，底部为导航区，然后，在中部区再划分两个区，一个用于焦点图片展示，一个用于内容呈现，至于各部分的大小比例，可根据实际情况来定。具体可参见下图1.2所示手机应用典型的界面布局设计。

Android中提供了用于布局的控件，主要有线性布局、相对布局、表格布局、帧布局、绝对布局。实质上这些布局就是一个个的容器，起到占位及呈现信息的作用，有点类似于网页设计中的DIV标签。

有了界面设计的原型图（构思图）后，接下来就是向这些布局容器中放置具体的展示元素了，如图1.3所示的就是大家非常熟悉的京东商城和QQ新闻的主界面图。

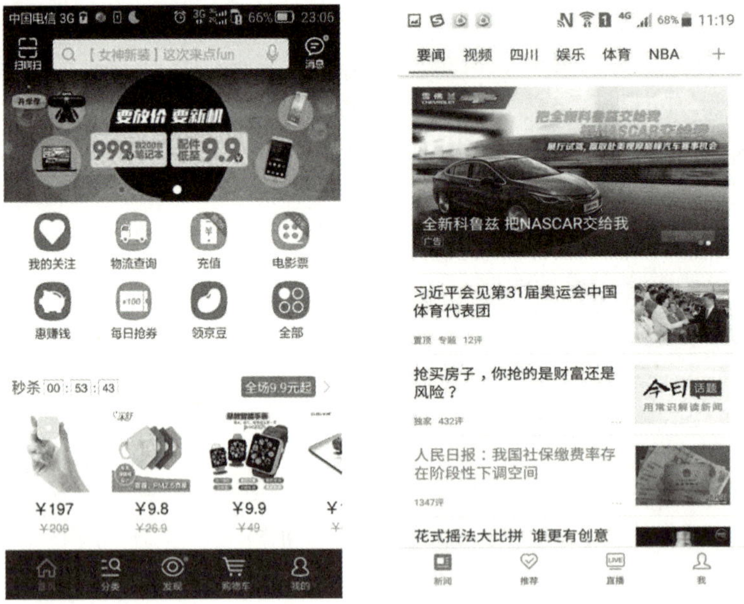

图 1.3　根据原型设计出来的实际效果图

Android中的布局是承载其他所有信息的载体，在Android手机App应用开发中显得尤为重要，其他的元素（控件、图片、文字等）都必须以布局作为容器而存在。

那么，要实现Android应用App除了布局以外还会使用一些什么技术呢?

1.2.2　Android界面设计的常用方式

在对Android应用App的界面设计时，常常使用Android提供的布局技术及第三方Fragment技术、ViewPager技术等共同实现。

在本任务中，我们首先通过Android自带的布局技术实现迅雷看看主页的效果。这时我们会发现在迅雷看看的底部有4个导航，点击不同的导航按钮将进入不同的窗口，每个窗口的底部都会有这样4个导航按钮，那么如果导航不只4个时，这样处理起来就很不方便，而且容易产生大量的冗余代码。

为了解决这种问题，可以使用Fragment技术来解决以上存在的问题。

我们又可能会觉得每次导航到不同的窗口时，都要去点击底部的导航按钮，那有没有什么办法可以实现用手轻轻一滑进行导航与切换窗口的技术呢？答案是肯定的，那就是ViewPager技术。

所以，为了更好地掌握Android界面设计的相关知识与技术，下面就这三种界面设计技术进行详细分析。

1. Android自带的布局

Android的SDK中自带的有5种常用的布局，分别是相对布局、线性布局、绝对布局、帧布局、表格布局。

Android提供的布局，相当于是一个容器，主要用于规划出软件界面呈现区域的功能，比如将顶部定为标题栏，底部为四个导航按钮，中间部位为内容显示区域，再在中间位置分为上下两部分，上部为焦点展示区，下部为影片列表区。具体如图1.4所示。

2. Fragment技术

Android在手机上显示的窗口称作Activity（活动），每一个Activity都由相应的布局文件和业务代码组成，不同Activity之间切换显示需要使用到Intent进行启动，新的Activity启动显示了，上一个Activity就会被压入堆栈。

Fragment技术可以实现在一个Activity中切换显示不同的界面，有点类似于网页设计中的iframe。这是目前Android应用开发中非常流行的一种处理方式，Fragment技术的原理，具体如图1.5所示。

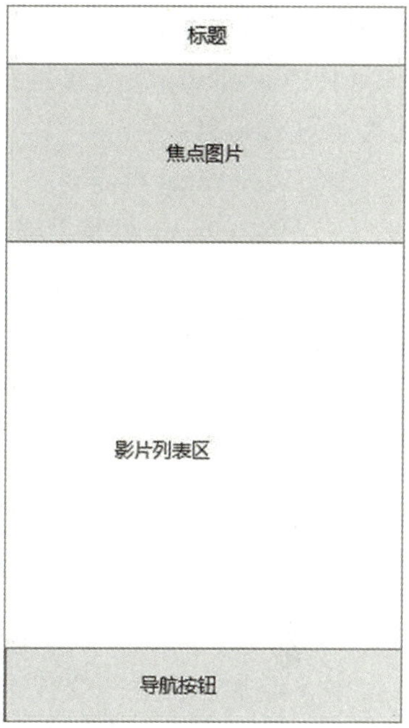

图1.4　界面布局示意图

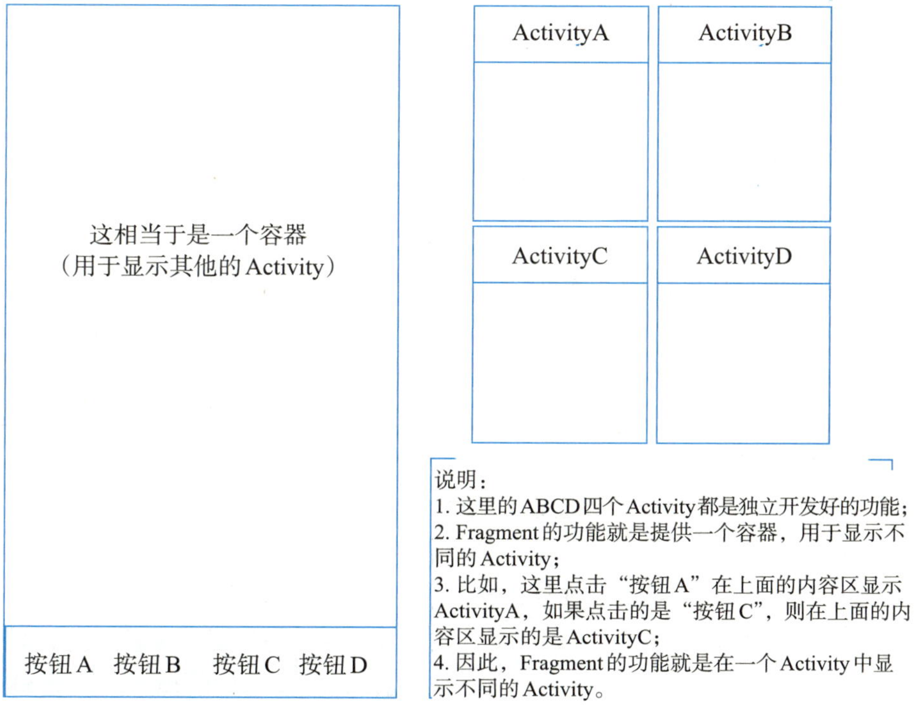

图1.5　Fragment的原理示意图

3. ViewPager技术

ViewPager是扩展包v4包中的类(android.support.v4.view.ViewPager)，这个类可以

让用户通过左右滑动的方式切换当前的视图（View）。

（1）ViewPager类直接继承了ViewGroup类，所以它是一个容器类，可以在其中添加其他的View类。

（2）ViewPager类需要一个PagerAdapter适配器类给它提供数据。

（3）ViewPager经常和Fragment一起使用，并且提供了专门的FragmentPagerAdapter和FragmentStatePagerAdapter类供Fragment中的ViewPager使用。

在编写ViewPager应用的时候，还可选的两个组件类分别是PagerTitleStrip类和PagerTabStrip类，PagerTitleStrip类直接继承自ViewGroup类，而PagerTabStrip类继承PagerTitleStrip类，所以这两个类也是容器类。但是有一点需要注意，在定义XML的Layout的时候，这两个类必须是ViewPager标签的子标签，不然会出错。

在目前Android的应用App中会经常使用ViewPager提供的滑动效果来提高应用App的用户体验度。

我们分别对这三个技术进行了介绍，但并不代表这三个技术是独立的，在实际的开发中，经常会将这三个技术集合到一起，开发出更高用户体验的应用App。掌握这三种界面设计技术非常重要，接下来我们分别以下面三个案例来介绍这三种技术的使用过程。

1.3 任务实施

1.3.1 总体步骤

在工程开发中，不管使用什么样的技术来实现Android界面设计，大致都按以下的三个步骤来操作。

第一，规划出目标软件的界面原型，比如需要说明这个界面的布局、外观，以及每一个按钮是什么作用。这个时候不需要去详细考虑每一个按钮的写法。

第二，收集相应的素材，整理要展示的信息。在设计中会用到很多图片，比如搜索按钮、公司Logo等，这些都要在编写代码前收集好，不能边写代码边找图片，这样会严重影响效率。

第三，利用Android相应的界面设计技术实现。

利用Android中提供的用于布局的控件，主要有线性布局、相对布局、表格布局、帧布局、绝对布局。实质上这些布局就是一个个容器，起到占位及呈现信息的作用，有点类似于网页设计中的DIV标签。

在每一个容器里放入相应的控件来实现功能，这里要用到的技术主要有Fragment技术和ViewPager技术等。

1.3.2 迅雷看看主页布局制作

本实例中，我们使用了Android提供的相对布局和线性布局来实现迅雷看看主页的效果，具体实现后的效果如图1.6所示。

1.3.2.1 创建项目

打开Eclipse软件，并创建一个Android项目，本应用App的项目名为：HelloWork。创建工程步骤详见附录B：我的第一个Android应用程序。具体的项目结构如图1.7所示。

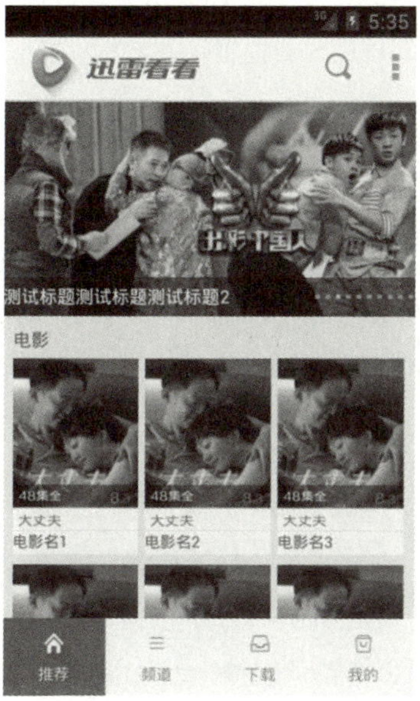

图1.6 实现后效果图

图1.7 项目的文件结构

其中src目录的结构说明如表1.1所示。

表1.1 src目录的结构说明

目录/文件	说 明
com.example.adapter	存放数据显示的数据适配器的包
com.example.hellowork	存放Activity文件的包
com.example.mycontrol	存放自定义控件的包

1.3.2.2 编写自定义控件类

对于Android应用开发者而言，Android中自带的控件并不陌生，常用的单独控件有TextView（文本框）、EditText（编辑框）、Button（按钮）、ImageView（图片视图）等，组合控件（即用来摆放多个单独控件的容器）常见的有LinearLayout（线性布局）、RelativeLayout（相对布局）、TableLayout（表格布局）、FrameLayout（帧布局）

等；在大多数情况下，Android为开发者提供的这些控件已经足够我们使用。但在某些情况下，如项目中需要定制化视图，这个时候就需要使用自定义视图方面的知识了。

什么是自定义控件？自定义控件是基于项目开发中定制化视图的需要，或为了提高复用性而基于既有控件扩展封装的控件。

1. MyGridView.java类

由于影片列表使用GridView控件进行展示，但是当GridView控件包含在滚动条控件ScrollView中时，就会出现显示问题。因为GridView控件自己也有滚动条，所以会出现滚动条冲突问题，为了解决这个问题，我们重新自定义了一个新的GridView控件。

操作步骤：在src目录下，创建一个com.example.mycontrol包，然后在该包下创建一个java类MyGridView.java。具体代码如下所示。

代码清单1-1 MyGridView.java

```
package com.example.mycontrol;
// 使用快捷键Ctrl+Shift+O快速生成需要的import代码段
public class MyGridView extends GridView {
    public MyGridView(Context context, AttributeSet attrs) {
        super(context, attrs);
    }
    public MyGridView(Context context) {
        super(context);
    }
    public MyGridView(Context context, AttributeSet attrs, int defStyle) {
        super(context, attrs, defStyle);
    }
        @Override
        public void onMeasure(int widthMeasureSpec, int heightMeasureSpec) {
                int expandSpec = MeasureSpec.makeMeasureSpec(
                                Integer.MAX_VALUE >> 2, MeasureSpec.
                                AT_MOST);
                super.onMeasure(widthMeasureSpec, expandSpec);
        }
}
```

该自定义控件重写了GridView的onMeasure方法，使其不会和ScrollView出现滚动条冲突，这是通用写法，遇到这个问题直接拿来用就可以。在实际工作中，我们很多时候会把其他程序员的代码拿过来作为黑盒子直接使用。

在Android开发中，当Android原生控件不能满足我们的需求的时候，就需要自定义View。View在屏幕上绘制出来先要经过measure（计算）和layout（布局）。

什么时候调用onMeasure方法？

当子View的父控件要放置该View的时候，父控件会传递两个参数给View，分别是widthMeasureSpec和heightMeasureSpec。这两个参数是View可以获取的宽高尺寸和模式值混合的int数据。可以通过int mode = MeasureSpec.getMode(widthMeasureSpec)得到模式，用int size = MeasureSpec.getSize(widthMeasureSpec)得到尺寸。MeasureSpec.AT_MOST是最大尺寸，当控件的layout_width或layout_height指定为WRAP_CONTENT时，控件大小一般随着控件的子空间或内容进行变化，此时控件尺寸只要不超过父控件允许的最大尺寸即可。因此，此时的mode是AT_MOST，size给出了父控件允许的最大尺寸。

Tips1

关于onMeasure()方法的更多介绍，请扫描以下二维码。当下，信息技术飞速发展，我们在学习的时候一定不能只停留在课本上，我们遇到问题可以去百度，很多人都遇到过我们的问题，他们会给出答案。我们也可以把自己的一些见解发布到微博上。

Tips2

@Override是伪代码，表示重写（当然不写也可以），不过写上有如下好处：

（1）可以当注释用,方便阅读。

（2）编译器可以给你验证@Override下面的方法名是否是父类中所有的，如果没有则报错，比如程序员如果没写@Override，而下面的方法名又写错了，这时你的编译器是可以通过的（它会以为这个方法是程序员在子类中自己增加的方法）。

Tips3

快速生成import，有时候不知道如何import进所调用的类，试试【Ctrl+Shift+O】快捷键。

小试牛刀

将工程在eclipse里打开，去掉对GridView的复写，直接使用Android自带的GridView，看看会有什么效果。

2. PagerScrollView.java类

在布局中使用ViewPager控件来实现焦点图片的左右滑动功能，但是当ViewPager控件包含在滚动条控件ScrollView中时，滑动将非常的困难，除非用户的左右滑动是完全水平的，否则系统就不清楚到底该在ViewPager控件内左右滑动还是在ScrollView控件内上下滑动。所以我们重新自定义了一个新的滚动条控件ScrollView。

小试牛刀

将工程在eclipse里打开，去掉对ScrollView的复写，直接使用Android自带的ScrollView，看看会有什么效果。

操作步骤：在src目录下，找到包com.example.mycontrol，然后在该包下创建一个java类PagerScrollView.java。具体代码如下所示。

代码清单1-2 PagerScrollView.java

```
package com.example.mycontrol;
// 使用快捷键Ctrl+Shift+O快速生成需要的import代码段
public class PagerScrollView extends ScrollView {
    private GestureDetector mGestureDetector;
    public PagerScrollView(Context context, AttributeSet attrs, int defStyle) {
        super(context, attrs, defStyle);
        init();
    }
    public PagerScrollView(Context context) {
        super(context);
        init();
    }
    public PagerScrollView(Context context, AttributeSet attrs) {
        super(context, attrs);
```

```
            init();
    }
        private void init() {
            mGestureDetector = new GestureDetector(getContext(),
                                        new YScrollDetector());
            setFadingEdgeLength(0);
        }
    @Override
    public boolean onInterceptTouchEvent(MotionEvent ev) {
            return super.onInterceptTouchEvent(ev)
                    && mGestureDetector.onTouchEvent(ev);
    }
        private class YScrollDetector extends SimpleOnGestureListener {
            @Override
            public boolean onScroll(MotionEvent e1, MotionEvent e2,
                    float distanceX, float distanceY) {
                if (Math.abs(distanceY) >= Math.abs(distanceX)) {
                    return true;
                }
                return false;
            }
        }
    }
```

➢ init()方法的setFadingEdgeLength(0)方法设置边框渐变长度为0。

➢ 内部类YScrollDetector判断用户滑动的长度在Y方向上的长度是否大于在X方向的长度，如果大于，则判定为用户希望上下滑动，于是启动滚动条实现上下滑动；否则不启动上下滑动，进行左右滑动，这样当用户的手指的滑动操作不是标准的左右滑动时，控件也能适应。

1.3.2.3 创建布局

Android中每一个Activity（窗口）都必须给它设置一个布局文件，布局文件决定了这个Activity（窗口）的显示效果。布局文件设计效果如图1.8所示，因为还没有加入功能代码，所以图片区域是空白。

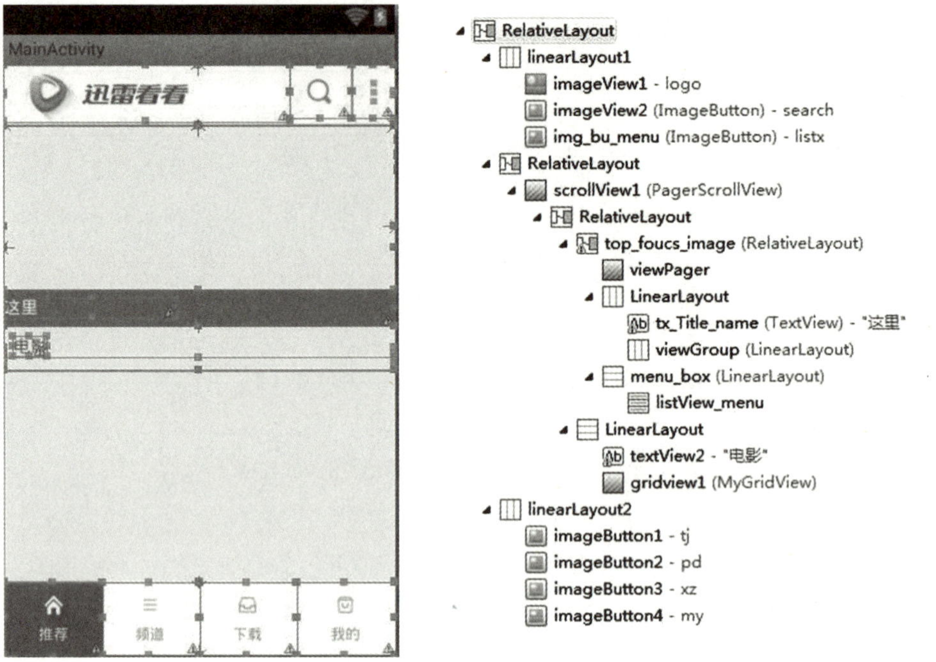

图 1.8　主页布局效果

双击 main.xml 文件，点击 Graphical Layout 选项卡，框选整个 App 界面，可以显示出在这个布局文件里用到了所有的元素。

图 1.8 中右图详细解释了整个图的结构。

1. 最外围是由一层 RelativeLayout 包裹着，里面含了 linerLayout1,RelativeLayout 和 linerLayout 2；

2. linerLayout1 构成了标题栏，由一个 ImageView 控件和两个 ImageButton 控件构成；

3. RelativeLayout 包含了中间的焦点图片展示区和内容展示区。外围包裹着一个 scrollView1，用于上下滑动。里面是一个用于左右滑动图片的 viewPager 和可以显示多个可点击图片的 gridview1 以及一些文本信息；

4. linerLayout 2 构成了底部的导航栏，由四个 ImageButton 控件构成，后续会采用 Fragment 技术，使用户可以点击每一个控件跳转到另外一个界面。

下面是迅雷看看主页的布局文件 main.xml。

3. nmain.xml

操作步骤：在 res/layout 目录下，创建一个 XML 布局文件：main.xml，具体代码如下所示。

代码清单1-3 main.xml

```
<RelativeLayout xmlns:android="http://schemas.android.com/apk/res/android"
  xmlns:tools="http://schemas.android.com/tools"
  android:layout_width="match_parent"
  android:layout_height="match_parent" >
<!-- 顶部标题 -->
<LinearLayout
    android:id="@+id/linearLayout1"
    android:layout_width="fill_parent"
    android:layout_height="50dp"
    android:layout_alignParentTop="true"
    android:background="@drawable/bg"
    android:orientation="horizontal" >
    <ImageView
      android:id="@+id/imageView1"
      android:layout_width="wrap_content"
      android:layout_height="wrap_content"
      android:layout_weight="1"
      android:src="@drawable/logo" />
    <ImageButton
      android:id="@+id/imageView2"
      android:layout_width="wrap_content"
      android:layout_height="wrap_content"
      android:layout_weight="1"
      android:background="#00000000"
      android:src="@drawable/search" />
    <ImageButton
      android:id="@+id/img_bu_menu"
      android:layout_width="wrap_content"
      android:layout_height="wrap_content"
      android:layout_weight="1"
      android:background="#00000000"
      android:src="@drawable/listx" />
```

```
</LinearLayout>
<!-- 顶部标题 end -->
<!-- 内容 -->
<RelativeLayout
    android:layout_width="fill_parent"
    android:layout_height="fill_parent"
    android:layout_above="@+id/linearLayout2"
    android:layout_below="@+id/linearLayout1"
    android:background="#ebf1f6" >
    <com.example.mycontrol.PagerScrollView
        android:id="@+id/scrollView1"
        android:layout_width="wrap_content"
        android:layout_height="wrap_content"
        android:layout_alignParentLeft="true"
        android:layout_alignParentTop="true"
        android:fadingEdge="none" >
        <RelativeLayout
            android:layout_width="match_parent"
            android:layout_height="match_parent" >
            <!-- 滚动图片区域 -->
            <RelativeLayout
                android:id="@+id/top_foucs_image"
                android:layout_width="match_parent"
                android:layout_height="247px"
                android:orientation="vertical" >
                <android.support.v4.view.ViewPager
                    android:id="@+id/viewPager"
                    android:layout_width="fill_parent"
                    android:layout_height="wrap_content" />
                <!-- 图片提示区 -->
                <LinearLayout
                    android:layout_width="match_parent"
                    android:layout_height="30dp"
```

```
    android:layout_alignParentBottom="true"
    android:background="@drawable/tmbj"
    android:gravity="center_vertical"
    android:orientation="horizontal" >
    <TextView
        android:id="@+id/tx_Title_name"
        android:layout_width="wrap_content"
        android:layout_height="wrap_content"
        android:layout_weight="3"
        android:singleLine="true"
        android:text="这里"
        android:textColor="#ffffff"
        android:textSize="14dp" />
<LinearLayout
        android:id="@+id/viewGroup"
        android:layout_width="140dp"
        android:layout_height="wrap_content"
        android:layout_weight="1"
        android:gravity="right"
        android:orientation="horizontal" >
</LinearLayout>
</LinearLayout>
<!-- 图片提示区 end -->
<!-- 右上角导航菜单区 -->
<LinearLayout
    android:id="@+id/menu_box"
    android:layout_width="140dp"
    android:layout_height="160dp"
    android:layout_alignParentRight="true"
    android:layout_alignParentTop="true"
    android:background="#ffffff"
    android:orientation="vertical"
    android:visibility="gone" >
    <ListView
```

```
            android:id="@+id/listView_menu"
            android:layout_width="match_parent"
            android:layout_height="match_parent"
            android:scrollbars="none" >
          </ListView>
        </LinearLayout>
        <!-- 右上角导航菜单区 end -->
    </RelativeLayout>
    <!-- 滚动图片区域 end -->
    <!-- 内容区域 -->
    <LinearLayout
        android:layout_width="match_parent"
        android:layout_height="match_parent"
        android:layout_below="@+id/top_foucs_image"
        android:orientation="vertical" >
        <TextView
          android:id="@+id/textView2"
          android:layout_width="wrap_content"
          android:layout_height="wrap_content"
          android:layout_marginLeft="8dp"
          android:layout_marginTop="8dp"
          android:text="电影"
          android:textColor="#546f8a"
          android:textSize="14dp" />
        <com.example.mycontrol.MyGridView
          android:id="@+id/gridview1"
          android:layout_width="wrap_content"
          android:layout_height="wrap_content"
          android:gravity="center"
          android:numColumns="3"
          android:verticalSpacing="8dp" />
    </LinearLayout>
    <!-- 内容区域 end -->
</RelativeLayout>
```

```
        </com.example.mycontrol.PagerScrollView>
        </RelativeLayout>
    <!-- 内容 end -->
    <!-- 底部导航 -->
    <LinearLayout
        android:id="@+id/linearLayout2"
        android:layout_width="fill_parent"
        android:layout_height="60dp"
        android:layout_alignParentBottom="true"
        android:background="#ffffff"
        android:gravity="center" >
        <ImageButton
          android:id="@+id/imageButton1"
          android:layout_width="wrap_content"
          android:layout_height="wrap_content"
          android:layout_weight="1"
          android:background="#00000000"
          android:scaleType="fitXY"
          android:src="@drawable/tj" />
        <ImageButton
          android:id="@+id/imageButton2"
          android:layout_width="wrap_content"
          android:layout_height="wrap_content"
          android:layout_weight="1"
          android:background="#00000000"
          android:src="@drawable/pd" />
        <ImageButton
          android:id="@+id/imageButton3"
          android:layout_width="wrap_content"
          android:layout_height="wrap_content"
          android:layout_weight="1"
          android:background="#00000000"
          android:src="@drawable/xz" />
        <ImageButton
```

```
            android:id="@+id/imageButton4"
            android:layout_width="wrap_content"
            android:layout_height="wrap_content"
            android:layout_weight="1"
            android:background="#00000000"
            android:src="@drawable/my" />
        </LinearLayout>
        <!-- 底部导航 end -->
    </RelativeLayout>
```

这里涉及两种布局：RelativeLayout（相对布局）和LinearLayout（线性布局）。

RelativeLayout，在本布局控件控制范围内的所有控件都是按照相对关系布局的，比如：

➢ android:layout_above="@+id/linearLayout2",说明它们所在的控件的位置在控件linearLayout2之上；

➢ android:layout_below="@+id/linearLayout1",说明它们所在的控件的位置在控件linearLayout1之下。

LinearLayout，在本布局控件控制范围内的所有控件都是按照相对从左到右或者从上到下线性布局的。具体方向由程序说明，比如：

➢ android:orientation="vertical"，表明本线性布局控件内所有控件按照从上到下垂直布局；

➢ android:orientation="horizontal"，表明本线性布局控件内所有控件按照从左到右水平布局。

4. Grid_item.xml

由于GridView控件是按九宫格的方式来展示数据，所以我们必须为GridView控件设置一个数据的模板布局。

操作步骤：在res目录下，创建一个XML布局文件grid_item.xml，具体代码如下所示。

代码清单1-4 grid_item.xml

```
<?xml version="1.0" encoding="utf-8"?>
<LinearLayout xmlns:android="http://schemas.android.com/apk/res/android"
    android:layout_width="146px"
    android:layout_height="227px"
```

```
    android:background="#ffffff"
    android:orientation="vertical" >
    <ImageView
        android:id="@+id/film_face_img"
        android:layout_width="146px"
        android:layout_height="200px"
        android:scaleType="fitXY"
        android:src="@drawable/dzf" />
    <TextView
        android:id="@+id/film_Name"
        android:layout_width="wrap_content"
        android:layout_height="wrap_content"
        android:singleLine="true"
        android:text="这里是电影名"
        android:textColor="#546f8a"
        android:textSize="12dp" />
</LinearLayout>
```

➢ <?xml version="1.0" encoding="utf-8"?>说明的是XML的版本以及编码标准。

➢ xmlns:android=http://schemas.android.com/apk/res/android 指明了XML的命名空间。以上两项都是由软件自动生成，不用修改。

Tips

命名空间（英语：Namespace）表示标识符（identifier）的上下文（context）。一个标识符可在多个命名空间中定义，它在不同命名空间中的含义是互不相干的。这样，在一个新的命名空间中可定义任何标识符，它们不会与任何已有的标识符发生冲突，因为已有的定义都处于其他命名空间中。

例如，设Bill是X公司的员工，工号为123，而John是Y公司的员工，工号也是123。由于两人在不同的公司工作，可以使用相同的工号来标识而不会造成混乱，这里每个公司就表示一个独立的命名空间。如果两人在同一家公司工作，其工号就不能相同了，否则在支付工资时便会发生混乱。

5. list_menu_style.xml

布局最右上角点击会出现一个列表的数据选择，该XML就是为其而建立的。

操作步骤：在 res/layout 目录下，创建一个 XML 布局文件 list_menu_style.xml，具体代码如下所示。

代码清单 1-5 list_menu_style.xml

```
<?xml version="1.0" encoding="utf-8"?>
<TextView xmlns:android="http://schemas.android.com/apk/res/android"
    android:id="@+id/text1"
    android:layout_width="fill_parent"
    android:layout_height="40dp"
    android:textAppearance="?android:attr/textAppearanceLarge"
    android:textColor="#546f8a"
    android:textSize="14dp"
    android:gravity="center_vertical"
    android:paddingLeft="6dip"
/>
```

android:textAppearance 属性用于设置文字的外观，这里把其设置为最大化，其实是增加行高。

1.3.2.5 创建 Activity

通过上面的操作后，接下来就是实现 Activity 了，下面是迅雷看看主页的 Activity 的实现过程。

6. MainActivity.java

操作步骤：在 src 目录下，创建一个包 com.example.hellowork，并在该包下创建一个 Activity 类 MainActivity.java，具体代码如下所示。

代码清单 1-6 MainActivity.java

```
package com.example.hellowork;
// 使用快捷键 Ctrl+Shift+O 快速生成需要的 import 代码段
public class MainActivity extends Activity implements OnPageChangeListener {
    // 定义控件对象名
    ImageButton  BT_MENU;
    ListView     LIST_MENU;
    LinearLayout LAYOUT_MENU_BOX;
```

```
ImageView   TOP_IMGE;
ScrollView   scrollView;
TextView     TITLE_NAME;
// 定义视图对象
private ViewPager   viewPager;
// 装点点的ImageView数组
private ImageView[] tips;
// 装ImageView数组
private ImageView[] mImageViews;
// 图片资源id
private int[]       imgIdArray;
// 存放标题的数组
private String[]   titleNameArray;
// 初始化控件
        private void initContral() {
            // 获取控件
            this.BT_MENU = (ImageButton) this.findViewById(R.id.
                                img_bu_menu);
            this.LIST_MENU = (ListView) this.findViewById(R.id.listView_menu);
            this.LAYOUT_MENU_BOX=(LinearLayout)this.findViewById(R.id.
                                        menu_box);
            this.TITLE_NAME = (TextView) this.findViewById(R.id.
                                    tx_Title_name);
            }
// 控制右上角菜单的显示与隐藏
        private void setListMenu() {
            if (LAYOUT_MENU_BOX.getVisibility() == View.VISIBLE) {
                LAYOUT_MENU_BOX.setVisibility(View.GONE);
            } else {
                LAYOUT_MENU_BOX.setVisibility(View.VISIBLE);
            }
        }
// 顶部焦点图片处理方法
    private void setTopJDimage() {
        // ------------------------设置顶部焦点图片
```

```
-----------------------------//
        ViewGroup group = (ViewGroup) findViewById(R.id.viewGroup);
        viewPager = (ViewPager) findViewById(R.id.viewPager);
        // 载入图片资源ID
        imgIdArray = new int[] { R.drawable.img1, R.drawable.img2,
                R.drawable.img3, R.drawable.img3, R.drawable.img3,
                R.drawable.img2, R.drawable.img3, R.drawable.img3,
                R.drawable.img3, R.drawable.img3 };
        // 将点点加入ViewGroup中
        tips = new ImageView[imgIdArray.length];
        for (int i = 0; i < tips.length; i++) {
            ImageView imageView = new ImageView(this);
            imageView.setLayoutParams(new LayoutParams(12, 12));
            tips[i] = imageView;
            if (i == 0) {
            tips[i].setBackgroundResource(R.drawable.page_indicator_focused);
            } else {

            tips[i].setBackgroundResource(R.drawable.
            page_indicator_unfocused);
            }
            group.addView(imageView);
        }
        // 存放标题的数组
        titleNameArray = new String[imgIdArray.length];
        for (int i = 0; i < imgIdArray.length; i++) {
            titleNameArray[i] = "测试标题测试标题测试标题" + i;
        }
        // 将图片装载到数组中
        mImageViews = new ImageView[imgIdArray.length];
        for (int i = 0; i < mImageViews.length; i++) {
            ImageView imageView = new ImageView(this);
            mImageViews[i] = imageView;
            imageView.setBackgroundResource(imgIdArray[i]);
        }
```

```
            // 设置 Adapter
            viewPager.setAdapter(new MyAdapter());
            // 设置监听，主要是设置点点的背景
            viewPager.setOnPageChangeListener(this);
            // 设置 ViewPager 的默认项，设置为长度的 100 倍，这样开始就能往左
            滑动
            viewPager.setCurrentItem((mImageViews.length) * 100);
        }
    @Override
    public void onCreate(Bundle savedInstanceState) {
        super.onCreate(savedInstanceState);
        // 不显示系统的标题
          requestWindowFeature(Window.FEATURE_NO_TITLE);
          setContentView(R.layout.main);
        initContral();
        setTopJDimage();
       // 设置菜单图片安排事件
           this.BT_MENU.setOnClickListener(new OnClickListener() {
                public void onClick(View v) {
                     // TODO Auto-generated method stub
                     setListMenu();
                }
           });
        // 设置菜单列表数据
        String[] menulist = new String[] { "刷新", "播放记录", "注册用户", "退出" };
          ArrayAdapter<String> data = new ArrayAdapter<String>(this,
                     R.layout.list_menu_style, menulist);
          LIST_MENU.setAdapter(data);
        // 设置 listView 监听事件
          LIST_MENU.setOnItemClickListener(new OnItemClickListener() {
                  public void onItemClick(AdapterView<?> arg0, View arg1, int arg2,
                            long arg3) {
                       switch (arg2) {
                       case 0:
```

```
                    setListMenu();
                    break;
                case 1:
                    setListMenu();
                    break;
                case 2:
                    setListMenu();
                    break;
                case 3:
                    setListMenu();
                    ExitDialog();
                    break;
                }
            }
        });
    //设置内容
    //获取GridView对象
        GridView gridview = (GridView) findViewById(R.id.gridview1);
        List<Map<String,Object>>FilmList = new ArrayList<Map<String,
                                                Object>>();
        Map<String, Object> map;
        for (int i = 1; i < 11; i++) {
            map = new HashMap<String, Object>();
            map.put("name", "电影名" + i);
            map.put("faceimg", R.drawable.dzf);
            FilmList.add(map);
        }
    //创建SimpleAdapter适配器
        SimpleAdapter adapter = new SimpleAdapter(this, FilmList,//数据
                R.layout.grid_item,// 自定义模板
                new String[] { "name", "faceimg" },
                new int[] { R.id.film_Name, R.id.film_face_img });
```

```
            gridview.setAdapter(adapter);
        // 给gridview控件创建点击的监听事件
            gridview.setOnItemClickListener(new OnItemClickListener() {
                public void onItemClick(AdapterView<?> arg0, View arg1, int arg2,
                        long arg3) {
                    Intent it = new Intent();
                    it.putExtra("ID", "luosir");
                    it.setClass(MainActivity.this, FilmDetails.class);
                    startActivity(it);
                }
            });
        // 解决在ScrollView中使用GridView后，焦点不定位在顶部的问题的方法
        scrollView = (ScrollView) this.findViewById(R.id.scrollView1);
        scrollView.post(new Runnable() {
            public void run() {
                    scrollView.fullScroll(ScrollView.FOCUS_UP);
            }
        });
}
public class MyAdapter extends PagerAdapter {
        @Override
        public int getCount() {
                return Integer.MAX_VALUE;
        }
        @Override
        public boolean isViewFromObject(View arg0, Object arg1) {
            return arg0 == arg1;
        }
        @Override
        public void destroyItem(View container, int position, Object object) {
                ((ViewPager) container).removeView(mImageViews[position%
                        mImageViews.length]);
        }
```

```
            // 载入图片进去，用当前的position 除以 图片数组长度取余数是关键
            @Override
            public Object instantiateItem(View container, int position) {
                ((ViewPager) container).addView(mImageViews[position%
                            mImageViews.length], 0);
                return mImageViews[position % mImageViews.length];
            }
}
            public void onPageScrollStateChanged(int arg0) {
}
public void onPageScrolled(int arg0, float arg1, int arg2) {
}
public void onPageSelected(int arg0) {
        setImageBackground(arg0 % mImageViews.length);
    }
// 设置选中的tip的背景
    private void setImageBackground(int selectItems) {
            for (int i = 0; i < tips.length; i++) {
                if (i == selectItems) {

tips[i].setBackgroundResource(R.drawable.
page_indicator_focused);
                        this.TITLE_NAME.setText(titleNameArray[i]);
                        // 设置当前图片的标题
                } else {
tips[i].setBackgroundResource(R.drawable.page_indicator_unfocused);
                }
            }
    }
// 退出系统对话框
    protected void ExitDialog() {
            AlertDialog.Builder builder = new Builder(MainActivity.this);
            builder.setMessage("确认退出吗？ ");
```

```
            builder.setTitle("提示");
            builder.setPositiveButton("确认", new
DialogInterface.OnClickListener() {
                    public void onClick(DialogInterface dialog, int which) {
                    dialog.dismiss();
                    MainActivity.this.finish();
                }
            });
            builder.setNegativeButton("取消", new DialogInterface.OnClickListener()
            {
                    public void onClick(DialogInterface dialog, int which) {
                    dialog.dismiss();
                }
            });
            builder.create().show();
        }
    // 获取按键事件(返回按钮)
        @Override
        public boolean onKeyDown(int keyCode, KeyEvent event) {
        if (keyCode == KeyEvent.KEYCODE_BACK && event.getRepeatCount() ==
                    0) {
                ExitDialog();
                return false;
            }
            return false;
        }
        @Override
        protected void onDestroy() {
            super.onDestroy();
            this.BT_MENU = null;
        }
    }
```

该App的主要功能实现在MainActivity.java里。分析代码的功能如下。

（1）initialcontral()方法获取了下拉框按钮，列表和列表布局控件。

（2）setListMenu()方法控制右上角菜单的显示与隐藏，每点击一次，就在显示和隐藏之间翻转一次。

（3）setTopJDimage()方法。

①imgIdArray是一个Int类型数组，它将图片的资源ID全部存入，这样可以通过这个数组来找到这些图片。

②将焦点入到ViewGroup中，这里对于焦点来说是一个初始化过程，显示出来的结果是只有第0个焦点是高亮的，其他都是反灰的。后面的setImageBackground()方法会让高亮的焦点随着滑动图片而动作。

（4）tips[i].setBackgroundResource(R.drawable.page_indicator_focused)方法将page_indicator_focused.jpg这张图片作为tips[i]的背景。

（5）viewPager.setCurrentItem((mImageViews.length) * 100)设置焦点图片区的图片从一开始就可以从左向右滑动，否则只能先从右向左滑动，然后才能从左向右滑动，可以试着剪切掉这行代码看看效果。

（6）requestWindowFeature()方法，让App在显示的时候不显示系统的标题，可以试一下有和没有这行代码的区别。

（7）setContentView()方法，设置系统使用的布局文件activity_main.xml。

（8）this.BT_MENU.setOnClickListener()方法，监听BT_MENU按键事件，只要按下去，就会触发onClick()方法，这里采用的是匿名内部类的写法，这种写法能够有效地降低代码量。

（9）设置菜单列表数据段代码采用了数据适配器（Adapter）方法，将数据和列表布局对应。这里的布局文件由自己编写，即layout/ list_menu_style.xml。一共是三个步骤，首先定义要放入的数据menulist，然后用ArrayAdapter<String>(this,R.layout.list_menu_style, menulist)说明要放在哪里（第一个参数），显示的格式是什么（第二个参数），显示的内容（第三个参数），最后设置适配器LIST_MENU.setAdapter(data)。

（10）LIST_MENU.setOnItemClickListener（）方法，监听LIST_MENU按键事件，只要按下去，就会触发onItemClick()方法，因为在列表里有多个按键，如果还是采用前面的方法一个按钮设置一个监听器，这样就会增加代码量，所以这里采用了一个switch语句，判断用户按下了哪个按钮，然后采取具体操作。这里只有最后一个按钮会弹出离开对话框，其他的按钮都是按下去导致列表隐藏。

（11）(GridView)findViewById(R.id.gridview1)获取GridView对象。

（12）新建一个ArrayList数组，这个数组里存放的是一个map映射。

（13）利用一个for循环，将hashMap的键值对写入map映射，然后将每一个map映射加入到ArrayList数组FilmList。

（14）利用SimpleAdapter将FilmList里的数据显示出来。

（15）gridview.setOnItemClickListener(new OnItemClickListener())方法给gridview控件创建点击的监听事件，当点击任意一个图片的时候，从当前的Activity跳到另外一个Activity，并且显示从当前Activity传过来的数据。

（16）scrollView.fullScroll(ScrollView.FOCUS_UP)解决的问题是从程序一启动，整个界面就是滚动条下拉到底的效果，否则会出现如图所示的效果。

（17）由于用到了OnPageChangeListener接口，需要复写以下方法。

①onPageScrollStateChanged(int arg0)方法是在状态改变的时候调用，其中arg0这个参数有三种状态（0，1，2）。arg0 ==1的时候表示正在滑动，arg0==2的时候表示滑动完毕了，arg0==0的时候表示什么都没做。此处不做操作。

②onPageScrolled()方法在页面滑动的时候调用，在滑动被停止之前，此方法会一直得到调用。其中三个参数的含义分别为：arg0为当前页面，即用户点击滑动的页面；arg1为当前页面偏移的百分比；arg2为当前页面偏移的像素位置。此处不做操作。

③onPageSelected()方法将当前选中的图片的序号传给setImageBackground()方法。

（18）setImageBackground()方法的作用是设置当前背景图片和图片的标题，当滑动到第几张图片时就显示第几个点点以及对应的文字。

（19）ExitDialog()方法，采用AlertDialog.Builder来设计对话框，直接使用了它的setMessage()、setTitle()，setPositiveButton()，setNegativeButton()方法来设计，最后需要把它创建出来“create()”并显示出来“show()”。

（20）onKeyDown()方法是复写的，说明在物理按键中的返回键按下后需要采取的动作。

（21）onDestroy()方法是复写的，在Activtiy的生命周期里，当本Activtiy被销毁时要处理的事项。

1.3.3 Fragment界面制作

本实例主要利用Fragment技术进行App界面设计，实现在一个Activity中分别显示四个不同界面的功能，这样做的好处就是底部导航的实现只需要设计一次就好了，减少了代码的冗余。

图1.9　程序启动时没有下拉到底的效果

具体实现后的效果如图 1.10 所示。

图 1.10　Fragment 实现同一 Activity 显示不同界面效果图

设计思路：

1. 设计好 Fragment 的四个界面的布局文件；
2. 采用 LayoutInflater 将布局文件 xml 转换为 View；
3. 在 main 文件里，实现点击每个按键跳转到相应界面的效果。

1.3.3.1　创建项目

采用 eclipse 创建一个 Android 项目，本系统的项目名为：FragmentTest。实现如图 1.11 所示的文件结构。

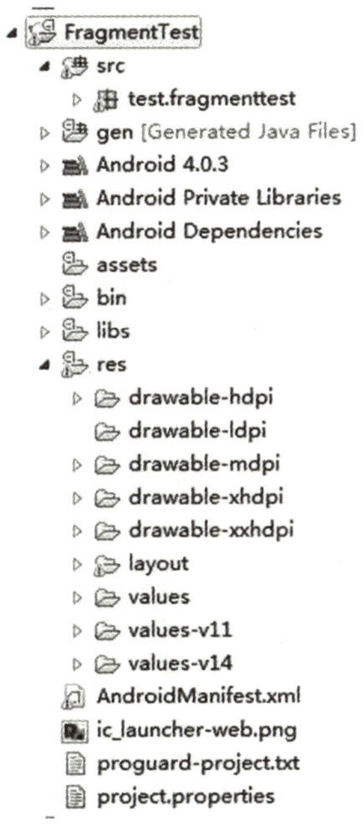

图1.11　项目的文件结构

其中src目录的结构说明如表1.2所示。

表1.2　src目录的结构说明

目录/文件	说 明
test.fragmenttest	存放Activity文件的包

1.3.3.2 创建布局

这里共实现五个布局文件，分别是主窗口的布局，TestA，TestB，TestC，TestD窗口的布局文件。

1. main.xml

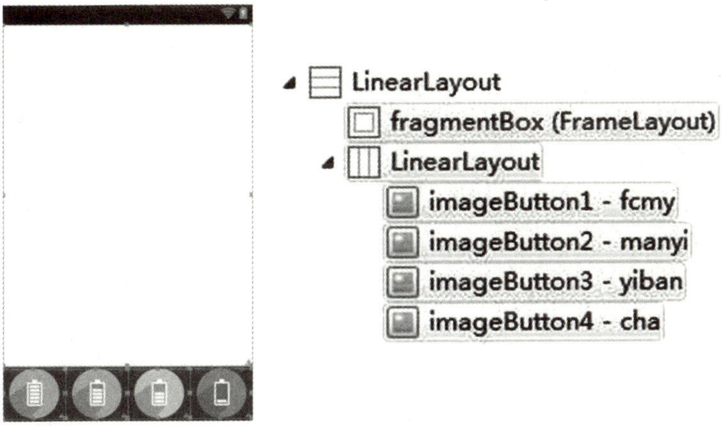

图1.12　main布局效果

从图中可以看出，在大框架LinearLayout下，有FrameLayout和LinearLayout，其中LinearLayout包含了四个ImageButton，每个ImageButton的大小一致，后续会给这四个按钮加入点击功能。

操作步骤：在res目录下，创建一个XML布局文件main.xml，具体代码如下所示。

代码清单1-7 main.xml

```
<?xml version="1.0" encoding="utf-8"?>
<LinearLayout xmlns:android="http://schemas.android.com/apk/res/android"
    android:layout_width="match_parent"
    android:layout_height="match_parent"
    android:orientation="vertical" >
    <FrameLayout
        android:id="@+id/fragmentBox"
        android:layout_width="match_parent"
        android:layout_height="wrap_content"
        android:background="#ffffff"
        android:layout_weight="1" />
    <LinearLayout
        android:layout_width="match_parent"
        android:layout_height="70dp"
        android:gravity="center"
        android:background="#333333"
        android:orientation="horizontal" >
        <ImageButton
            android:id="@+id/imageButton1"
            android:layout_width="wrap_content"
            android:layout_height="wrap_content"
            android:layout_weight="1"
            android:background="@null"
            android:src="@drawable/fcmy" />
        <ImageButton
            android:id="@+id/imageButton2"
            android:layout_width="wrap_content"
            android:layout_height="wrap_content"
```

```
        android:layout_weight="1"
        android:background="@null"
        android:src="@drawable/manyi" />
    <ImageButton
        android:id="@+id/imageButton3"
        android:layout_width="wrap_content"
        android:layout_height="wrap_content"
        android:layout_weight="1"
        android:background="@null"
        android:src="@drawable/yiban" />
    <ImageButton
        android:id="@+id/imageButton4"
        android:layout_width="wrap_content"
        android:layout_height="wrap_content"
        android:layout_weight="1"
        android:background="@null"
        android:src="@drawable/cha" />
        </LinearLayout>
</LinearLayout>
```

➢ FrameLayout框架布局是最简单的布局形式。所有添加到这个布局中的视图都以层叠的方式显示。第一个添加的控件被放在最底层，最后一个添加到框架布局中的视图显示在最顶层，上一层的控件会覆盖下一层的控件。这种显示方式有些类似于堆栈。此处的FrameLayout就是用于显示其他界面的容器。

➢ 在LinearLayout里android:orientation="horizontal"，表示他所包含的四个ImageButton横向排列。

➢ 在LinearLayout里四个ImageButton均包含android:layout_weight="1"，表示这四个ImageButton在横向的宽度比例是1∶1∶1∶1。

2. testa.xml

操作步骤：在res/layout目录下，创建一个XML布局文件testa.xml，具体代码如下所示。

图1.13 teasta布局效果

代码清单 1-8 testa.xml

```
<?xml version="1.0" encoding="utf-8"?>
<LinearLayout xmlns:android="http://schemas.android.com/apk/res/android"
    android:layout_width="match_parent"
    android:layout_height="match_parent"
    android:orientation="vertical" >
    <ImageView
        android:id="@+id/imageView1"
        android:layout_width="wrap_content"
        android:layout_height="wrap_content"
        android:src="@drawable/aaaa" />
</LinearLayout>
```

3. testb.xml

图 1.14　testb 布局效果

操作步骤：在 res/layout 目录下，创建一个 XML 布局文件 testb.xml，具体代码如下所示。

代码清单 1-9 testb.xml

```
<?xml version="1.0" encoding="utf-8"?>
<LinearLayout xmlns:android="http://schemas.android.com/apk/res/android"
    android:layout_width="match_parent"
    android:layout_height="match_parent"
```

```
    android:gravity="center"
    android:orientation="vertical" >
    <ImageView
      android:id="@+id/imageView1"
      android:layout_width="wrap_content"
      android:layout_height="wrap_content"
      android:src="@drawable/bbb" />
</LinearLayout>
```

4. testc.xml

图 1.15　testc 布局效果

操作步骤：在 res/layout 目录下，创建一个 XML 布局文件 testc.xml，具体代码如下所示。

代码清单 1-10　testc.xml

```
<?xml version="1.0" encoding="utf-8"?>
<LinearLayout xmlns:android="http://schemas.android.com/apk/res/android"
    android:layout_width="match_parent"
    android:layout_height="match_parent"
    android:orientation="vertical" >
    <ImageView
      android:id="@+id/imageView1"
      android:layout_width="wrap_content"
```

```
        android:layout_height="wrap_content"
        android:src="@drawable/ccc" />
</LinearLayout>
```

5. testd.xml

图 1.16　testd 布局效果

操作步骤：在 res/layout 目录下，创建一个 XML 布局文件 testd.xml，具体代码如下所示。

代码清单 1-11　testd.xml

```
<RelativeLayout xmlns:android="http://schemas.android.com/apk/res/android"
    xmlns:tools="http://schemas.android.com/tools"
    android:layout_width="match_parent"
    android:layout_height="match_parent"
    android:background="#ebebeb" >

    <RelativeLayout
        android:id="@+id/relativeLayout1"
        android:layout_width="match_parent"
        android:layout_height="50dp"
        android:layout_alignParentTop="true"
        android:background="#2d343a"
```

```
        android:gravity="center" >
    <!-- #90c841 -->

        <TextView
            android:id="@+id/textView1"
            android:layout_width="wrap_content"
            android:layout_height="wrap_content"
            android:text="教学评教中"
            android:textColor="#ffffff"
            android:textSize="14dp" />
    </RelativeLayout>

    <LinearLayout
        android:layout_width="match_parent"
        android:layout_height="match_parent"
        android:layout_above="@+id/LinearLayout2"
        android:layout_below="@+id/relativeLayout1"
        android:gravity="center"
        android:orientation="vertical" >

        <ImageButton
            android:id="@+id/imagebt_fcmy"
            android:layout_width="wrap_content"
            android:layout_height="wrap_content"
            android:background="@null"
            android:src="@drawable/fcmy" />

        <ImageButton
            android:id="@+id/imagebt_my"
            android:layout_width="wrap_content"
            android:layout_height="wrap_content"
            android:layout_marginTop="20dp"
            android:background="@null"
            android:src="@drawable/manyi" />
```

```
        <ImageButton
            android:id="@+id/imagebt_yiban"
            android:layout_width="wrap_content"
            android:layout_height="wrap_content"
            android:layout_marginTop="20dp"
            android:background="@null"
            android:src="@drawable/yiban" />

        <ImageButton
            android:id="@+id/imagebt_cha"
            android:layout_width="wrap_content"
            android:layout_height="wrap_content"
            android:layout_marginTop="20dp"
            android:background="@null"
            android:src="@drawable/cha" />
    </LinearLayout>

    <LinearLayout
        android:id="@+id/LinearLayout2"
        android:layout_width="match_parent"
        android:layout_height="60dp"
        android:layout_above="@+id/bt_commitpj"
        android:gravity="center" >

        <TextView
            android:id="@+id/textView2"
            android:layout_width="wrap_content"
            android:layout_height="wrap_content"
            android:text="你选择的是： "
            android:textColor="#333333" />

        <TextView
            android:id="@+id/tx_selecttext"
            android:layout_width="wrap_content"
```

```
            android:layout_height="wrap_content"
            android:text="满意"
            android:textColor="#333333"
            android:textStyle="bold" />
    </LinearLayout>

    <Button
        android:id="@+id/bt_commitpj"
        android:layout_width="match_parent"
        android:layout_height="45dp"
        android:layout_alignParentBottom="true"
        android:background="#ffc000"
        android:text="提交评教"
        android:textColor="#ffffff" />

</RelativeLayout>
```

1.3.3.3 创建 Activity

至此，已经分别创建五个界面的布局文件，分别是TestA.xml、TesB.xml、TestC.xml、TestD.xml和Mian.xml。

接下来，指定这些已经创建好的相应的布局文件到相应的界面。

1. TestA.java

操作步骤：在src目录下，创建一个包test.fragmenttest，并在该包下创建一个类TestA.java，具体代码如下所示。

代码清单1-12 TestA.java

```
 package test.fragmenttest;
// 使用快捷键Ctrl+Shift+O快速生成需要的import代码段
// 注意这里的继承是Fragment,而不是Activity
public class TestA extends Fragment {
    private View view;
    @Override
    public View onCreateView(LayoutInflater inflater,
```

```
            @NullableViewGroup container, @Nullable Bundle savedInstanceState) {
            // 这里指定该Activity的布局给原来有点区别
            view=LayoutInflater.from(getActivity()).inflate(R.layout.testa,null);
            return view;
        }
    }
```

➢ onCreateView()方法当第一次绘制Fragment的UI时系统调用这个方法，必须返回一个View，如果Fragment不提供UI也可以返回null。

➢ Layoutinflater的作用就是将一个xml布局文件实例化为View对象, LayoutInflater.from(getActivity())获取了一个Layoutinflater对象， LayoutInflater.from(getActivity()).inflate(R.layout.testa,null)方法一般接收两个参数，第一个参数就是要加载的布局id（R.layout.testa），第二个参数是指给该布局的外部再嵌套一层父布局，如果不需要就直接传null。这样就成功创建了一个布局的实例，之后再将它添加到指定的位置就可以显示出来了。

Tips

（1）使用Fragment后，在创建Activity时，继承的是Fragment ,而不是原来的Activity。

（2）使用Fragment后，Activity的入口，不是OnCreate()，而是OnCreateView()。在OnCreateView()中来实现布局文件指定，并返回一个View对象，在后面获取控件都要基于View这个对象来进行（FindViewByID()）。

2. TestB.java

操作步骤：在src目录下，找到包test.fragmenttest，并在该包下创建一个类TestB.java，具体代码如下所示。

代码清单1-13 TestB.java

```
package test.fragmenttest;
// 使用快捷键Ctrl+Shift+O快速生成需要的import代码段
public class TestB extends Fragment {
private View view;
    @Override
    public View onCreateView(LayoutInflater inflater,
        @Nullable ViewGroup container, @Nullable Bundle savedInstanceState) {
```

```
            view = LayoutInflater.from(getActivity()).inflate(R.layout.testb, null);
            return view;
        }
    }
```

3. TestC.java

操作步骤：在src目录下，找到包test.fragmenttest，并在该包下创建一个类TestC.java，具体代码如下所示。

代码清单1-14 TestC.java

```
    package test.fragmenttest;
    // 使用快捷键Ctrl+Shift+O快速生成需要的import代码段
    public class TestC extends Fragment {
        private View view;
        @Override
        public View onCreateView(LayoutInflater inflater,
            @Nullable ViewGroup container, @Nullable Bundle savedInstanceState) {
            view = LayoutInflater.from(getActivity()).inflate(R.layout.testc, null);
            return view;
        }
    }
```

4. TestD.java

操作步骤：在src目录下，找到包test.fragmenttest，并在该包下创建一个Activity类TestD.java，具体代码如下所示。

代码清单1-15 TestD.java

```
    package test.fragmenttest;
    // 使用快捷键Ctrl+Shift+O快速生成需要的import代码段
    public class TestD extends Fragment {
    private View view;
        @Override
        public View onCreateView(LayoutInflater inflater,
```

```
            @Nullable ViewGroup container, @Nullable Bundle savedInstanceState) {
            view = LayoutInflater.from(getActivity()).inflate(R.layout.testd, null);
            return view;
        }
    }
```

5. Main.java

按照之前的步骤，我们已经创建了34个Fragment窗口，接下来就要实现一个主窗口。

操作步骤：在src目录下，找到包test.fragmenttest，并在该包下创建一个类Main.java，具体代码如下所示。

代码清单1-16 Main.java

```
package test.fragmenttest;
// 使用快捷键Ctrl+Shift+O快速生成需要的import代码段
public class Main extends FragmentActivity implements OnClickListener {
    private ImageButton imgBt1, imgBt2, imgBt3, imgBt4;
    @Override
    protected void onCreate(Bundle arg0) {
        super.onCreate(arg0);
        setContentView(R.layout.main);
        initViews();
    }
    private void initViews() {
        imgBt1 = (ImageButton) findViewById(R.id.imageButton1);
        imgBt2 = (ImageButton) findViewById(R.id.imageButton2);
        imgBt3 = (ImageButton) findViewById(R.id.imageButton3);
        imgBt4 = (ImageButton) findViewById(R.id.imageButton4);
        imgBt1.setOnClickListener(this);
        imgBt2.setOnClickListener(this);
        imgBt3.setOnClickListener(this);
        imgBt4.setOnClickListener(this);
    }
```

```
    @Override
    public void onClick(View arg0) {
        switch (arg0.getId()) {
        case R.id.imageButton1:
    FragmentTransaction fragmentmanager = getSupportFragmentManager().
                                          beginTransaction();
            fragmentmanager.replace(R.id.fragmentBox, new TestA());
            fragmentmanager.commit();
            break;
        case R.id.imageButton2:
    FragmentTransaction fragmentmanager1 = getSupportFragmentManager().
                                          beginTransaction();
            fragmentmanager1.replace(R.id.fragmentBox, new TestB());
            fragmentmanager1.commit();
            break;
        case R.id.imageButton3:
    FragmentTransaction fragmentmanager2 = getSupportFragmentManager().
                                          beginTransaction();
            fragmentmanager2.replace(R.id.fragmentBox, new TestC());
            fragmentmanager2.commit();
            break;
        case R.id.imageButton4:
    FragmentTransactionfragmentmanager3 = getSupportFragmentManager().
                                          beginTransaction();
            fragmentmanager3.replace(R.id.fragmentBox, new TestD());
            fragmentmanager3.commit();
            break;
        default:
            break;
        }
    }
}
```

到这里已经介绍完Fragment技术进行界面设计的过程了，要注意使用了Fragment以后，我们在创建窗口时继承的不再是Activity，而是Fragment。同时主窗口继承的是FragmentActivity，也不再是Activity。

➢ Button的使用

添加Button控件到XML布局文件中。在布局文件中设置按钮的一些属性，如位置、宽高、按钮上的文本、颜色等。比较重要的是要给按钮一个id（比如imageButton1）号，这是按钮唯一的名字。

（1）程序中可以通过如下形式获得按钮(ImageButton)findViewById(R.id.imageButton1)。

（2）设置监听器 imgBt1.setOnClickListener(this)。

（3）实现onClick()方法，在本方法里判断哪个按钮被按下，并采取相应的操作。

➢ FragmentManager的应用

为了管理Activity中的fragment，需要使用FragmentManager。为了得到它，需要调用Activity中的getSupportFragmentManager ()方法。使用Fragment时，可以通过用户交互来执行一些动作，比如增加、移除、替换等。所有这些改变构成一个集合，这个集合被叫作一个transaction。每个transaction是一组同时执行的变化的集合，用fragmentmanager.replace(R.id.fragmentBox, new TestA())方法，把将TestA的Activity显示在fragmentBox中，然后调用commit()方法，将这些变化应用。

小试牛刀

本任务做完后，最后一个界面的三个选项按钮是没有点击效果的，现在给第一个按钮做一个点击效果，采用Activity跳转的方式。请参考任务一相关代码。

1.3.4 ViewPager界面制作

本实例利用ViewPager实现三种目前Android应用开中非常流行的滑动效果，分别是：

（1）系统启动广告图片左滑效果，然后进入界面的效果；

（2）主界面中顶部焦点图片滑动效果；

（3）整个布局滑动，即滑动进入另一个栏目的效果。

实现后的效果，具体如图1.17，1.18，1.19所示。

图 1.17　程序启动左滑进入示意图

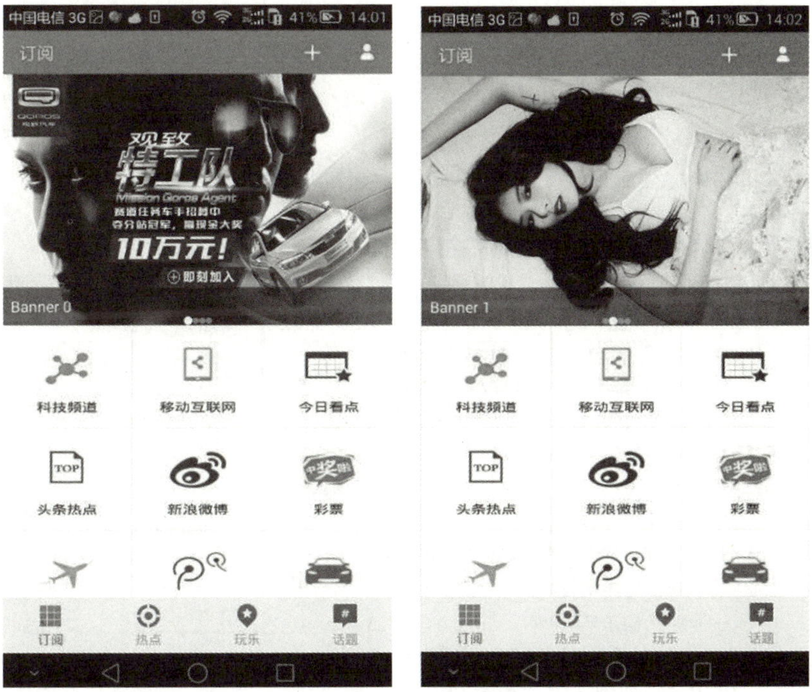

图 1.18　程序主页焦点图片切换效果图

图 1.19　布局左右滑动效果图

1.3.4.1　创建项目

采用 eclipse 创建一个 Android 项目，本系统的项目名为 ViewPagerDemo。实现如图 1.20 所示的文件结构。

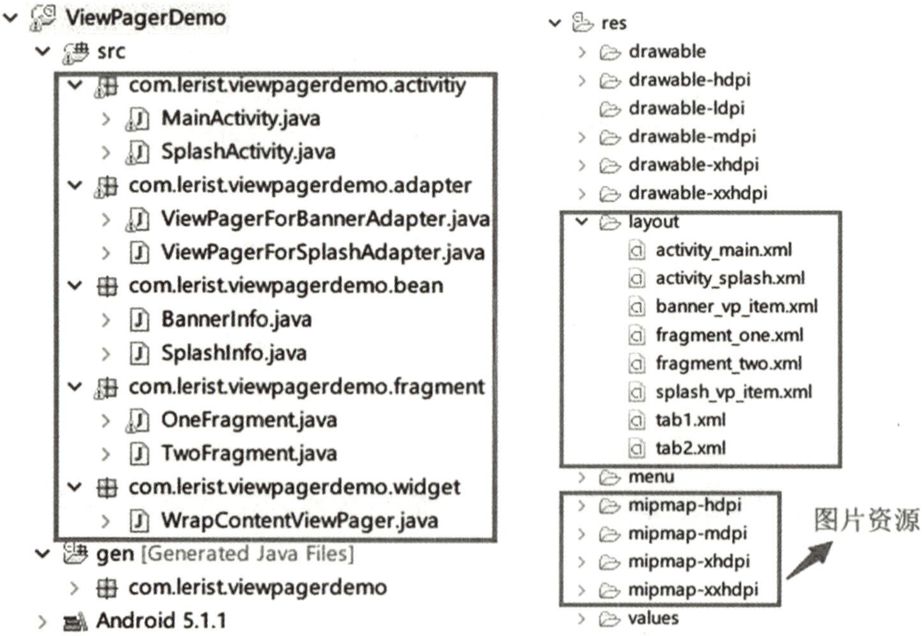

图 1.20　项目的文件结构

其中src目录的结构说明如表1.3所示。

表1.3 src目录的结构说明

目录/文件	说 明
com.lerist.viewpagerdemo.adapter	存放数据显示的数据适配器的包
com.lerist.viewpagerdemo.activity	存放Activity文件的包
com.lerist.viewpagerdemo.bean	存放实体封装类
com.lerist.viewpagerdemo.fragment	存放fragment文件
com.lerist.viewpagerdemo.widget	存放widget文件

1.3.4.2 实现启动闪屏效果

应用启动闪屏效果指的是程序启动后出现一到多个画面，通过滑动进入下一个画面，最后点击进入主界面，这是目前行业App中经常使用的一种效果，接下来我们就共同来实现。

1. 创建闪屏布局

操作步骤：在res目录下的layout目录下，创建一个布局文件activity_splash.xml，具体代码如下所示。

代码清单1-17 activity_splash.xml

```
<?xml version="1.0" encoding="utf-8"?>
<RelativeLayout xmlns:android="http://schemas.android.com/apk/res/android"
    android:layout_width="match_parent"
    android:layout_height="match_parent">
    <android.support.v4.view.ViewPager
        android:id="@+id/splash_vp"
        android:layout_width="match_parent"
        android:layout_height="match_parent" />
    <LinearLayout
        android:id="@+id/splash_dots"
        android:layout_width="wrap_content"
        android:layout_height="wrap_content"
        android:layout_centerHorizontal="true"
        android:gravity="center"
        android:layout_alignParentBottom="true"
        android:layout_marginBottom="36dp"
        android:orientation="horizontal"/>
</RelativeLayout>
```

2. 创建 ViewPager Item 布局文件

这个布局主要使用在最后一个画面出现一个“进入>>”按钮，以点击进入到主界面的过程。

操作步骤：在res目录下的layout目录下，创建一个布局文件splash_vp_item.xml，具体代码如下所示。

代码清单1-18 splash_vp_item.xml

```
<?xml version="1.0" encoding="utf-8"?>
<RelativeLayout xmlns:android="http://schemas.android.com/apk/res/android"
  android:layout_width="match_parent"
  android:layout_height="match_parent">
  <ImageView
    android:id="@+id/splash_vp_item_iv"
    android:layout_width="match_parent"
    android:scaleType="fitXY"
    android:layout_height="match_parent" />
  <Button
    android:id="@+id/splash_vp_item_btn"
    android:layout_width="wrap_content"
    android:layout_height="wrap_content"
    android:text="进入>>"
    android:visibility="gone"
    android:textSize="24sp"
    android:textColor="#ffffff"
    android:background="#00000000"
    android:layout_alignParentTop="true"
    android:layout_alignParentRight="true"
    android:layout_marginBottom="72dp"/>
</RelativeLayout>
```

➢ android:scaleType="fitXY" 把原图按照指定的大小在View中显示，拉伸显示图片，不保持原比例，填满ImageView.

Tips

关于android:scaleType的更多知识，请扫描以下二维码。

3. 创建闪屏Activity和相关类

操作步骤：在src目录下，创建一个包com.lerist.viewpagerdemo.activitiy，然后在该包下创建一个java类SplashActivity.java。具体代码如下所示。

代码清单1-19 SplashActivity.java

```
package com.lerist.viewpagerdemo.activitiy;
// 使用快捷键Ctrl+Shift+O快速生成需要的import代码段
public class SplashActivity extends Activity {
    private ViewPager viewPager;
    private ArrayList<SplashInfo> splashInfos;
    @Override
    protected void onCreate(Bundle savedInstanceState) {
        super.onCreate(savedInstanceState);
        setContentView(R.layout.activity_splash);
        initData();
        initView();
    }
    // 初始化数据
    private void initData() {
        splashInfos = new ArrayList<>();
        splashInfos.addAll(getData());
    }
    //初始化视图
    private void initView() {
        viewPager = (ViewPager) findViewById(R.id.splash_vp);
        //建立适配器，绑定数据源
```

```
        ViewPagerForSplashAdapter viewPagerForSplashAdapter =
                                newViewPagerForSplashAdapter(this,splashInfos);
        //绑定适配器
        viewPager.setAdapter(viewPagerForSplashAdapter);
        initDots();
    }
    //初始化指示点
    private void initDots() {
        final LinearLayout ll_dots = (LinearLayout) findViewById(R.id.splash_dots);
        //生成指示器
        for (int i = 0; i < splashInfos.size(); i++) {
            ImageView dot = new ImageView(this);
            dot.setImageResource(R.drawable.dot_circle_gray);
            ll_dots.addView(dot);
        }
        //在指示器中显示激活点
        ((ImageView)ll_dots.getChildAt(viewPager.getCurrentItem()))
                              .setImageResource(R.drawable.dot_circle_white);
       //注册Page改变事件
  viewPager.setOnPageChangeListener(new ViewPager.OnPageChangeListener() {
            @Override
            public void onPageScrolled(int i, float v, int i1) {
            }
            @Override
            public void onPageSelected(int position) {
                //还原所有指示点状态
                for (int  i = 0; i < ll_dots.getChildCount(); i++) {
              ((ImageView)ll_dots.getChildAt(i)).setImageResource(R.drawable.
                                              dot_circle_gray);
                }
                //激活当前页面指示点
                 (ImageView)ll_dots.getChildAt(position)).setImageResource(R.drawable.
                                              dot_circle_white);
            }
            @Override
```

```
            public void onPageScrollStateChanged(int i) {
            }
        });
    }
    // 测试数据
    private ArrayList<SplashInfo> getData() {
        ArrayList<SplashInfo> splashInfos = new ArrayList<>();
        int[] splashIds = {
                R.mipmap.splash2,
                R.mipmap.splash1,
                R.mipmap.splash3
        };
        for (int i = 0; i < splashIds.length; i++) {
            SplashInfo splashInfo = new SplashInfo();
            Bitmap img = BitmapFactory.decodeResource(getResources(), splashIds[i]);
            splashInfo.setImg(img);
            splashInfo.setInfo("Splash" + i);
            splashInfos.add(splashInfo);
        }
        return splashInfos;
    }
}
```

4. 创建bean文件

操作步骤：在src目录下，创建一个包com.lerist.viewpagerdemo.bean，然后在该包下创建一个java类SplashInfo.java。具体代码如下所示。

代码清单1-20 SplashInfo.java

```
package com.lerist.viewpagerdemo.bean;
// 使用快捷键Ctrl+Shift+O快速生成需要的import代码段
public class SplashInfo {
    //闪屏信息
    private String info;
    //闪屏图片
```

```
    private Bitmap img;
    public String getInfo() {
        return info;
    }
    public void setInfo(String info) {
        this.info = info;
    }
    public Bitmap getImg() {
        return img;
    }
    public void setImg(Bitmap img) {
        this.img = img;
    }
}
```

5. 创建ViewPager适配器

操作步骤：在src目录下，创建一个包com.lerist.viewpagerdemo.adapter，然后在该包下创建一个java类ViewPagerForSplashAdapter.java。具体代码如下所示。

代码清单1-21 ViewPagerForSplashAdapter.java

```
package com.lerist.viewpagerdemo.adapter;
// 使用快捷键Ctrl+Shift+O快速生成需要的import代码段
public class ViewPagerForSplashAdapter extends PagerAdapter {
    private final Context context;
    private final List<SplashInfo> splashInfoList;
    private final LayoutInflater inflater;
    public ViewPagerForSplashAdapter(Context context,
            List<SplashInfo> splashInfoList) {
        this.context = context;
        this.splashInfoList = splashInfoList;
        inflater = LayoutInflater.from(context);
    }
    @Override
    public int getCount() {
```

```
        return splashInfoList.size();
    }
    @Override
    public boolean isViewFromObject(View view, Object o) {
        return view == o;
    }
    @Override
    public Object instantiateItem(ViewGroup container, int position) {
     //得到Item布局
        View view = inflater.inflate(R.layout.splash_vp_item, null);
        SplashInfo splashInfo = splashInfoList.get(position);
     ((ImageView)view.findViewById(R.id.splash_vp_item_iv)).
                        set ImageBitmap(splashInfo.getImg());
        //最后一个Item显示按钮
        if (position == splashInfoList.size() - 1) {Button btn_start = (Button) view.
                    findViewById(R.id.splash_vp_item_btn);
            btn_start.setVisibility(View.VISIBLE);
            btn_start.setOnClickListener(new View.OnClickListener() {
                @Override
                public void onClick(View v) {
                    context.startActivity(new Intent(context, MainActivity.class));
                    ((Activity) context).finish();
                }
            });
        }
        //添加到ViewPager的容器
        container.addView(view);
        return view;
    }
    @Override
    public void destroyItem(ViewGroup container, int position, Object object) {
     //移除Item
        container.removeView((View)object);
    }
    @Override
```

```
    public int getItemPosition(Object object) {
        return splashInfoList.indexOf(object);
    }
}
```

1.3.4.3 实现横幅展示

横幅展示效果，一般主要用于焦点图片的左右切换效果，这在行业中也是使用非常多的，接下来我们一起实现。

1. 创建横幅Fragment布局文件

操作步骤：在layout目录下，创建一个XML布局文件fragment_one.xml，具体代码如下所示。

代码清单1-22 fragment_one.xml

```
<LinearLayout xmlns:android="http://schemas.android.com/apk/res/android"
    android:layout_width="match_parent"
    android:orientation="vertical"
    android:layout_height="match_parent">
    <ImageView
        android:layout_width="match_parent"
        android:layout_height="wrap_content"
        android:scaleType="fitXY"
        android:src="@mipmap/home_title" />
    <RelativeLayout
        android:layout_width="match_parent"
        android:layout_height="wrap_content">
        <com.lerist.viewpagerdemo.widget.WrapContentViewPager
            android:id="@+id/one_banner_vp"
            android:layout_width="match_parent"
            android:layout_height="wrap_content" />
        <TextView
            android:id="@+id/one_banner_tv"
            android:layout_width="match_parent"
            android:layout_height="wrap_content"
            android:layout_alignBottom="@+id/one_banner_vp"
```

```
            android:background="#8f030303"
            android:padding="8dp"
            android:textColor="#ffffff"
            android:textSize="14sp" />
        <LinearLayout
            android:id="@+id/one_banner_dots"
            android:layout_width="wrap_content"
            android:layout_height="wrap_content"
            android:layout_alignBottom="@+id/one_banner_vp"
            android:layout_centerHorizontal="true"
            android:gravity="center"
            android:orientation="horizontal" />
    </RelativeLayout>
    <ImageView
        android:layout_width="match_parent"
        android:layout_height="0dp"
        android:layout_weight="1"
        android:scaleType="fitXY"
        android:src="@mipmap/home_content" />
</LinearLayout>
```

2. 创建横幅item布局文件（banner_vp_item.xml）

操作步骤：在layout目录下，创建一个XML布局文件banner_vp_item.xml，具体代码如下所示。

代码清单1-23 banner_vp_item.xml

```
<?xml version="1.0" encoding="utf-8"?>
<RelativeLayout xmlns:android="http://schemas.android.com/apk/res/android"
    android:layout_width="match_parent"
    android:layout_height="wrap_content">
    <ImageView
        android:id="@+id/banner_vp_item_iv"
        android:layout_width="match_parent"
        android:scaleType="fitXY"
```

```
        android:layout_height="wrap_content" />
</RelativeLayout>
```

3. 创建横幅Fragment（OneFragment）

操作步骤：在src目录下，创建一个包com.lerist.viewpagerdemo.fragment，并在该包下创建一个文件OneFragment.java，具体代码如下所示。

代码清单1-24 OneFragment.java

```
package com.lerist.viewpagerdemo.fragment;
// 使用快捷键Ctrl+Shift+O快速生成需要的import代码段
public class OneFragment extends Fragment {
   private ArrayList<BannerInfo> bannerInfos;
   @Nullable
   @Override
public View onCreateView(LayoutInflater inflater,
ViewGroup container, Bundle savedInstanceState) {
      return inflater.inflate(R.layout.fragment_one, container,false);
   }
   @Override
   public void onActivityCreated(Bundle savedInstanceState) {
      initData();
      initView();
      super.onActivityCreated(savedInstanceState);
   }
    //初始化数据
   private void initData() {
      bannerInfos = new ArrayList<>();
      bannerInfos.addAll(getData());
   }
    // 初始化View
   private void initView() {
      ViewPager banner_vp = (ViewPager) getView().findViewById(R.id.
                              one_banner_vp);
      final TextView banner_tv = (TextView) getView().findViewById(R.id.
                                 one_banner_tv);
```

```
final LinearLayout banner_dots = (LinearLayout) getView().
                                findViewById(R.id.one_banner_dots);
//建立适配器，绑定数据源
ViewPagerForBannerAdapter viewPagerForBannerAdapter =
                            new  ViewPagerForBannerAdapter(getActivity(),
                            bannerInfos);
//绑定适配器
banner_vp.setAdapter(viewPagerForBannerAdapter);
//初始化指示器
for (int i = 0; i < bannerInfos.size(); i++) {
  //创建一个ImageView
  ImageView dot = new ImageView(getActivity());
  dot.setImageResource(R.drawable.dot_circle_gray);
  //将ImageView添加进指示器容器
  banner_dots.addView(dot);
}
((ImageView) banner_dots
            .getChildAt(banner_vp.getCurrentItem())).setImageResource(R.
            drawable.dot_circle_white);
banner_tv.setText(bannerInfos.get(banner_vp.getCurrentItem()).getTitle());
//给ViewPager注册页面改变事件
banner_vp.setOnPageChangeListener(new ViewPager.
          OnPageChangeListener() {
  @Override
  public void onPageScrolled(int i, float v, int i1) {
  }
  @Override
  public void onPageSelected(int position) {
    banner_tv.setText(bannerInfos.get(position).getTitle());
    //还原所有指示点状态
    for (int i = 0; i < banner_dots.getChildCount(); i++) {
      ((ImageView) banner_dots.getChildAt(i)).setImageResource(R.
                drawable.dot_circle_gray);
    }
    //激活当前页面指示点
```

```
                ((ImageView)    banner_dots.getChildAt(position)).setImageResource(R.
                                drawable.dot_circle_white);
            }
            @Override
            public void onPageScrollStateChanged(int i) {
            }
        });
    }
    // 测试数据
    private ArrayList<BannerInfo> getData() {
        ArrayList<BannerInfo> bannerInfos = new ArrayList<>();
        int[] bannerIds = {
                R.mipmap.banner1,
                R.mipmap.banner2,
                R.mipmap.banner3,
                R.mipmap.banner4
        };
        for (int i = 0; i < bannerIds.length; i++) {
            BannerInfo bannerInfo = new BannerInfo();
            Bitmap img = BitmapFactory.decodeResource(getResources(), bannerIds[i]);
            bannerInfo.setImg(img);
            bannerInfo.setTitle("Banner " + i);
            bannerInfo.setUri("http://www.baidu.com");
            bannerInfos.add(bannerInfo);
        }
        return bannerInfos;
    }
}
```

4. 建横幅bean文件（BannerInfo）

操作步骤：在src目录下，找到包com.lerist.viewpagerdemo.bean，并在该包下创建一个类文件BannerInfo.java。具体代码如下所示。

代码清单 1-25 BannerInfo.java

```
package com.lerist.viewpagerdemo.bean;
// 使用快捷键 Ctrl+Shift+O 快速生成需要的 import 代码段
public class BannerInfo {
    private String title;
    private Bitmap img;
    private String uri;
    public String getTitle() {
        return title;
    }
    public void setTitle(String title) {
        this.title = title;
    }
    public Bitmap getImg() {
        return img;
    }
    public void setImg(Bitmap img) {
        this.img = img;
    }
    public String getUri() {
        return uri;
    }
    public void setUri(String uri) {
        this.uri = uri;
    }
}
```

5. 创建横幅适配器（ViewPagerForBannerAdapter）

操作步骤：在 src 目录下的 com.lerist.viewpagerdemo.adapter 包下创建一个类文件 ViewPagerForBannerAdapter.java。具体代码如下所示。

代码清单 1-26 ViewPagerForBannerAdapter.java

```
package com.lerist.viewpagerdemo.adapter;
// 使用快捷键 Ctrl+Shift+O 快速生成需要的 import 代码段
```

```
public class ViewPagerForBannerAdapter extends PagerAdapter {
    private final Context context;
    private final List<BannerInfo> bannerInfoList;
    private final LayoutInflater inflater;
public ViewPagerForBannerAdapter
(Context context, List<BannerInfo> bannerInfoList) {
        this.context = context;
        this.bannerInfoList = bannerInfoList;
        inflater = LayoutInflater.from(context);
    }
    @Override
    public int getCount() {
        return bannerInfoList.size();
    }
    @Override
    public boolean isViewFromObject(View view, Object o) {
        return view == o;
    }
    @Override
    public Object instantiateItem(ViewGroup container, int position) {
        //得到 Item 布局
        View view = inflater.inflate(R.layout.banner_vp_item, null);
        BannerInfo bannerInfo = bannerInfoList.get(position);
        ((ImageView) view.findViewById(R.id.banner_vp_item_iv)).
                        setImageBitmap(bannerInfo.getImg());
        //添加到 ViewPager 的容器
        container.addView(view);
        return view;
    }
    @Override
    public void destroyItem(ViewGroup container, int position, Object object) {
      //移除 Item
        container.removeView((View)object);
    }
    @Override
```

```
        public int getItemPosition(Object object) {
            return bannerInfoList.indexOf(object);
        }
    }
```

1.3.4.4 实现滑动布局

滑动布局指的是多个Fragment窗口的切换使用滑动的效果来实现，只要轻轻一滑动就从一个窗口进入另一个窗口，这样的效果用户体验度是非常高的，也是行业非常流行的一种效果。

1. 创建滑动布局Fragment布局文件（fragment_two.xml）

操作步骤：在layout目录下，创建一个XML布局文件fragment_two.xml，具体代码如下所示。

代码清单1-27 fragment_two.xml

```
<?xml version="1.0" encoding="utf-8"?>
<LinearLayout xmlns:android="http://schemas.android.com/apk/res/android"
    android:layout_width="match_parent"
    android:layout_height="match_parent"
    android:background="#ffffff"
    android:orientation="vertical">
    <android.support.v4.view.ViewPager
        android:id="@+id/two_vp"
        android:layout_width="match_parent"
        android:layout_height="match_parent">
        <android.support.v4.view.PagerTabStrip
            android:id="@+id/two_vp_tabstrip"
            android:layout_width="wrap_content"
            android:layout_height="40dp"
            android:background="#F94748"
            android:gravity="center" />
    </android.support.v4.view.ViewPager>
</LinearLayout>
```

2. 创建滑动布局中第一页内容布局文件（tab1.xml）

这里只是为了说明滑动的过程，布局只有一个图片，但这里的内容是可以根据具体的情况自行扩展的（可以是很复杂的布局）。

操作步骤：在 layout 目录下，创建一个布局文件 tabl.xml，具体代码如下所示。

代码清单 1-28 tabl.xml

```
<?xml version="1.0" encoding="utf-8"?>
<LinearLayout xmlns:android="http://schemas.android.com/apk/res/android"
    android:orientation="vertical" android:layout_width="match_parent"
    android:gravity="center"
    android:layout_height="match_parent">
    <ImageView
        android:layout_width="match_parent"
        android:layout_height="match_parent"
        android:id="@+id/imageView"
        android:scaleType="fitXY"
        android:src="@mipmap/test_img1"
        android:layout_gravity="center_horizontal" />
</LinearLayout>
```

3. 创建滑动布局中第二页内容布局文件（tab2.xml）

操作步骤：在 layout 目录下，创建一个布局文件 tab2.xml，具体代码如下所示。

代码清单 1-29 tab2.xml

```
<?xml version="1.0" encoding="utf-8"?>
<LinearLayout xmlns:android="http://schemas.android.com/apk/res/android"
    android:layout_width="match_parent"
    android:layout_height="match_parent"
    android:gravity="center"
    android:orientation="vertical">
    <ImageView
        android:layout_width="match_parent"
        android:layout_height="match_parent"
        android:id="@+id/imageView"
```

```
        android:scaleType="fitXY"
        android:src="@mipmap/test_img2"
        android:layout_gravity="center_horizontal" />
</LinearLayout>
```

4. 创建滑动布局Fragment（TwoFragment）

操作步骤：在src目录下的com.lerist.viewpagerdemo.fragment包下创建一个类文件TwoFragment.java，具体代码如下所示。

代码清单1-30 TwoFragment.java

```
package com.lerist.viewpagerdemo.fragment;
// 使用快捷键Ctrl+Shift+O快速生成需要的import代码段
public class TwoFragment extends Fragment {
    @Nullable
    @Override
public View onCreateView(LayoutInflater inflater,
ViewGroup container, Bundle savedInstanceState) {
        return inflater.inflate(R.layout.fragment_two, container, false);
    }
    @Override
    public void onActivityCreated(Bundle savedInstanceState) {
        super.onActivityCreated(savedInstanceState);
        initView();
    }
    private void initView() {
        ViewPager viewPager = (ViewPager) getView().findViewById(R.id.two_vp);
        PagerTabStrip pagerTabStrip = (PagerTabStrip) getView().findViewById(R.id.
                                      two_vp_tabstrip);
       //设置Tab下画线颜色
        pagerTabStrip.setTabIndicatorColor(0xffffff);
        //设置Tab文本空间
        pagerTabStrip.setTextSpacing(20);
        final String[] tabs = new String[]{
                "电影",
                "音乐"
```

```
};
LayoutInflater inflater = LayoutInflater.from(getActivity());
//初始化 ViewPager Item 视图
final View[] views = new View[]{
        inflater.inflate(R.layout.tab1,null),
        inflater.inflate(R.layout.tab2,null)
};
//绑定 Adapter
viewPager.setAdapter(new PagerAdapter() {
    @Override
    public int getCount() {
        return tabs.length;
    }
    @Override
    public boolean isViewFromObject(View view, Object o) {
        return view==o;
    }
    @Override
    public Object instantiateItem(ViewGroup container, int position) {
        //将 Item 视图添加进 ViewPager 容器
        container.addView(views[position]);
        return views[position];
    }
    @Override
    public void destroyItem(ViewGroup container, int position, Object object) {
        container.removeView((View)object);
    }
    @Override
    public CharSequence getPageTitle(int position) {
        SpannableStringBuilder spannableStringBuilder =
                                        new SpannableStringBuilder(tabs[position]);
        //设置字体颜色
        ForegroundColorSpan foregroundColorSpan =new ForegroundColorSpan
                                                                    (0xffffffff);
        spannableStringBuilder.setSpan(foregroundColorSpan,0,
                spannableStringBuilder.length(),Spanned.
                                                SPAN_EXCLUSIVE_EXCLUSIVE);
```

```
                return spannableStringBuilder;
            }
        });
    }
}
```

5. 创建MainActivity布局文件（activity_main.xml）

操作步骤：在layout目录下创建一个布局文件activity_main.xml，具体代码如下所示。

代码清单1-31 activity_main.xml

```
<?xml version="1.0" encoding="utf-8"?>
<LinearLayout xmlns:android="http://schemas.android.com/apk/res/android"
    android:layout_width="match_parent"
    android:layout_height="match_parent"
    android:orientation="vertical">
    <FrameLayout
        android:id="@+id/main_fragment_container"
        android:layout_width="match_parent"
        android:layout_height="0dp"
        android:layout_weight="1" />
    <ImageView
        android:id="@+id/main_fragment_tabs"
        android:layout_width="match_parent"
        android:layout_height="wrap_content"
        android:src="@mipmap/tab_1"
        android:scaleType="fitXY" />
</LinearLayout>
```

6. 创建MainActivity

操作步骤：在src目录下com.lerist.viewpagerdemo.activitiy包下创建一个Activity：MainActivity.java，具体代码如下所示。

代码清单1-32 MainActivity.java

```
package com.lerist.viewpagerdemo.activitiy;
// 使用快捷键Ctrl+Shift+O快速生成需要的import代码段
```

```
public class MainActivity extends FragmentActivity {
    private FragmentTransaction fragmentTransaction;
    private Fragment[] fragments;
    private int currentTabIndex = 0;
    @Override
    protected void onCreate(Bundle savedInstanceState) {
        super.onCreate(savedInstanceState);
        setContentView(R.layout.activity_main);
        initView();
    }
    //初始化视图
    private void initView() {
        fragments = new Fragment[]{
                new OneFragment(),
                new TwoFragment()
        };
        //得到Fragment业务处理器
        final FragmentTransaction fragmentTransaction = getSupportFragmentManager().
                                                        beginTransaction();
        for (int i = 0; i < fragments.length; i++) {
            //添加Fragment到布局
            fragmentTransaction.add(R.id.main_fragment_container, fragments[i]);
        }
        //设置只显示第一个Fragment
        fragmentTransaction.show(fragments[0]).hide(fragments[1]).commit();
        currentTabIndex = 0;
        //底部Tab, 用于切换Fragment
        final ImageView tabs = (ImageView) findViewById(R.id.main_fragment_tabs);
        tabs.setOnClickListener(new View.OnClickListener() {
            @Override
            public void onClick(View v) {
                FragmentTransaction fragmentTransaction = getSupportFragmentManager().
                                                        beginTransaction();
                fragmentTransaction.hide(fragments[currentTabIndex]);
                if (currentTabIndex == 0) {
```

```
                currentTabIndex = 1;
                tabs.setImageResource(R.mipmap.tab_2);
            } else {
                currentTabIndex = 0;
                tabs.setImageResource(R.mipmap.tab_1);
            }
            fragmentTransaction.show(fragments[currentTabIndex]).commit();
        }
    });
  }
}
```

7. 设置配置文件(AndroidManifest.xml)

AndroidManifest.xml配置文件加入相应资源的许可，具体代码如下所示。

代码清单1-33 AndroidManifest.xml

```
<?xml version="1.0" encoding="utf-8"?>
<manifest xmlns:android="http://schemas.android.com/apk/res/android"
  package="com.lerist.viewpagerdemo"
  android:versionCode="1"
  android:versionName="1.0" >
  <uses-sdk
    android:minSdkVersion="15"
    android:targetSdkVersion="22" />
  <application
    android:allowBackup="true"
    android:icon="@mipmap/ic_launcher"
    android:label="@string/app_name"
    android:theme="@style/AppTheme" >
    <activity
      android:name=".activitiy.SplashActivity"
      android:label="@string/app_name" >
      <intent-filter>
          <action android:name="android.intent.action.MAIN" />
```

```
                <category android:name="android.intent.category.LAUNCHER" />
            </intent-filter>
        </activity>
        <activity android:name=".activitiy.MainActivity" />
    </application>
</manifest>
```

1.4 习题

做出如图1.21所示App“360影视大全”的界面效果。

图1.21 “360影视大全”界面效果

1. 推荐栏、标题栏是可以左右滑动的，每个按钮都可以点击；
2. 焦点图片栏可以左右滑动；
3. 标题栏和导航栏之间的部分可以上下滑动；
4. 导航栏的4个按钮可以点击跳转到其他界面。

1.5 评价

通过对Android界面设计相关知识学习后，利用相应的知识实现本次任务的目标，然后对实现的作品进行以下两方面的评定。

1. 知识点掌握情况评价

表1.4 知识点掌握情况评价表

<table>
<tr><th>编号</th><th>知识点</th><th>得分</th><th>评分标准</th></tr>
<tr><td>1</td><td>工程的建立，文件打开保存，关闭</td><td></td><td rowspan="13">1. 每一项得分值分别百分制，综合得分为相应指标的算术平均构成；
2. 大于90分：能够清楚描述知识点内容；
3. 80到90分：能够相对清楚描述知识点内容；
4. 60到80分：能够大致描述知识点内容；
5. 低于60分：不能描述知识点内容；
6. 最终成绩＝每项得分的算术平均。大于90分得A，80到90分得B，60到80分得C，低于60分得D</td></tr>
<tr><td>2</td><td>Eclipse生成类</td><td></td></tr>
<tr><td>3</td><td>Eclipse查看布局文件</td><td></td></tr>
<tr><td>4</td><td>Java语言基本概念</td><td></td></tr>
<tr><td>5</td><td>Java语言类、继承、复写等概念</td><td></td></tr>
<tr><td>6</td><td>GridView</td><td></td></tr>
<tr><td>7</td><td>ScrollView</td><td></td></tr>
<tr><td>8</td><td>ImageView</td><td></td></tr>
<tr><td>9</td><td>ImageButton</td><td></td></tr>
<tr><td>10</td><td>RelativeLayout</td><td></td></tr>
<tr><td>11</td><td>LinearLayout</td><td></td></tr>
<tr><td>12</td><td>Fragment</td><td></td></tr>
<tr><td>13</td><td>ViewPager</td><td></td></tr>
<tr><td colspan="2">综合得分</td><td></td><td></td></tr>
</table>

2. 成果评价

表1.5 成果评价表

<table>
<tr><th>功能模块</th><th>功能指标</th><th>得分</th><th>综合得分</th><th>权值</th><th>评分标准</th></tr>
<tr><td rowspan="3">主页</td><td>1. 实现主页的效果</td><td></td><td rowspan="3"></td><td rowspan="3">20%</td><td rowspan="3">1. 每一项得分值分别百分制，综合得分为相应指标的算术平均构成；
2. 大于90分：满足功能要求，没有任何Bug；
3. 80到90分：满足功能功能，存在少量Bug；</td></tr>
<tr><td>2. 点击底部的导向按钮可以实现不同布局的切换</td><td></td></tr>
<tr><td>3. 点击底部导向按钮后，按钮是否可以更换背景</td><td></td></tr>
</table>

续表

功能模块	功能指标	得分	综合得分	权值	评分标准
第二个页面	1. 实现第二个页面的效果			20%	4. 60 到 80 分：基本满足功能要求，有大量Bug； 5. 低于60分：不满足功能要求； 6. 最终成绩＝每大项综合得分*权值之和。大于90分得A，80到90分得B，60到80分得C，低于60分得D
	2. 图片及颜色搭配是否和谐				
第三个页面	1. 实现第三个页面的效果			20%	
	2. 文字与文本框设置是否合理				
第四个页面	1. 实现第四个页面的效果			20%	
	2. 布局及颜色是否合理				
第五个页面	1. 实现第五个页面的效果			20%	
	2. 界面的分配是否是按比例				
最终成绩：					

3. 能力评价

表 1.6　能力评价表

功能模块	功能指标	得分	综合得分	权值	评分标准
设计思路	对需求理解的掌握			40%	1. 每一项得分值分别百分制，综合得分为相应指标的算术平均构成； 2. 大于90分：满足功能要求，没有任何Bug； 3. 80到90分：满足功能功能，存在少量Bug； 4. 60到80分：基本满足功能要求，有大量Bug； 5. 低于60分：不满足功能要求； 6. 最终成绩＝每大项综合得分*权值之和。大于90分得A，80到90分得B，60到80分得C，低于60分得D
	需求文档编写				
	概要设计文档的编写				
	详细设计文档的编写				
知识掌握	熟悉软件工程开发流程			40%	
	掌握Android布局的技能				
	掌握Android常用控件的使用				
	掌握Android流行布局的应用开发思路				
通用能力	熟悉相关法律法规，法制观念强，熟悉相关政策，对知识产权有一定的意识			20%	
	具有良好职业道德、沟通技巧、语言表达和写作能力				
	具有良好合作能力				
	具有熟练的文档编写能力				
最终成绩：					

1.6 小结

在该任务中，我们主要讲解了Android界面设计常用使用到的技术，表1.7是对这些技术的总结简表。

表1.7 Android界面设计常用技术总结

序号	项目	相关知识说明
1	LinearLayout线性布局	线性布局将容器里的组件一个挨着一个排列起来，不仅可以控制各组件横向排列，也可以控制纵向排列，主要通过android:orientation="vertical"来控制
2	RelativeLayout相对布局	相对布局容器内子组件的位置总是相对兄弟组件、父容器来决定的，因此这种布局方式被称为相对布局，相对布局常用的一些方法： android:layout_centerHorizontal 控制该子组件是否位于布局容器的水平居中位置 android:layout_centerVertical 控制该子组件是否位于布局容器的垂直居中位置 android:layout_Inparent 控制该子组件是否位于布局容器的中央位置 android:layout_alignParentBottom 控制该子组件是否位于布局容器低端对齐 android:layout_alignParentLeft 控制该子组件是否位于布局容器左边对齐 android:layout_alignParentRight 控制该子组件是否位于布局容器右边对齐 android:layout_alignParentTop 控制该子组件是否位于布局容器顶端对齐 android:layout_toRightOf 控制该子组件位于给出ID组件的右侧 android:layout_toLeftOf 控制该子组件位于给出ID组件的左侧 android:layout_above 控制该子组件位于给出ID组件的上方 android:layout_below 控制该子组件位于给出ID组件的下方 android:layout_alignTop 控制该子组件位于给出ID组件的上边界对齐 android:layout_alignBottom 控制该子组件位于给出ID组件的下边界对齐 android:layout_alignLeft 控制该子组件位于给出ID组件的左边界对齐 android:layout_alignRight 控制该子组件位于给出ID组件的右边界对齐
3	Fragment	1. 使用Fragment后，在创建Activity时，继承的是Fragment ,而不是原来的Activity。 2. 使用Fragment后，Activity的入口，不是OnCreate()，而是OnCreateView()；在OnCreateView()中来实现布局文件指定，并返回一个View对象，再后面获取控件都要基于View这个对象来FindViewByID()
4	ViewPager	android.support.v4.view.ViewPager包的引用 （1）ViewPager类直接继承了ViewGroup类，所有它是一个容器类，可以在其中添加其他的view类。 （2）ViewPager类需要一个PagerAdapter适配器类给它提供数据。 （3）ViewPager经常和Fragment一起使用，并且提供了专门的FragmentPagerAdapter和FragmentStatePagerAdapter类供Fragment中的ViewPager使用
5	界面设计的综合	特别说明，虽然本领域的界面设计采用三种方式进行讲解，但在实际应用中，我们应该将这些技术根据具体的情况进行综合应用

1.7 教学策略讨论

1. 作为通信工程的学生一般在Java编程能力方面的训练不足，在开篇的时候可以回顾一下Java的基本知识。

2. 在课程进行中，遇到Java的核心知识点，需要再次对学生声明一下，比如遇到类、继承、复写这些概念时。

3. “this”的用法，要详细讲解。

4. Eclipse软件的使用，包括工程建立、类的自动生成、代码的快速构建方法，需要做一个Hello World工程，让学生有一个熟悉的过程。

5. 在引进工程的时候，要先介绍清楚这个App到底是干什么的，有哪些按钮，每个按钮点击有什么效果。

6. 让学生明白了这个任务需要达到的效果后，要介绍该任务需要用到的核心技术，第一章主要讲布局，那么这里的就要讲LinearLayout线性布局、RelativeLayout相对布局。

7.在介绍自定义控件GridView的时候，学生可能不明白为什么要自定义控件，这个时候最好是让学生自己尝试一下，自定义控件和直接用安卓提供的GridView，看看效果。其中onMeasure()方法的复写是个难点，这里对学生不能要求掌握每一句话的意思，要求会用就行了，也就是下次遇到这个情况，知道要复制这段代码过去就可以了。

8. 在介绍自定义控件ScrollView的时候，学生可能不明白为什么要自定义控件，这个时候最好是让学生自己尝试一下，自定义控件和直接用安卓提供的ScrollView，看看效果。

9. 在介绍main.xml的时候，由于这段代码嵌套比较多，比较复杂。需要结合eclipse里的层级图来讲解。

10. 在介绍Fragment知识的时候要介绍一下它与直接使用Activity进行跳转的区别。

11. ViewPager这个项目难度较大，只要求学生知道有这种形式就可以了，不要求掌握。可以使用扩展阅读的形式让学生自学。

12. 对学生的评价可以采用学生之间互评的方式，要求学生要从功能实现，代码效率，知识点掌握等方面来评价。

13. 学生可能看得懂代码，但是关上书可能写不出来，这个时候可以使用一个与教材上项目类似的项目来测试学生，对学生的基本要求是要知道在哪里改代码。

任务二：迷你日记本App制作——数据存储

目标：

通过专题学习，你应该能够：

◆ 理解软件工程的开发过程；

◆ 掌握Android平台的SQLite数据库操作的相关知识；

◆ 掌握Android基于SQLite数据库开发App应用的技能。

在上一次任务里，我们学习了如何制作App的界面，用到了LinearLayout线性布局、RelativeLayout相对布局、Fragment和ViewPager技术。在这一次任务里，我们将来讨论数据库SQLite的用法，当然，任何一个App都要有个界面，所以第一个任务里的知识点在这里将继续用到。

SQLite第一个Alpha版本诞生于2000年5月，它是一款轻型数据库，它的设计目标是嵌入式的，而且目前已经在很多嵌入式产品中使用，它占用的资源非常少，在嵌入式设备中，可能只需要几百KB的内存就够了。这正是Android系统要采用SQLite数据库的原因之一。

SQLite数据库是D.Richard Hipp用C语言编写的开源嵌入式数据库，支持的数据库大小为2TB。它具有如下特征。

（1）轻量级

SQLite和C/S模式的数据库存软件不同，它是进程内的数据库引擎，因此不存在数据库的客户端和服务器。使用SQLite一般只需要带上它的一个动态库，就可以享受它的全部功能。而且那个动态库的尺寸相当小。

（2）独立性

SQLite数据库的核心引擎本身不依赖第三方软件，使用它也不需要“安装”。所以在部署的时候能够省去不少麻烦。

（3）隔离性

SQLite数据库中所有的信息（比如表、视图、触发器等）都包含在一个文件内，方便管理和维护。

（4）跨平台

SQLite数据库支持大部分操作系统，除了我们在电脑上使用的操作系统之外，很多手机操作系统同样可以运行，比如Andorid、Windows Mobile、Symbin、Palm等。

（5）多语言接口

SQLite数据库支持很多语言编程接口，比如C/C++、Java、Python、dotNet、Ruby、Perl等，得到更多开发者的喜爱。

（6）安全性

SQLite数据库通过数据库级上的独占性和共享锁来实现独立事务处理。这意味着多个进程可以在同一时间从同一数据库读取数据，但只有一个可以写入数据。在某个进程或线程向数据库执行写操作之前，必须获得独占锁定。在发出独占锁定后，其他的读写操作将不会再发生。

有关SQLite数据库的优点太多了，由于篇幅关系这里就列举这些。如果需要了解更多请参考SQLite官方网站（http://www.sqlite.org/）。

下面我们将介绍在Andorid中如何使用SQLite数据库。

2.1 任务描述与目标

宇洁通过对任务一的学习后，已经完全掌握Android应用App界面设计的相关技术了，现在他想为自己的手机开发一个日记本App软件。这样用自己亲手开发的日记本随时都可以记录自己某一时间的心情、某一天的见识、某一时刻的感知、或者某一段时间的经历等，他觉得这是一件非常快乐的事情。

最后，宇洁经过分析与思考制定了该日记本App应该具有以下的功能。

（1）日记列表

在这个功能模块中，可以以表格形式列出已经存在的日记。

（2）发布新日记

在这个功能模块中，可以发布新的日记。

（3）查看日记信息

在该功能模块中，可以查看日记的详细内容。

（4）修改日记

在该功能模块中，可以对已经存在的日记进行修改操作。

（5）删除日记

该功能实现删除某一篇日记。

该日记本App最终实现的效果如图2.1、2.2、2.3、2.4、2.5所示。

图2.1　日记列表及添加日记功能界面

图2.2　查看日记信息功能界面

图2.3　修改日记信息功能界面

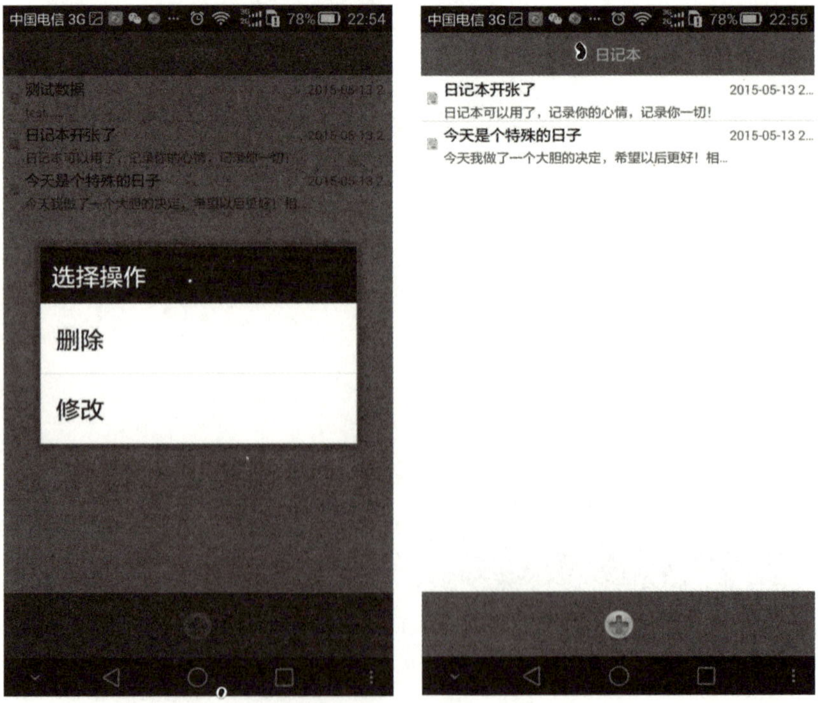

图2.4　删除日记界面

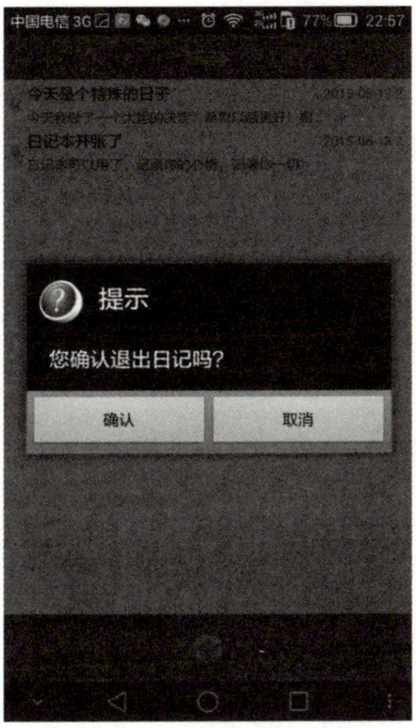

图2.5　退出日记信息功能界面

2.2　任务分析

宇洁本着从业人员的职业素质，觉得不管这个App软件有多复杂或者多简单，都应该按软件工程的流程进行分析设计，这样方便以后的扩展与改进。

开发软件无论其功能简单或是复杂，都应该从需求分析入手，然后概要设计、详细设计、编码实现，最后是测试与交付。其中需求分析核心在于明确要开发一个具有什么功能的软件；概述设计在于通过对需求分析的理解后给出软件大概的设计思路；详细设计在于细化概要设计，给出实现软件功能的详细思路；代码实现在于将详细的软件设计使用某一种开发语言将其实现；最后的测试在于验证软件功能的正确性、健壮性等。

以下是宇洁按软件工程流程对该日记本App进行的分析与设计。那么，你是否也可以对该日记本App以你的理解按软件工程流程做出你自己的设计呢?

（具体可以参考附录C、D、E给出的相关文档）

2.2.1　日记本App概要设计

1. 设计思想

该日记本App应用暂时没有设置用户，即点击就可进入日记列表主页，然后即可增加、修改、查看、删除日记。但考虑到个人的隐私，在以后可以进行扩展，实现对用户的验证或者对日记进行加密等功能。

该日记本App采用Android系统集成的SQLite数据库来存放日记信息，因此把操作SQLite数据库的业务功能单独编写在一个类中，以方便不同的Activity进行调用。

2. 系统结构设计

为了更方便、清晰地展示该日记本App具备什么样的功能，我们按照软件工程的流程，画出该日记本App的功能结构图，具体如图2.6所示。

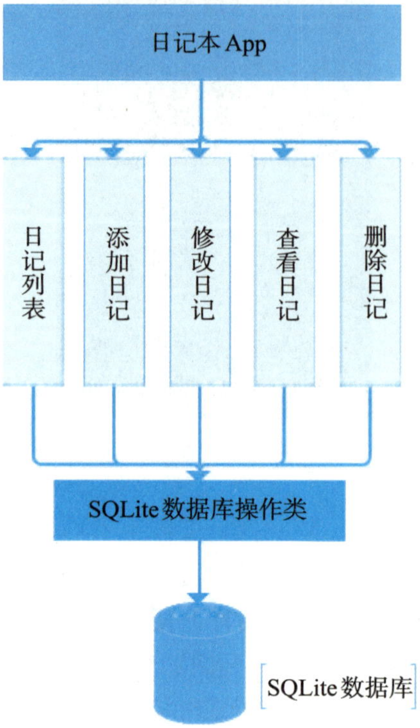

图2.6　日记本App系统结构示意图

2.2.2　数据库结构设计

该日记本App的所有日记数据都存放在SQLite数据库中，所以接下来的我们要确认日记本App共要用到多少张数据表，每一张数据表的结构是什么。

根据对功能需求的分析，该日记本App只涉及一张数据表，这张数据表分别用于存放日记的编号、标题、内容、发布时间，具体表结构见表2.1描述。

1. 日记表（Diary.db3）

其表结构如下。

表2.1　日记表结构

字段名称	数据类型	说明
_id	INTEGER	编号，主键
title	TEXT	日记标题
data	TEXT	日记内容
pubdate	DATE	发布日期时间

2.2.3 日记本App详细设计

在前面的分析说明中，已解决了实现该系统需求的程序模块设计问题，包括如何把该系统划分成若干个模块、决定各个模块之间的接口、模块之间传递的信息，以及数据表结构、模块结构的设计等，以下将介绍系统的详细设计。

在详细设计阶段，我们将确定应该如何具体实现所要求的功能，以流程图的方式展示各个功能工作流，从而在编码阶段可以把这个描述直接使用具体的程序语言进行业务功能的实现。

2.2.3.1 日记列表流程

日记本App启动后将直接进入日记列表界面，如果已经发布过日记，则系统将日记以清单的方式将已经存在的日记列表出来，否则提示没有日记。

2.2.3.2 发布日记流程

在日记列表界面中，单击“添加”按钮时，将会进入发布新日记的界面，在这里将自己的日记信息填写完后，点击“完成”按钮即可将日记信息写入数据表中，并提示成功，界面返回到日记列表界面，否则提示发布失败。发布日记模块的流程如图2.7所示。

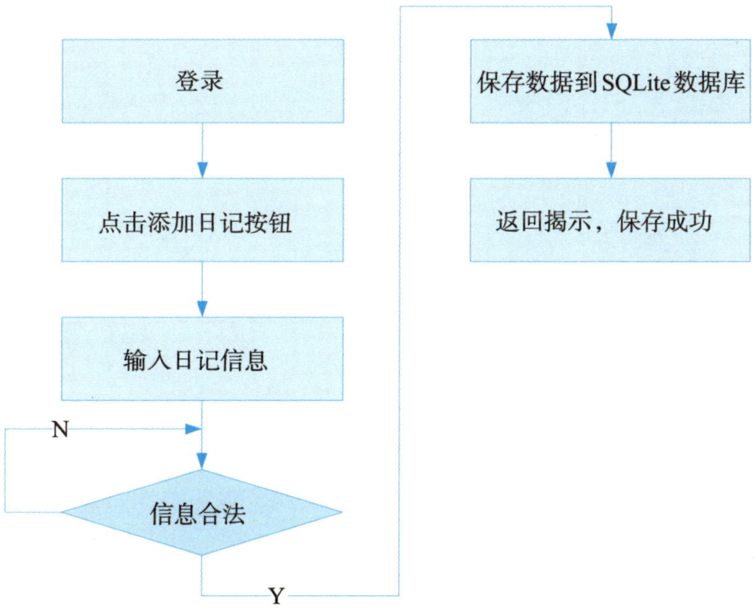

图2.7　发布日记模块的流程图

2.2.3.3 查看日记信息流程

在日记列表界面，单击某一篇日记，即可进入查看日记信息界面，将日记的完整信息进行展示。查看日记信息模块的流程如图2.8所示。

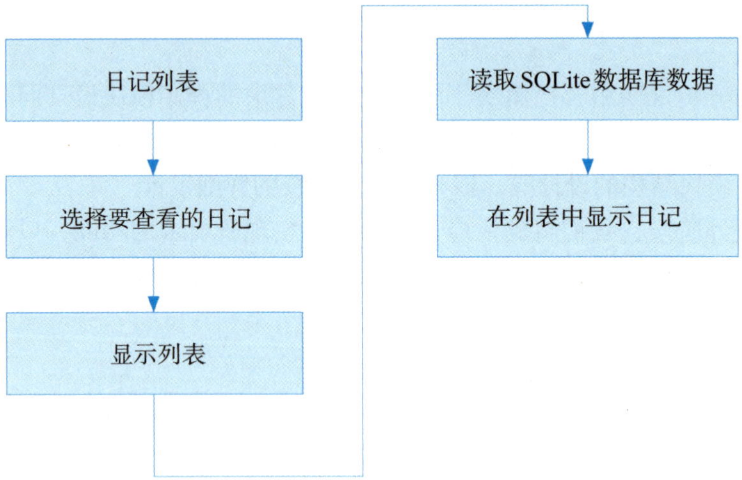

图2.8　查看日记信息模块的流程图

2.2.3.4　修改日记信息流程

在日记列表界面，长按某一篇日记，出现对话框中选择“修改”，即可进入修改日记信息界面，将日记的信息修改好后，点击“保存”按钮。修改日记信息模块的流程如图2.9所示。

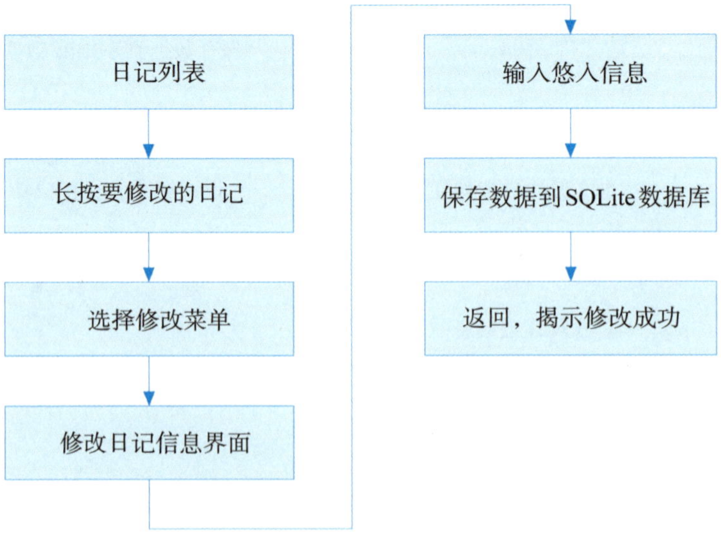

图2.9　修改日记模块的流程图

2.2.3.5　删除日记流程

在日记列表界面，长按某一篇日记，在出现对话框中选择“删除”，即可删除该日记。删除日记模块流程如图2.10所示。

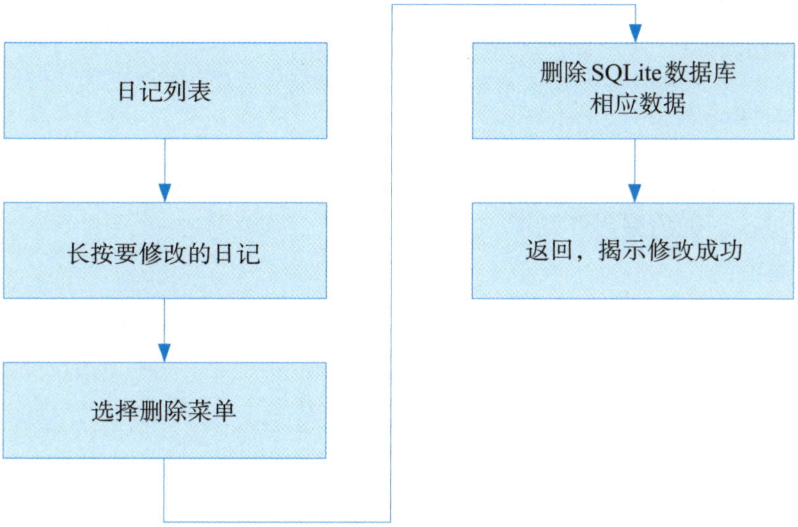

图2.10　删除日记模块的流程图

2.2.3.6　系统退出流程

退出系统时弹出对话框，选择“确定”按钮则退出，选择“取消”按钮则不退出系统。退出系统模块的流程如图2.11所示。

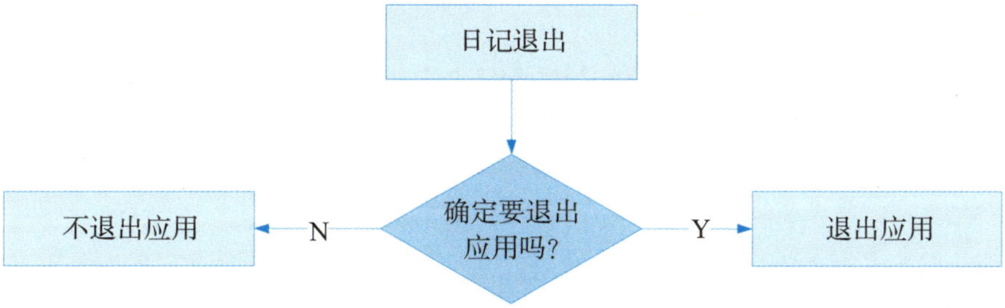

图2.11　退出系统模块的流程图

2.3　任务实施

2.3.1　总体步骤

该任务是要完成一个手机日记本App，当我们在正式开发之前，得严格按照软件工程的思路来分析设计。

第一，理清楚这个日记本App应该具备哪些功能（需求分析）。

第二，这个日记本App应该存放哪些数据（数据库分析设计）。

第三，划出每一个功能模块的业务流程图（详细设计，指导后期的代码实现）。

第四，创建项目（设计数据库操作业务功能类）。

第五，设计界面布局，开发业务功能。

第六，调试。

2.3.2　系统编码及实现

根据前面的分析与设计，日记App应用编码前的工作已经完成，接下来就是根据前面的设计进行详细的编码开发了。

2.3.2.1　创建项目

采用eclipse创建一个Android项目，该日记本App应用的项目名为MyDiary。然后实现如图2.12所示的文件结构。

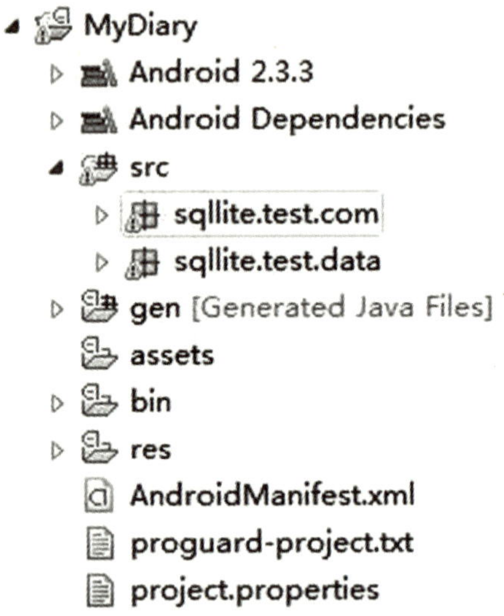

图2.12　日记本App项目的文件结构

其中src目录的结构说明如表2.2所示。

表2.2　src目录的结构

目录/文件	说 明
sqllite.test.com	存放系统的所有Activity文件
sqllite.test.data	存放操作SQLite数据库的操作类

2.3.2.2　创建界面布局文档

1. 日记列表主界面布局

日记列表界面主要用于显示已经存在的日记列表清单功能，在最底部放入一个图片按钮，以实现发布日记的导向功能。

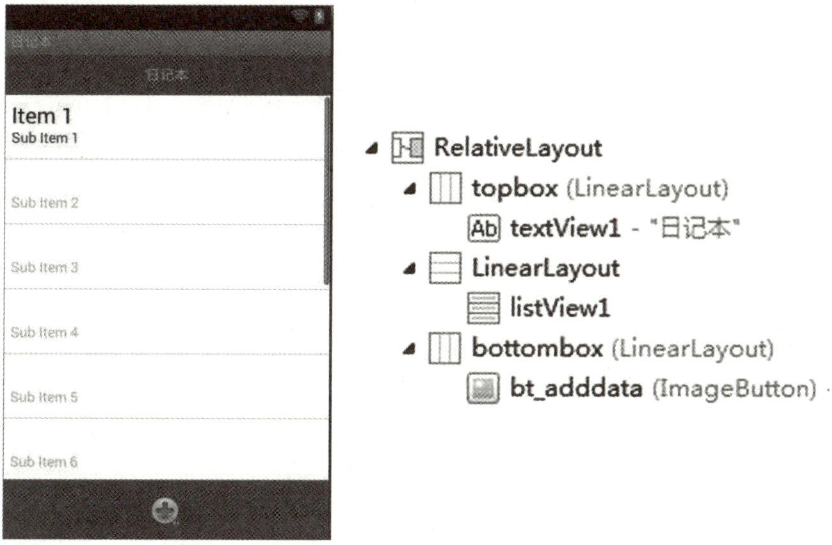

图2.13　日记列表界面底部放入图片按钮效果

操作步骤：展示res目录，在layout目录上点击右键创建android xml布局文档main.xml。具体代码如下所示.

代码清单2-1 main.xml

```
<?xml version="1.0" encoding="utf-8"?>
<RelativeLayout xmlns:android="http://schemas.android.com/apk/res/android"
  android:layout_width="fill_parent"
  android:layout_height="fill_parent"
  android:orientation="vertical" >
  <LinearLayout
    android:id="@+id/topbox"
    android:layout_width="match_parent"
    android:layout_height="40dp"
    android:gravity="center"
    android:background="#666666"
    >
    <TextView
      android:id="@+id/textView1"
      android:layout_width="wrap_content"
      android:layout_height="wrap_content"
      android:text="@string/app_name" />
  </LinearLayout>
```

```
<LinearLayout
    android:layout_width="match_parent"
    android:layout_height="match_parent"
    android:layout_above="@+id/bottombox"
    android:layout_below="@+id/topbox"
    android:background="#ffffff"
    android:orientation="vertical" >
    <ListView
        android:id="@+id/listView1"
        android:layout_width="match_parent"
        android:layout_height="wrap_content"
        android:background="#ffffff"
        android:dividerHeight="1px"
        android:cacheColorHint="#00000000"
        android:divider="#cccccc"
        >
    </ListView>
</LinearLayout>
<LinearLayout
    android:id="@+id/bottombox"
    android:layout_width="match_parent"
    android:layout_height="60dp"
    android:gravity="center"
    android:background="#666666"
    android:layout_alignParentBottom="true"
    >
    <ImageButton
        android:id="@+id/bt_adddata"
        android:background="#00000000"
        android:layout_width="wrap_content"
        android:layout_height="wrap_content"
        android:src="@drawable/add" />
</LinearLayout>
</RelativeLayout>
```

TextView类似一般UI中的Label、TextBlock等控件，只是为了单纯地显示一行或多行文本。

➤android:id="@+id/textView1"属性，Android中的组件需要用一个int类型的值来表示，这个值也就是组件标签中的ID属性值。在“@”后面使用“+”，表示当修改完某个布局文件并保存后，系统会自动在R.java文件中生成相应的int类型变量。变量名就是“/”后面的值，例如，@+id/ textView1会在R.java文件中生成int textView1= value，其中value是一个十六进制的数。在应用程序中要使用这个TextView的话，就得使用到textView1的ID来找到它。

➤android:layout_width="wrap_content"属性，TextView的宽度刚好包裹要展示文本的宽度。

➤android:layout_height="wrap_content"属性，TextView的高度刚好包裹要展示文本的高度。

➤android:text="@string/app_name"属性，本TextView里面要显示的内容来自于string文件里面的app_name对应的字符串。这样做有利于实现各种语言版本的App，比如需要实现日文的App，则只需要将app_name对应的字符串改为日文就可以了。

2. 发布日记界面布局

发布日记界面用于提供用户输入日记信息的界面，主要有日记的标题，日记内容等（见图2.14），在布局的顶部是标题栏和“返回”及“保存”按钮。

图2.14　发布日记界面

操作步骤：展示res目录，在layout目录上点击右键创建android xml布局文档adddiary.xml。具体代码如下所示。

代码清单2-2 adddiary.xml

```
<?xml version="1.0" encoding="utf-8"?>
<RelativeLayout xmlns:android="http://schemas.android.com/apk/res/android"
    android:layout_width="fill_parent"
    android:layout_height="fill_parent" >
    <LinearLayout
        android:id="@+id/topbox"
        android:layout_width="fill_parent"
        android:layout_height="40dp"
        android:background="#a40000"
        android:gravity="center"
        android:layout_weight="3">
        <ImageButton
            android:id="@+id/bt_back"
            android:layout_width="wrap_content"
            android:layout_height="wrap_content"
            android:background="#00000000"
            android:layout_marginLeft="0dp"
            android:src="@drawable/back"
            android:layout_weight="0.1"/>
        <TextView
            android:id="@+id/textView111"
            android:layout_width="wrap_content"
            android:layout_height="wrap_content"
            android:textColor="#ffffff"
            android:background="#a40000"
            android:textSize="14dp"
            android:layout_weight="1"
            android:gravity="center"
            android:text="发布新的日记" />
        <ImageButton
            android:id="@+id/bt_save"
            android:layout_width="wrap_content"
            android:layout_height="wrap_content"
```

```
            android:layout_weight="0.1"
            android:background="#00000000"
            android:src="@drawable/save" />
    </LinearLayout>
    <LinearLayout
        android:layout_width="match_parent"
        android:layout_height="match_parent"
        android:layout_below="@+id/topbox"
        android:background="@drawable/border"
        android:orientation="vertical" >
        <TextView
            android:id="@+id/textView2"
            android:layout_width="wrap_content"
            android:layout_height="wrap_content"
            android:background="#ffffff"
            android:textColor="#000000"
            android:textSize="14dp"
            android:layout_marginTop="5dp"
            android:layout_marginLeft="8px"
            android:text="@string/title" />
        <EditText
            android:id="@+id/tx_title"
            android:layout_width="match_parent"
            android:layout_height="wrap_content"
            android:layout_marginLeft="8px"
            android:hint="请输入日记的标题..."
            android:layout_marginRight="8px"
            android:ems="10" >
            <requestFocus />
        </EditText>
        <TextView
            android:id="@+id/textView3"
            android:layout_width="wrap_content"
            android:layout_height="wrap_content"
            android:background="#ffffff"
```

```
        android:textColor="#000000"
        android:textSize="14dp"
        android:layout_marginTop="5dp"
        android:layout_marginLeft="8px"
        android:text="@string/content" />
    <EditText
        android:id="@+id/tx_content"
        android:layout_width="match_parent"
        android:layout_height="match_parent"
        android:layout_marginLeft="8px"
        android:layout_marginRight="8px"
        android:ems="10"
        android:hint="请输入日记的内容..."
        android:gravity="top"
        android:inputType="textMultiLine" />
    </LinearLayout>
</RelativeLayout>
```

➢android:background="@drawable/border"，这是给该控件设置背景，在Android中给某一个控件指定背景除了指定具体的颜色值、图片以外还可以将某一布局作为背景来使用。如这里的border.xml就是一个布局文档，但要注意作为背景使用的布局文件要存放在res下的drawable目录中。

➢android:text="@string/title"属性，本TextView里面要显示的内容来自于string文件里面的title对应的字符串。这样做有利于实现各种语言版本的App，比如需要实现日文的App，则只需要将title对应的字符串改为日文就可以了。

小试牛刀

将android:text="发布新的日记"代码段中的“发布新的日记”改为在string文件里找的形式。

3. 修改日记界面布局

修改日记界面用于提供用户对日记信息进行修改的界面，主要有日记的标题、日记内容等，在布局的顶部是标题栏和“返回”及“保存”按钮。

修改日记的界面和发布日记的界面一样，这里可以共用，所以这里不单独为修改制作界面。

4. 查看日记信息界面布局

查看日记详细信息界面用于用户查看日记，主要有日记的标题、日记内容等（见图2.15），在布局的底部有一个“返回”按钮。

图2.15　查看日记信息界面

操作步骤：展示res目录，在layout目录上点击右键创建android xml布局文档showdiary.xml。具体代码如下所示。

代码清单2-3 showdiary.xml

```
<?xml version="1.0" encoding="utf-8"?>
<RelativeLayout xmlns:android="http://schemas.android.com/apk/res/android"
  android:layout_width="fill_parent"
  android:layout_height="fill_parent"
  android:background="#e1e1e1">
  <LinearLayout
    android:id="@+id/topbox"
    android:layout_width="fill_parent"
    android:layout_height="40dp"
    android:background="@drawable/show_top_bj"
    >
    <TextView
      android:id="@+id/tx_show_title"
```

```
            android:layout_width="wrap_content"
            android:layout_height="wrap_content"
            android:background="#00000000"
            android:textColor="#000000"
            android:textSize="16dp"
            android:layout_marginLeft="8dp"
            android:layout_marginTop="5dp"
            android:text="@string/title" />
</LinearLayout>
    <ScrollView
        android:id="@+id/scrollView1"
        android:layout_width="match_parent"
        android:layout_height="match_parent"
        android:layout_alignParentLeft="true"
        android:layout_below="@+id/topbox"
        android:layout_above="@+id/bottom_box"
        android:background="#ffffff"
        >
<LinearLayout
        android:layout_width="match_parent"
        android:layout_height="fill_parent"
        android:orientation="vertical" >
        <TextView
            android:id="@+id/tx_show_content"
            android:layout_width="wrap_content"
            android:layout_height="wrap_content"
            android:background="#ffffff"
            android:textColor="#000000"
            android:textSize="14dp"
            android:layout_marginTop="5dp"
            android:layout_marginLeft="8px"
            android:text="@string/content" />
</LinearLayout>
</ScrollView>
<LinearLayout
```

```
        android:id="@+id/bottom_box"
        android:layout_width="fill_parent"
        android:layout_height="40dp"
        android:background="#e1e1e1"
        android:layout_alignParentBottom="true"
        android:gravity="center"
        >
         <ImageButton
          android:id="@+id/bt_show_back"
          android:layout_width="wrap_content"
          android:layout_height="wrap_content"
          android:background="#00000000"
          android:src="@drawable/bt_back" />
    </LinearLayout>
</RelativeLayout>
```

ImageButton控件实现按钮功能，通过在布局文件中添加各类属性来控制按钮。

➢ android:id="@+id/bt_show_back"属性，设置本按钮的资源ID为bt_show_back，在应用程序中要使用本按钮时需要利用本资源ID来找到这个按钮。

➢ android:layout_width="wrap_content"属性，本按钮的宽度刚好包裹住要显示的内容的宽度。

➢ android:layout_height="wrap_content"属性，本按钮的高度刚好包裹住要显示的内容的高度。

➢ android:background="#00000000"属性，本按钮的背景颜色，可以通过改变“#”后面的数值来调整颜色。

➢ android:src="@drawable/bt_back"属性，设置本按钮的背景图片或形状，此处采用drawable文件夹下的bt_back图片文件。

Tips

android:background="#00000000"属性中，我们怎么知道哪些数值对于什么样的颜色呢？请扫描以下二维码。

小试牛刀

（1）采用直接在android:background="#00000000"属性中调整数值的形式，将背景颜色改为黄色。

（2）将各种颜色编写成一个文档color.xml，放置在res/values文件夹下，然后在android:background="@color/xxxx"中通过修改”xxxx”来调用。

5. 用于日记列表的模板布局

在日记列表界面中使用的是ListView控件来列表日记，所以在这里我们要为ListView控件设计一个展示模板布局。

操作步骤：展示res目录，在layout目录上点击右键创建android xml布局文档listitem.xml。具体代码如下所示。

代码清单2-4 listitem.xml

```
<?xml version="1.0" encoding="utf-8"?>
<LinearLayout xmlns:android="http://schemas.android.com/apk/res/android"
  android:layout_width="match_parent"
  android:layout_height="match_parent"
  android:orientation="horizontal"
  android:gravity="center_vertical"
  android:layout_weight="4">
  <ImageView
    android:id="@+id/imageView002"
    android:layout_width="32px"
    android:layout_height="32px"
    android:layout_marginLeft="5dp"
    android:src="@drawable/item"/>"
<LinearLayout
    android:layout_width="match_parent"
    android:layout_height="wrap_content"
    android:orientation="vertical"
    android:layout_weight="1">
    <TextView
      android:id="@+id/tx_biaoti"
      android:layout_width="wrap_content"
```

```
            android:layout_height="wrap_content"
            android:singleLine="true"
            android:textColor="#000000"
            android:textSize="14dp"
            android:layout_marginTop="3dp"
            android:layout_marginLeft="5dp"
            />
        <TextView
            android:id="@+id/tx_sm"
            android:layout_width="wrap_content"
            android:layout_height="wrap_content"
            android:textColor="#666666"
            android:singleLine="true"
            android:textSize="12dp"
            android:layout_marginTop="3dp"
            android:layout_marginLeft="5dp"
            android:text="TextView" />
    </LinearLayout>
    <LinearLayout
        android:layout_width="match_parent"
        android:layout_height="wrap_content"
        android:orientation="vertical"
        android:layout_weight="3">
        <TextView
            android:id="@+id/tx_price"
            android:layout_width="wrap_content"
            android:layout_height="wrap_content"
            android:textColor="#666666"
            android:singleLine="true"
            android:textSize="12dp"
            android:layout_marginTop="3dp"
            android:text="TextView" />
        <TextView
            android:id="@+id/tx_sm1"
            android:layout_width="wrap_content"
```

```
            android:layout_height="wrap_content"
            android:textColor="#cccccc"
            android:singleLine="true"
            android:textSize="12dp"
            android:layout_marginTop="3dp"
            android:layout_marginLeft="5dp"
            android:text="" />
        <TextView
            android:id="@+id/tx_id"
            android:layout_width="wrap_content"
            android:layout_height="wrap_content"
            android:textColor="#cccccc"
            android:singleLine="true"
            android:textSize="12dp"
            android:layout_marginTop="3dp"
            android:layout_marginLeft="5dp"
            android:visibility="gone" />
        </LinearLayout>
    </LinearLayout>
```

ImageView控件负责显示图片，通过调整属性参数可以控制图片显示的形状。

➢ android:id="@+id/imageView002"属性，本ImageView控件的资源ID是imageView002，在应用程序中要使用到本控件的时候，需要利用本资源ID来找到本控件。

➢ android:layout_width="32px"属性，控件的宽度为32PX。PX: pixels（像素），不同设备显示效果相同。

➢ android:layout_height="32px"属性，控件的高度为32PX。

➢ android:layout_marginLeft="5dp"属性，设置本控件布局离左边的距离是5dp。

➢ android:src="@drawable/item"属性，本控件要显示的图片是drawable下的item图片。

2.3.2.3 创建SQLite数据库操作类

在上面我们已经创建好Android项目，并在layout中创建好日记本App所要用到的布局文档了，那接下来就是对数据库操作功能的实现了，为方便在日记本开发时直接调用相应的功能方法，所以将数据库操作的相应方法都编写在一个类中，以方便功能实现时调用。

以下是日记本App应用的数据库操作类的参考代码。

代码清单2-5 OprationDB.java

```
package sqllite.test.data;
// 使用快捷键Ctrl+Shift+O快速生成需要的import代码段

public class OprationDB {
    // 日记的id编号
    public static final String  KEY_ID= "_id";
    // 日记的标题
    public static final String  KEY_TITLE= "title";
    // 日记的内容
    public static final String  KEY_DATA= "data";
    // 日记的发布日期
    public static final String KEY_PUBDATE="pubdate";
    // 数据库名称
    private static final String  DB_NAME     = "Diary.db3";
    // 数据库表名
    private static final String  DB_TABLE= "mydiarys";
    // 数据库版本
    private static final int       DB_VERSION= 1;
    // 本地Context对象
    private ContextmContext= null;
    //创建一个表
    private static final StringDB_CREATE = "CREATE TABLE mydiarys
                                              (_id  INTEGER  PRIMARY  KEY,title
                                              TEXT,data TEXT,pubdate TEXT)";
    private String UserSql="CREATE TABLE mydiarys
                            (_id INTEGER PRIMARY KEY,title TEXT,
                            data TEXT,pubdate TEXT);";
    // 执行open（）打开数据库时，保存返回的数据库对象
    private SQLiteDatabase  mSQLiteDatabase    = null;
    // 由SQLiteOpenHelper继承过来
    private DatabaseHelper   mDatabaseHelper    = null;
    private static class DatabaseHelper extends SQLiteOpenHelper
    {
```

```
        /* 构造函数-创建一个数据库 */
        DatabaseHelper(Context context)
        {
            /*当调用 getWritableDatabase()
            或 getReadableDatabase()方法时
            则创建一个数据库 */
            super(context, DB_NAME, null, DB_VERSION);
        }
        /* 创建一个表 */
        @Override
        public void onCreate(SQLiteDatabase db)
        {
            // 数据库没有表时创建一个
            db.execSQL(DB_CREATE);
        }
        /* 升级数据库 */
        @Override
        public void onUpgrade(SQLiteDatabase db, int oldVersion, int newVersion)
        {
            db.execSQL("DROP TABLE IF EXISTS notes");
            onCreate(db);
        }
    }
    /* 构造函数-取得 Context */
    public OprationDB(Context context)
    {
        mContext = context;
    }
    // 打开数据库，返回数据库对象
    public void open() throws SQLException
    {
        mDatabaseHelper = new DatabaseHelper(mContext);
        // 返回一个 SQLite 数据库操作对象
        mSQLiteDatabase = mDatabaseHelper.getWritableDatabase();
    }
```

```
//关闭数据库
public void close()
{
    mSQLiteDatabase.close();
    mDatabaseHelper.close();
}
/* 插入一条数据 */
public long insertData(String title, String data,String pubdate)
{
    ContentValues initialValues = new ContentValues();
    initialValues.put(KEY_TITLE, title);
    initialValues.put(KEY_DATA, data);
    initialValues.put(KEY_PUBDATE, pubdate);
    return mSQLiteDatabase.insert(DB_TABLE, KEY_ID, initialValues);
}
/* 删除一条数据 */
public boolean deleteData(long rowId)
{
return mSQLiteDatabase.delete(DB_TABLE, KEY_ID + "=" + rowId, null) > 0;
}
/* 通过Cursor查询所有数据 */
public Cursor fetchAllData()
{
    return mSQLiteDatabase.query(DB_TABLE,
            new String[] { KEY_ID, KEY_TITLE, KEY_DATA,
                    KEY_PUBDATE },
            null, null, null, null, KEY_PUBDATE+" DESC");
}
/* 查询指定数据 */
public Cursor fetchData(long rowId) throws SQLException
{
    Cursor mCursor =mSQLiteDatabase.query(true, DB_TABLE,
                new String[] { KEY_ID, KEY_TITLE, KEY_DATA,
                KEY_PUBDATE },
                KEY_ID + "=" + rowId, null, null, null, null, null);
    if (mCursor != null)
    {
```

```
                mCursor.moveToFirst();
            }
            return mCursor;
        }
        /* 更新一条数据 */
        public boolean updateData(long rowId, String title, String data,String pubdate)
        {
            ContentValues args = new ContentValues();
            args.put(KEY_TITLE, title);
            args.put(KEY_DATA, data);
            args.put(KEY_PUBDATE,pubdate);
            return mSQLiteDatabase.update(DB_TABLE,
                                    args, KEY_ID + "=" + rowId, null) > 0;
        }
    }
```

在Android中使用SQLite，一般需要重新写一个类DatabaseHelper，而该类继承一个Android提供访问该数据库的助手类SQLiteOpenHelper。这样就可以通过DatabaseHelper去实现数据库的增、删、改、查。

➢ super(context, DB_NAME, null, DB_VERSION)，第1个参数为该类本身；第2个参数为数据库的名字；第3个参数是用来设置游标对象的，一般设置为null；第4个参数是数据库的版本号。

➢ onCreate()方法，创建一个表，execSQL(DB_CREATE)方法是类SQLiteDatabase中的一个方法，其功能是执行一条SQL语句命令，这条语句的内容就是该函数的参数。这里DB_CREATE就是一条SQL语句命令。

➢ ContentValues 和HashTable类似都是一种存储的机制，但是两者最大的区别就在于contenvalues只能存储基本类型的数据，像string、int之类的，不能存储对象，而HashTable却可以存储对象。

➢ mSQLiteDatabase.insert(DB_TABLE, KEY_ID, initialValues)方法，参数一是表名称，参数二是空列的默认值，参数三是ContentValues类型的一个封装了列名称和列值的Map。

➢ mSQLiteDatabase.delete(DB_TABLE, KEY_ID + "=" + rowId, null)方法，参数一是表名称，参数二表示删除表的哪一行，参数三表示从哪里开始更新。返回值是被删除的行数，如果大于0表示删除成功。

➢ mSQLiteDatabase.query()方法，返回一个cursor对象，位置在第一个入口。

➢ mSQLiteDatabase.update(DB_TABLE, args, KEY_ID + "=" + rowId, null)方法，参数一是表名称，参数二是ContentValues对象，参数三表示从哪里开始更新，参数四和参数三配合使用。如果参数三的条件已经直接给出，如“class = ” + num，num是传入的参数，则参数四可设为null。

Tips

SQL是用于访问和处理数据库的标准的计算机语言。是不是忘记啦？扫描下面的二维码复习一下吧。

2.3.2.4 日记列表Activity实现

日记列表功能，是该系统的主界面。其将系统中的所有日记以清单的方式列表出来，以方便用户查看、修改、删除及发布新的日记。具体实现后的界面如图2.16所示。

图2.16 日记列表功能界面

实现思路如下：

1. 创建日记列表Activity；
2. 给Activity指定界面布局文件；
3. 调用数据库操作类获取日记数据绑定到ListView控件中显示；

4. 给发布日记按钮编写点击事件，以进入发布日记界面；
5. 创建弹出修改/删除对话框及调用相应的命令实现对日记的修改与删除功能；
6. 给ListView控件编写点击事件和长按事件等。

具体的实现参考代码如下。

代码清单2-6 MyDiaryActivity.java

```
package sqllite.test.com;
// 使用快捷键Ctrl+Shift+O快速生成需要的import代码段
public class MyDiaryActivity extends Activity {
    ImageButton bt_ADD, bt_SAVE;
    Button BT_DELETE;
    OprationDB m_MyDataBaseAdapter;
    ListView m_ListView;
    int miCount = 0;
    long DELID;
    Dialog alertdialog;
    /** Called when the activity is first created. */
    @Override
    public void onCreate(Bundle savedInstanceState) {
        super.onCreate(savedInstanceState);
        // 不显示系统的标题
        requestWindowFeature(Window.FEATURE_NO_TITLE);
        setContentView(R.layout.main);
        /* 构造MyDataBaseAdapter对象 */
        m_MyDataBaseAdapter = new OprationDB(this);
        /* 取得数据库对象 */
        m_MyDataBaseAdapter.open();
        bt_ADD = (ImageButton) this.findViewById(R.id.bt_adddata);
        bt_ADD.setOnClickListener(new OnClickListener() {
            @Override
            public void onClick(View arg0) {
                Intent it = new Intent(MyDiaryActivity.this, AddDiary.class);
                startActivity(it);
                MyDiaryActivity.this.finish();
                m_MyDataBaseAdapter.close();
```

```
        }
    });
    // 获取ListView控件
    m_ListView = (ListView) this.findViewById(R.id.listView1);
    // 加载数据
    UpdataAdapter();
    // 单击事件
    m_ListView.setOnItemClickListener(new OnItemClickListener() {
        @Override
        public void onItemClick(AdapterView<?> arg0, View arg1,
                int position, long arg3) {
            Cursor item = (Cursor) m_ListView.getItemAtPosition(position);
            Intent it = new Intent();
            it.putExtra("ID", item.getString(0));
            it.setClass(MyDiaryActivity.this, ShowDiary.class);
            startActivity(it);
          MyDiaryActivity.this.finish();
        }
    });
    // 长按事件
    m_ListView.setOnItemLongClickListener(new OnItemLongClickListener
    () {
        @Override
        public boolean onItemLongClick(AdapterView<?> arg0, View arg1,
                    int position, long arg3) {
            Cursor item = (Cursor) m_ListView.getItemAtPosition(position);
            DELID = Long.parseLong(item.getString(0));
            dialogDelorEdit();
            return false;
        }
    });
}
public void UpdataAdapter() {
    // 获取数据库的Cursor
    Cursor cur = m_MyDataBaseAdapter.fetchAllData();
```

```
        miCount = cur.getCount();
        if (cur != null && cur.getCount() >= 0) {
            // ListAdapter是ListView和后台数据的桥梁
            ListAdapter adapter = new SimpleCursorAdapter(this,
            // 定义List中每一行的显示模板
            // 表示每一行包含两个数据项
                R.layout.listitem,
                // 数据库的Cursor对象
                cur,
                //从数据库的TABLE_NUM和TABLE_DATA两列中取数据
                new String[] { OprationDB.KEY_TITLE,OprationDB.
                KEY_DATA,
                            OprationDB.KEY_PUBDATE,OprationDB.
                            KEY_ID},
                // 与NAME和NUMBER对应的Views
                new int[] { R.id.tx_biaoti, R.id.tx_sm, R.id.tx_price,R.id.tx_id });
            /* 将adapter添加到m_ListView中 */
            m_ListView.setAdapter(adapter);
        } else {
        }
    }
    // 自动义对话框
    protected void dialogDelorEdit() {
        new AlertDialog.Builder(this)
                .setTitle("选择操作")
                .setItems(new String[] { "删除", "修改" },
                        new DialogInterface.OnClickListener() {
                            @Override
                            public void onClick(DialogInterface dialog,
                                    int which) {
                                if (which == 0) { // 删除
                                    m_MyDataBaseAdapter.deleteData
                                    (DELID);
                                    dialog.dismiss();
                                    // 再加载一次
```

```
                                    UpdataAdapter();
                                } else {
                                    Intent it = new Intent();
                                    it.putExtra("EDITID", String.
                                      valueOf(DELID));
                                    it.setClass(MyDiaryActivity.this,
                                      EditDiary.class);
                                    startActivity(it);
                                    MyDiaryActivity.this.finish();
                                }
                            }
                        }).show();
}
//提示对话框
protected void dialog() {
    AlertDialog.Builder builder = new Builder(MyDiaryActivity.this);
    builder.setMessage("您确认退出日记吗? ");
    builder.setTitle("提示");
    builder.setIcon(R.drawable.help);
    builder.setPositiveButton("确认", new DialogInterface.OnClickListener() {
        @Override
        public void onClick(DialogInterface dialog, int which) {
            dialog.dismiss();
            //关闭跟踪
            MyDiaryActivity.this.finish();
        }
    });
    builder.setNegativeButton("取消", new DialogInterface.OnClickListener() {
        @Override
        public void onClick(DialogInterface dialog, int which) {
            dialog.dismiss();
        }
    });
        builder.create().show();
}
```

```
    // 获取按键事件(返回按钮)
        @Override
        public boolean onKeyDown(int keyCode, KeyEvent event) {
        if(keyCode==KeyEvent.KEYCODE_BACK && event.getRepeatCount()==0) {
                dialog();
                return false;
            }
            return false;
        }
    @Override
    protected void onDestroy() {
        super.onDestroy();
    }
}
```

➢ bt_ADD.setOnClickListener()方法，采用匿名内部类的方式来实现按钮 bt_ADD 功能，当它被按下后会跳转到另外一个 Activity,这里是 AddDiary。实现 Activity 的跳转需要使用 intent()来实现，Intent(MyDiaryActivity.this, AddDiary.class)，第一个参数表示按钮所在的 Activity，第二个参数表示要跳转到的 Activity。紧接着使用 startActivity()来启动 Activity 的跳转。需要注意的是，每一个新的 Activity 都要在 AndroidManifest.xml 中注册。

➢ MyDiaryActivity.this.finish()结束当前 Activity 的生命周期，节约内存。

➢ UpdataAdapter()方法加载数据，每当从其他的 Activity 返回到 MyDiaryActivity 这个 Activity 的时候，onCreate()方法就会被执行，而 UpdataAdapter()方法在 onCreate()方法里面所以也会被执行，这样就能实现数据的更新。

➢ m_ListView.setOnItemClickListener()方法，采用匿名内部类的方式来实现当列表中的某个日记被单击时，跳转到 ShowDiary 这个 Activity。Cursor 类型的 item 得到了当前点击的日记的游标，因为有很多的日记，为了告诉 ShowDiary 这个 Activity 到底点击了哪个日记，需要用 putExtra("ID", item.getString(0))方法传递一个键值对到 ShowDiary，其中 item.getString(0)得到游标所指行的第 0 列数据。相应的在 ShowDiary 这个 Activity 里就要有机制来接受传递过来的键值对，使用 getIntent()方法来获取传递过来的键值。

➢ SimpleCursorAdapter()方法，用于将 Cursor 中的 columns 与 XML 文件中定义的 TextView 或者 ImageView 进行匹配的 Adapter。SimpleCursorAdapter()的第二个参数表示 list 中的显示模板，第四个参数表示要显示的数据，第五个参数表示第四个参数中要显示的参数在模板中要显示的位置。

➢ onKeyDown()方法用于捕获按下的Android手机物理按键，这里用于判断是否按下的Android手机的返回物理按键功能。

2.3.2.5　发布日记Activity实现

在日记列表界面点击发布日记按钮，即可进入发布日记的界面。在这里用户可以输入日记的标题及内容点击“完成”按钮即可发布日记，并提示操作是否成功。具体实现后的界面如图2.17所示。

图2.17　发布日记功能界面

实现思路如下：

1. 创建发布日记的Activity；
2. 为Activity指定界面布局文件；
3. 为完成按钮设置事件，点击完成按钮即可保存日记；
4. 为返回按钮设置事件，点击返回按钮返回到日记列表界面。

具体的实现参考代码如下。

代码清单2-7 AddDiary.java

```
package sqllite.test.com;
// 使用快捷键Ctrl+Shift+O快速生成需要的import代码段
public class AddDiary extends Activity {
    ImageButton BT_BACK, BT_SAVE;
    EditText TX_TITLE, TX_CONTENT;
    OprationDB m_MyDataBaseAdapter;
```

```
    @Override
    protected void onCreate(Bundle savedInstanceState) {
        super.onCreate(savedInstanceState);
        // 不显示系统的标题
        requestWindowFeature(Window.FEATURE_NO_TITLE);
        setContentView(R.layout.adddiary);
        // 返回到主界面
        BT_BACK = (ImageButton) this.findViewById(R.id.bt_back);
        BT_BACK.setOnClickListener(new OnClickListener() {
            @Override
            public void onClick(View v) {
                backMain();
            }
        });
        /* 构造 MyDataBaseAdapter 对象 */
        m_MyDataBaseAdapter = new OprationDB(AddDiary.this);
        /* 取得数据库对象 */
        m_MyDataBaseAdapter.open();
        // 发布新的日记
        BT_SAVE = (ImageButton) this.findViewById(R.id.bt_save);
        BT_SAVE.setOnClickListener(new OnClickListener() {
            @Override
            public void onClick(View v) {
                // 获取数据
                TX_TITLE = (EditText) findViewById(R.id.tx_title);
                TX_CONTENT = (EditText) findViewById(R.id.tx_content);
                // 获取系统当前的日期与时间
                SimpleDateFormat formatter = new SimpleDateFormat
                                                ("yyyy-MM-dd HH:mm:ss");
                Date curDate = new Date(System.currentTimeMillis());// 获取时间
                String str = formatter.format(curDate);
                // 调用添加方法完成添加一条日记
                long test = m_MyDataBaseAdapter.insertData(TX_TITLE.
                        getText().toString(), TX_CONTENT.getText().
                        toString(), str);
                if (test > 0) {
```

```
                    Toast.makeText(AddDiary.this, "发布成功", 1).show();
                    backMain();
                }
            }
        });
    }

    // 获取按键事件(返回按钮)
    @Override
    public boolean onKeyDown(int keyCode, KeyEvent event) {
    if(keyCode==KeyEvent.KEYCODE_BACK && event.getRepeatCount()==0) {
        backMain();
        return false;
        }
        return false;
    }
    // 返回到主界面
    private void backMain() {
        Intent it = new Intent(AddDiary.this, MyDiaryActivity.class);
        startActivity(it);
        AddDiary.this.finish();
        m_MyDataBaseAdapter.close();
    }
}
```

Toast.makeText(AddDiary.this, "发布成功", 1)方法是Android用于提示简单信息的一种消息提示框，有三个参数，第一个为指定哪个Activity来显示，第二个为提示信息，第三个为显示时间长度。

Tips

this的用法，请扫描以下二维码。

2.3.2.6　查看日记信息 Activity 实现

在日记列表界面点击某一日记列表，即可进入查看日记详细信息界面。点击返回按钮可以返回日记列表界面。具体实现后的界面如图2.18所示。

图2.18　查看日记信息功能界面

实现思路如下：

1. 创建查看日记信息的Activity；
2. 给Activity指定界面布局文件；
3. 获取从日记列表传递来的日记的编号从数据库获取这个编号的日记内容并展示在界面上；
4. 给返回按钮设置事件，点击返回按钮返回到日记列表界面。

具体的实现参考代码如下。

代码清单2-8　ShowDiary.java

```
package sqllite.test.com;
// 使用快捷键Ctrl+Shift+O快速生成需要的import代码段
public class ShowDiary extends Activity {
    TextView TX_SHOW_TITLE,TX_SHOW_CONTENT;
    ImageButton BT_SHOW_BACK;
    OprationDB m_MyDataBaseAdapter;
    @Override
    protected void onCreate(Bundle savedInstanceState) {
```

```
        super.onCreate(savedInstanceState);
        // 不显示系统的标题
        requestWindowFeature(Window.FEATURE_NO_TITLE);
        setContentView(R.layout.showdiary);
        // 获取传递过来的ID号
        Intent it=this.getIntent();
        /* 构造MyDataBaseAdapter对象 */
        m_MyDataBaseAdapter = new OprationDB(this);
        /* 取得数据库对象 */
        m_MyDataBaseAdapter.open();
        Cursor cur = m_MyDataBaseAdapter.
                fetchData(Long.parseLong(it.getStringExtra("ID")));
       TX_SHOW_TITLE=(TextView)this.findViewById(R.id.tx_show_title);
       TX_SHOW_CONTENT=(TextView)this.findViewById(R.id.
                              tx_show_content);
        // 获取Cursor的数据并显示在相应的控件上
        TX_SHOW_TITLE.setText(cur.getString(1));
        TX_SHOW_CONTENT.setText(cur.getString(2));
        // 返回到主界面
        BT_SHOW_BACK=(ImageButton)this.findViewById(R.id.
                         bt_show_back);
        BT_SHOW_BACK.setOnClickListener(new OnClickListener() {
                @Override
                public void onClick(View v) {
                      // TODO Auto-generated method stub
                      backMain();
                }
        });
    }
    // 获取按键事件(返回按钮)
    @Override
    public boolean onKeyDown(int keyCode, KeyEvent event) {
    if(keyCode==KeyEvent.KEYCODE_BACK && event.getRepeatCount()==0) {
            backMain();
            return false;
        }
        return false;
```

```
        }
        //返回到主界面
        private void backMain() {
            Intent it = new Intent(ShowDiary.this, MyDiaryActivity.class);
            startActivity(it);
            ShowDiary.this.finish();
            m_MyDataBaseAdapter.close();
        }
    }
```

m_MyDataBaseAdapter.fetchData(Long.parseLong(it.getStringExtra("ID")))方法，从内部往外解释it.getStringExtra("ID")是要拿到通过Intent传到本Activity的键值对，这里的“ID”就是键，拿到的数据就是和此键相对应的字符串数据。Long.parseLong(str value)方法将字符串value转化为Long型。m_MyDataBaseAdapter.fetchData()返回指定数据的cursor位置。

2.3.2.7 修改日记Activity实现

在日记列表界面长按某一日记，即可弹出“修改/删除”对话框，选择“修改”菜单进入修改日记界面。具体实现后的界面如图2.19所示。

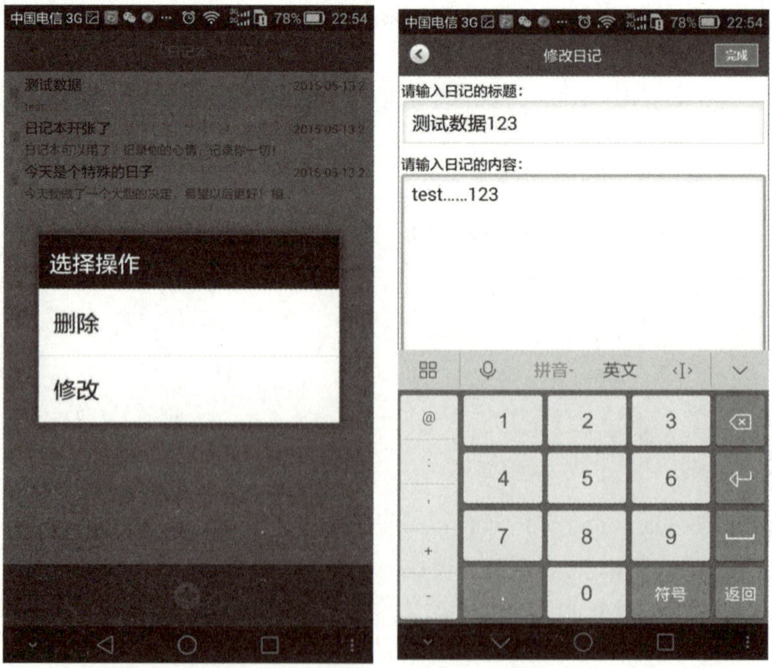

图2.19　修改日记信息功能界面

实现思路如下:

1. 创建修改日记信息的Activity;

2. 给Activity指定界面布局文件;

3. 获取从日记列表传递来的日记的编号从数据库获取这个编号的日记内容并展示在界面上;

4. 给返回按钮设置事件,点击返回按钮返回到日记列表界面;

5. 给完成按钮设置事件,点击完成保存修改后的信息。

具体的实现参考代码如下。

代码清单2-9 EditDiary.java

```
package sqllite.test.com;
//使用快捷键Ctrl+Shift+O快速生成需要的import代码段
public class EditDiary extends Activity {
    ImageButton BT_BACK, BT_SAVE;
    EditText TX_TITLE, TX_CONTENT;
    OprationDB m_MyDataBaseAdapter;
    long OPID;
    @Override
    protected void onCreate(Bundle savedInstanceState) {
        super.onCreate(savedInstanceState);
        //不显示系统的标题
        requestWindowFeature(Window.FEATURE_NO_TITLE);
        setContentView(R.layout.adddiary);
        TextView toptitle=(TextView)this.findViewById(R.id.textView111);
        toptitle.setText("修改日记");
        /* 构造MyDataBaseAdapter对象 */
        m_MyDataBaseAdapter = new OprationDB(EditDiary.this);
        /* 取得数据库对象 */
        m_MyDataBaseAdapter.open();
        Intent it=this.getIntent();
        OPID=Long.parseLong(it.getStringExtra("EDITID"));
        Cursor cur = m_MyDataBaseAdapter.fetchData(OPID);
        //获取数据
        TX_TITLE = (EditText) findViewById(R.id.tx_title);
```

```
        TX_CONTENT = (EditText) findViewById(R.id.tx_content);
        TX_TITLE.setText(cur.getString(1));
        TX_CONTENT.setText(cur.getString(2));
        //发布新的日记
        BT_SAVE = (ImageButton) this.findViewById(R.id.bt_save);
        BT_SAVE.setOnClickListener(new OnClickListener() {
        @Override
            public void onClick(View v) {
                SimpleDateFormat formatter = new SimpleDateFormat
                                            ("yyyy-MM-dd HH:mm:ss");
                Date curDate = new Date(System.currentTimeMillis());
                String str = formatter.format(curDate);
                boolean test=m_MyDataBaseAdapter.updateData(OPID,
                            TX_TITLE.getText().toString(), TX_CONTENT.
                            getText().toString(), str);
                if (test) {
                    Toast.makeText(EditDiary.this, "修改成功", 1).show();
                    backMain();
                }
            }
        });
        //返回到主界面
        BT_BACK = (ImageButton) this.findViewById(R.id.bt_back);
        BT_BACK.setOnClickListener(new OnClickListener() {
            @Override
            public void onClick(View v) {
                backMain();
            }
        });
    }
    //获取按键事件(返回按钮)
    @Override
    public boolean onKeyDown(int keyCode, KeyEvent event) {
    if(keyCode==KeyEvent.KEYCODE_BACK && event.getRepeatCount()==0) {
            backMain();
```

```
                return false;
            }
            return false;
        }
        // 返回到主界面
        private void backMain() {
            Intent it = new Intent(EditDiary.this, MyDiaryActivity.class);
            startActivity(it);
            EditDiary.this.finish();
            m_MyDataBaseAdapter.close();
        }
    }
```

Cursor接口是一个查询结果的游标接口，Android系统通过该接口提供了很多遍历查询结果的方法。例如，移动指针、获取列值、获取记录的条数以及各种判断方法。在程序，通过query方法查询的结果便是存放在Cursor接口的对象中。我们通过解析Cursor 接口的对象，便可以获取查询的结果。

➢ getString()方法，用于获取查询结果中指定列的字符串内容，通过指定列编号来实现。如果数据库中该列的数据内容为字符串形式，则使用该方法；否则应该使用其他类似的方法。

➢ moveToFirst()方法，该方法用于将查询结果的游标移动到第一行，也就是指向查询结果的第一条数据。

Tips

Cursor接口更多的信息，请扫描以下二维码。

2.3.2.8 删除日记Activity实现

在日记列表界面长按某一日记，即可弹出“修改/删除”对话框，选择“删除”菜单即可删除日记。具体实现后的界面如图2.20所示。

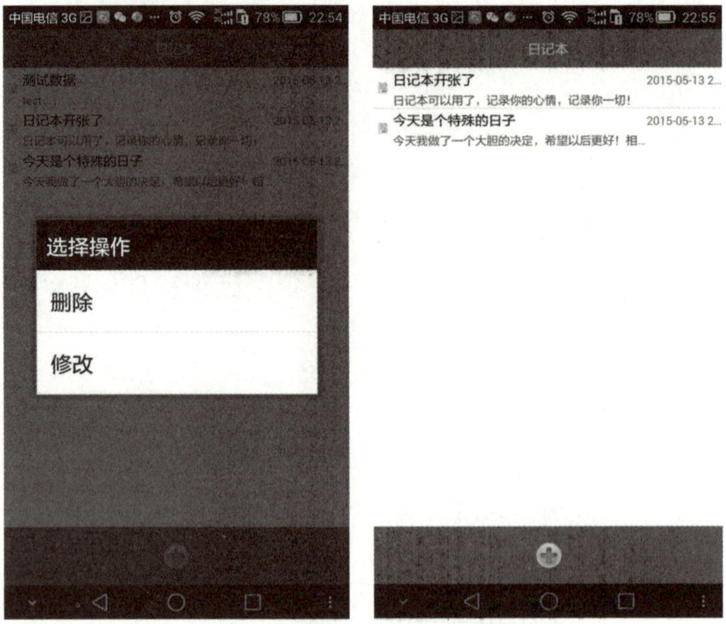

图2.20　删除日记信息功能界面

具体的实现参考代码如下。

代码清单 2-10　dialogDelorEdit()

```
// 自动义对话框
    protected void dialogDelorEdit() {
        new AlertDialog.Builder(this)
                .setTitle("选择操作")
                .setItems(new String[] { "删除", "修改" },
                        new DialogInterface.OnClickListener() {
                            @Override
                            public void onClick(DialogInterface dialog,
                                    int which) {
                                if (which == 0) { // 删除
                                    m_MyDataBaseAdapter.deleteData
                                    (DELID);
                                    dialog.dismiss();
                                    UpdataAdapter();
                                } else {
                                    Intent it = new Intent();
                                    it.putExtra("EDITID",  String.valueOf
                                    (DELID));
```

```
                                        it.setClass(MyDiaryActivity.this,
                                                EditDiary.class);
                                        startActivity(it);
                                        MyDiaryActivity.this.finish();
                                    }
                                }
                            }).show();

        }
```

AlertDialog.Builder方法

在App应用中，免不了会用到各种各样的对话框，Android提供了这种问题的解决方案，使用方法是新建了一个AlertDialog，并用Builder方法形成了一个对象链，通过一系列的设置方法，构造出我们需要的对话框，然后调用show方法显示出来，注意到Builder方法的参数 this，这个其实是Activity对象的引用，根据你所处的上下文来传入相应的引用就可以了。setItems()方法里面采用了内部类的形式来设置按钮监听器，对按到的按钮采取相应的操作。

2.3.2.9　系统退出

在日记列表界面点击手机返回键，弹出退出系统确认对话框，选择“确定”即退出系统，选择取消则不退出系统。具体实现后的界面如图2.21所示。

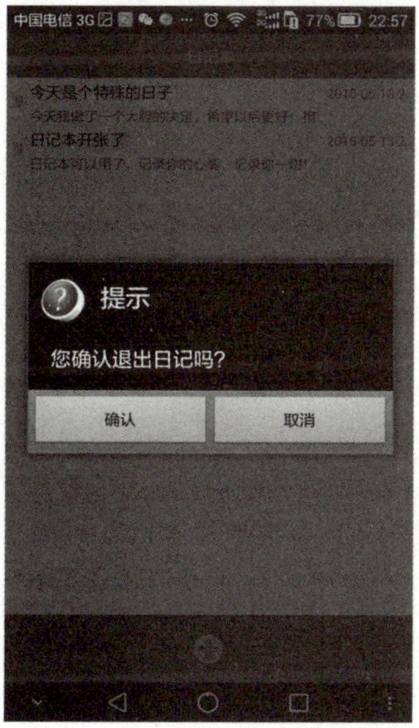

图2.21　退出日记信息功能界面

具体的实现参考代码如下。

代码清单2-11 dialog()

```
//提示对话框
    protected void dialog() {
        AlertDialog.Builder builder = new Builder(MyDiaryActivity.this);
        builder.setMessage("您确认退出日记吗？ ");
        builder.setTitle("提示");
        builder.setIcon(R.drawable.help);
        builder.setPositiveButton("确认", new DialogInterface.OnClickListener() {
            @Override
            public void onClick(DialogInterface dialog, int which) {
                dialog.dismiss();
                //关闭跟踪
                MyDiaryActivity.this.finish();
            }
        });
        builder.setNegativeButton("取消",new DialogInterface.OnClickListener() {
            @Override
            public void onClick(DialogInterface dialog, int which) {
                dialog.dismiss();
            }
        });
        builder.create().show();
    }
    //获取按键事件(返回按钮)
    @Override
    public boolean onKeyDown(int keyCode, KeyEvent event) {
    if(keyCode==KeyEvent.KEYCODE_BACK&&event.getRepeatCount()==0){
            dialog();
            return false;
        }
        return false;
    }
```

2.4 习题

仿照App“自考真题库”，设计一个自考题库，效果见图2.22。

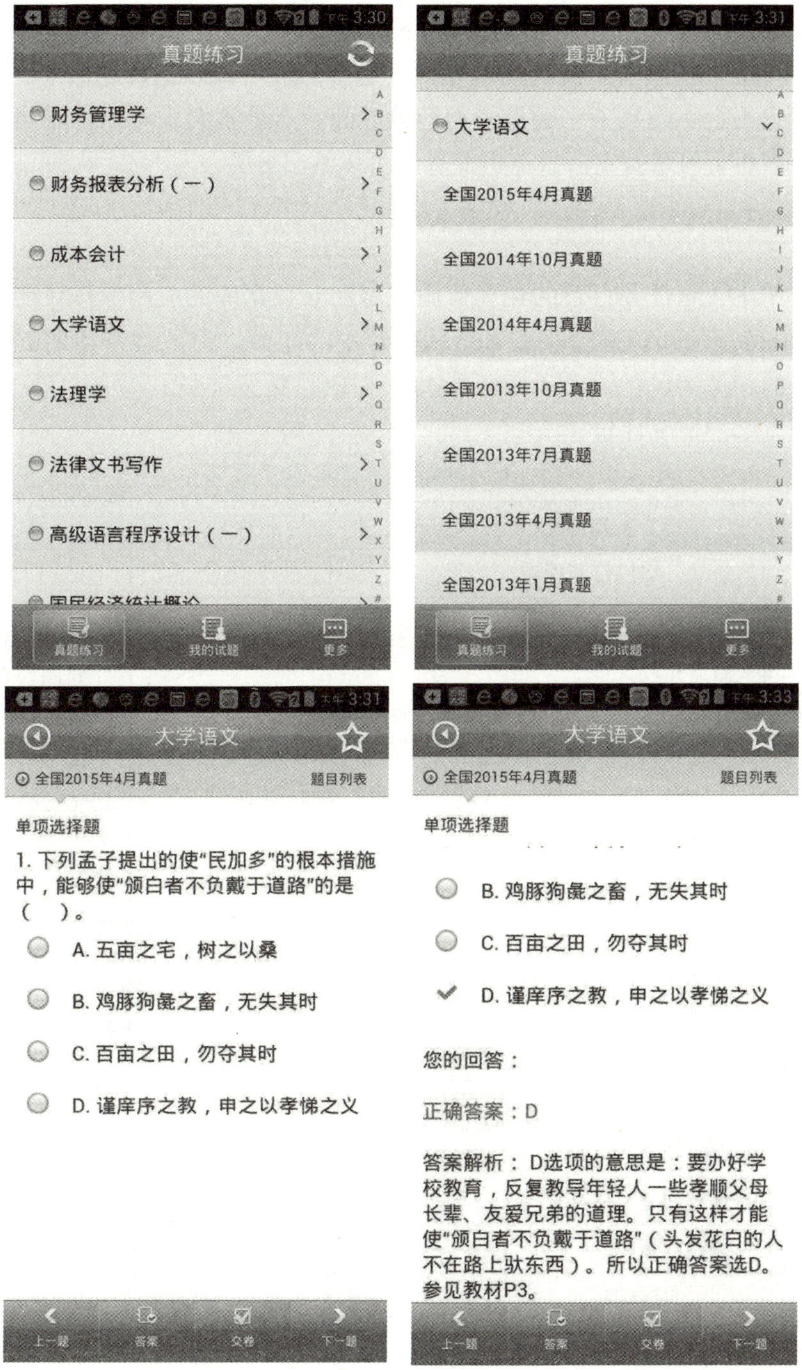

图2.22 自考题库效果图

详细要求：

1. App启动后第一个界面是自考科目的选择，这里可以上下滑动来显示更多的自考科目；

2. 每个科目可以点击，点击后会弹出下拉框，列出历年考试真题；

3. 点击一个真题选项，进入真题界面，这个界面可以在选择题的4个选项中做出选择，然后点击上一题或下一题进入相应的界面。点击答案，可以查看当前选择题的正确答案。当所有习题做完后，点击交卷，可以给出分数。

2.5 评价

制作日记本App任务，目的在于掌握对SQLite数据库的应用操作技能，具有结合相应的Android其他知识进行小型App软件开发的能力。为了达到预期的效果，现给出对本任务的相关评定。

1. 知识点掌握情况评价

表2.3 知识点掌握情况评价表

编号	知识点	得分	评分标准
1	工程的建立，文件打开保存，关闭		1. 每一项得分值分别百分制，综合得分为相应指标的算术平均构成； 2. 大于90分：能够清楚描述知识点内容； 3. 80到90分：能够相对清楚描述知识点内容； 4. 60到80分：能够大致描述知识点内容； 5. 低于60分：不能描述知识点内容； 6. 最终成绩=每项得分的算术平均。大于90分得A，80到90分得B，60到80分得C，低于60分得D
2	Eclipse生成类		
3	Eclipse查看布局文件		
4	Java语言基本概念		
5	Java语言类，继承，复写等概念		
6	ScrollView		
7	ImageView		
8	ImageButton		
9	RelativeLayout		
10	LinearLayout		
11	Fragment		
12	SQLite增加数据		
13	SQLite删除数据		
14	SQLite修改数据		
15	SQLite查询数据		
综合得分			

2. 成果评价

表2.4　成果评价及用例测试

<table>
<tr><th>功能模块</th><th>功能指标</th><th>得分</th><th>综合得分</th><th>权值</th><th>评分标准</th></tr>
<tr><td rowspan="4">添加日记</td><td>1. 界面布局合理，包含需求规定的信息元素</td><td></td><td rowspan="4"></td><td rowspan="4">25%</td><td rowspan="13">1. 每一项得分值分别百分制，综合得分为相应指标的算术平均构成；
2. 大于90分：满足功能要求，没有任何Bug；
3. 80到90分：满足功能功能，存在少量Bug；
4. 60到80分：基本满足功能要求，有大量Bug；
5. 低于60分：不满足功能要求；
6. 最终成绩=每大项综合得分*权值之和。大于90分得A，80到90分得B，60到80分得C，低于60分得D</td></tr>
<tr><td>2. 输入相关数据，点击“添加”按钮能成功添加数据表</td><td></td></tr>
<tr><td>3. 如果什么数据都不输入，点击“添加”按钮，程序是否正常，并提示用户输入信息</td><td></td></tr>
<tr><td>4. 在输入日记标题的文本框，不输入数据，或者日记内容处也不输入字符，程序是否正常，并提示只能输入数字</td><td></td></tr>
<tr><td rowspan="4">修改日记</td><td>1. 界面布局合理，包含需求规定的信息元素</td><td></td><td rowspan="4"></td><td rowspan="4">35%</td></tr>
<tr><td>2. 进入修改界面后，程序是否自动将原始信息显示在相应位置</td><td></td></tr>
<tr><td>3. 输入相关数据，点击“修改”按钮能成功修改数据表</td><td></td></tr>
<tr><td>4. 如果什么数据都不输入，点击“修改”按钮，程序是否正常，并提示用户输入信息</td><td></td></tr>
<tr><td rowspan="2">删除日记</td><td>1. 点击“删除”按钮后，程序是否有提示“确定删除吗”对话框</td><td></td><td rowspan="2"></td><td rowspan="2">20%</td></tr>
<tr><td>2. 点击对话框中的确定后，能真正从数据表是删除该数据</td><td></td></tr>
<tr><td rowspan="3">查看日记</td><td>1. 界面布局合理，包含需求规定的信息元素</td><td></td><td rowspan="3"></td><td rowspan="3">20%</td></tr>
<tr><td>2. 点击某一日记是否可以查看该日记的内容</td><td></td></tr>
<tr><td>3. 查看完后，能否有返回功能</td><td></td></tr>
<tr><td colspan="4">最终成绩：</td><td colspan="2"></td></tr>
</table>

3. 能力评价

表2.5　能力评价表

功能模块	功能指标	得分	综合得分	权值	评分标准
设计思路	对需求理解的掌握			40%	1. 每一项得分值分别百分制，综合得分为相应指标的算术平均构成； 2. 大于90分：满足功能要求，没有任何Bug； 3. 80到90分：满足功能功能，存在少量Bug； 4. 60到80分：基本满足功能要求，有大量Bug； 5. 低于60分：不满足功能要求； 6. 最终成绩＝每大项综合得分*权值之和。大于90分得A，80到90分得B，60到80分得C，低于60分得D
	需求文档编写				
	概要设计文档的编写				
	详细设计文档的编写				
知识掌握	掌握Android对SQLite数据的操作技能			40%	
	掌握Android布局知识				
	掌握Android相关事件的编写应用				
	掌握Android对话框知识的应用				
通用能力	熟悉相关法律法规，法制观念强，熟悉相关政策，对知识产权有一定的意识			20%	
	具有良好职业道德、沟通技巧、语言表达和写作能力				
	具有良好合作能力				
	具有熟练的文档编写能力				
最终成绩：					

2.6　小结

制作日记本App任务，目的在于训练对Android的SQLite数据库的操作，在操作SQLite数据库时，应注意以下几点要求。

表2.6　操作SQLite数据库时的注意事项说明

序号	项目	相关知识说明
1	SQLite数据库操作说明	Android使用SQLiteOpenHelper操作数据库的具体说明如下： 第一：编写自己的类，并继承SQLiteOpenHelper类。在继承SQLiteOpenHelper帮助类后，需要实现其的两个方法：onCreate和onUpgrade方法。 第二：在自己的数据库操作类中调用getwritabledatabase或者gtreadabledatabase方法时才会触发onCreate方法的执行。一但onCreate方法执行后，以后就再也不会执行了（除非执行了onUpgrade方法，以更新数据库）。所以在onCreate方法一般实现的功能是：创建数据库。也就是说，软件在第一次运行时，SQLiteOpenHelper类会帮助我们创建好数据库，以后就不会重复地创建数据库了。 第三：一旦onCreate方法执行成功，会返回一个数据库操作对象（SQLiteDatabase对象）。 第四：有了批回的SQLiteDatabase对象后，我们就可以利用该对象实现对数据库表的添加、删除、修改、查询等操作了

2.7 教学策略讨论

1. 在课程进行中，遇到Java的核心知识点，需要再次对学生声明一下，比如遇到类、继承、复写这些概念时。

2. Eclipse软件的使用，包括工程建立、类的自动生成、代码的快速构建方法，虽然学生已经做过一个项目，但是到这个任务的时候仍然需要再示范一下。

3. 在引进工程的时候，要先介绍清楚这个App到底是干什么的，有哪些按钮，每个按钮点击有什么效果。

4. 在做界面设计的时候，用到了任务一的一些概念，对任务一的内容做适当复习，比如 LinearLayout线性布局、RelativeLayout相对布局的概念。

5. 在指导学生学习 android:text="@string/app_name"属性的时候，要让学生明白这样写的好处：一是可以方便地转换为各种语言；二是如果多次出现同样的字符串的话，这样可以节约代码。

6. 讲数据装入ListView时，需要配合Cursor讲解。

7. 让学生明白了这个任务需要达到的效果后，要介绍该任务需要用到的核心技术，本任务主要讲数据库SQLite的增删改查。这里需要简要讲述一下数据库的知识点，帮助学生回忆。

8. 对学生的评价可以采用学生之间互评的方式，要求学生要从功能实现、代码效率、知识点掌握等方面来评价。

9. 学生可能看得懂代码，但是关上书可能写不出来，这个时候可以使用一个与教材上项目类似的项目来测试学生，对学生的基本要求是要知道在哪里改代码。

10. 提醒学生可以用手机扫描书上的二维码来获取相关补充知识。

11. 制作日记本App应用时，可以参考下表的步骤来执行。

表2.7 制作日记本App时的参考步骤

目标 子任务	本地日记本开发
1	SQLite数据库操作类的实现
2	日记本主界面的实现
3	新增日记功能实现
4	修改日记功能的实现
5	删除日记功能的实现
6	查看日记功能的实现

任务三：迷你天气预报App制作——网络通信

目标：

通过专题学习，你应该能够：

- 理解软件工程的开发过程；
- 掌握Android平台网络访问的相关知识；
- 掌握Android平台对JSON解析的相关知识；
- 掌握Android平台SharedPreferences相关知识。

Android平台有3种网络接口可以使用，它们分别是java.net.*（标准java接口）、org.apache（Apache接口）、android.net.*（android网络接口）。下面我们分别来简单介绍一下这些接口的功能及其作用。

（1）标准java接口

java.net.*（标准java接口）提供与联网有关的类，包括流和数据包套接字、Internet协议、常见HTTP处理。比如：追寻URL以及URLConnection/Http URLConnection对象、设置连接参数、连接到服务器、向服务器写数据、从服务器读取数据等通信，使用java.net.*包连接网络。

（2）Apache接口

HTTP协议可能是现在Internet上使用得最多、最重要的通信协议了，越来越多的java应用程序需要通过HTTP协议来访问网络资源。虽然在JDK的java.net包中已经提供了访问HTTP协议的基本功能，但是对于大部分应用程序来说，JDK库本身提供的功能远远不够。这里就需要Android提供的Apache HttpClient了。它是一个开源项目，功能更加完善，为客户端的HTTP编程提供高效、最新、功能丰富的工具包支持。Android平台引入了Apache HttpClient的同时还提供了对它的一些封装和扩展，例如设置缺省的HTTP超时和缓存大小等。Android使用的是目前最新的HttpClient 4.0(org.apache.http.*)，可以将Apache视为目前流行的开源Web服务器，主要包括创建HttpClient以及Get/Post、HttpRequest等对象，设置连接参数，执行HTTP操作，处理服务器返回结果等功能。

（3）Android网络接口

Android.net.*包实际上是通过对Apache中的HttpClient的封装来实现的一个HTTP

编程接口，同时还提供了HTTP请求队列管理HTTP连接池管理，以提高并发请求情况下（如转载网页时）的处理效率，除此之外还有网络状态监视等接口、网络访问的Socket、常用的Uri类以及有关WiFi相关的类等。

3.1 任务描述与目标

明天就到周末了，宇洁心里暗自高兴着，因为明天他有一个约会。为了更好地出席明天的约会，他打开了手机上的天气预报App查看明天的天气情况。带着职业的敏感，宇洁眼前一亮，他觉得要是自己开发一个天气预报App，安装在自己的手机上，明天约会女朋友看到后一定会更加崇拜自己。

所以他开始在网上查找能提供天气信息的网络接口了，最后他选择了百度提供的天气预报接口进行该天气预报App的开发。同时拟定了该天气预报App应具有以下的功能。

（1）天气信息展示

在这个功能模块中，主要展示今天及未来三天的天气预报信息。

（2）网络天气信息的获取

在这个功能模块中，实现对网络接口的访问。

（3）网络天气信息的解析

在这个功能模块中，实现对网络接口返回的JSON数据进行解析。

（4）城市名称管理

在这个功能模块中，实现需要获取天气信息的城市进行管理。

天气预报App最终实现的效果如图3.1所示。

图3.1　天气预报功能界面

3.2 任务分析

因为天气信息数据随时都在变化，真实的数据只能从网络上获取，宇洁选择的是百度天气预报接口。所以要实现该天气预报App，就得从以下几个方面进行考虑：

第一，Android如何获取到网络数据；

第二，百度天气预报接口返回的数据有XML和JSON两种格式，应该选择哪种；

第三，获取到天气预报数据后，该怎么来解析。

所以，宇洁本着从业人员的职业素质，觉得不管这个App软件有多复杂或者多简单，都应该按软件工程的流程进行分析设计，这样方便以后的扩展与改进。

不管是复杂或者简单的软件都应该从需求分析入手，然后概要设计，详细设计，编码实现，最后是测试与交付。其中需求分析核心在于明确要开发一个具有什么功能的软件；概述设计在于通过对需求分析的理解后给出软件大概的设计思路；详细设计在于细化概要设计，给出实现软件功能的详细思路；代码实现在于将详细的软件设计使用某一种开发语言将其实现；最后的测试在于验证软件功能的正确性、健壮性等。

以下是宇洁按照软件工程流程对该天气预报App进行的分析与设计。那么，你是否也可以对该天气预报App以你的理解按软件工程流程做出你自己的设计呢？

（具体可以参考附录C、D、E给出的相关文档）

3.2.1 天气预报App实现方案和模块划分

1. 设计思想

该天气预报App软件通过网络请求到百度天气预报接口，并将对网络接口返回的数据进行解析，最后将信息展示在界面上，从而实现天气预报App的功能。

我们将天气预报App按照不同的功能，将不同的业务逻辑编写在不同的层中，以真正实现UI与业务逻辑分层的思想。

2. 结构设计

为了更方便、清晰地展示该天气预报App具备什么样的功能，我们按照软件工程的流程，画出该天气预报App的功能结构图，如图3.2所示。

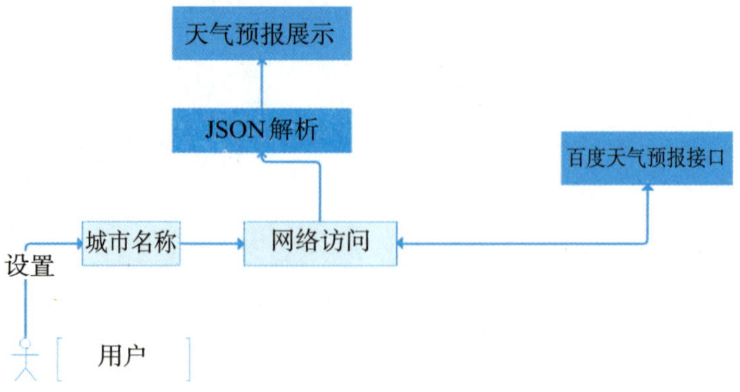

图3.2　天气预报App示意图

3.2.2 天气预报App详细设计

在前面的分析说明中，已解决了实现该系统需求的程序模块设计问题，包括如何把该系统划分成若干个模块、决定各个模块之间的接口、模块之间传递的信息，以及数据表结构、模块结构的设计等，以下将介绍系统的详细设计。

在详细设计阶段，我们将确定应该如何具体地实现所要求的功能，以流程图的方式展示各个功能工作流，从而在编码阶段可以把这个描述直接使用具体的程序语言进行业务功能的实现。

3.2.2.1 天气预报流程图

天气预报App启动后将直接进入天气信息展示界面。在天气信息展示界面中将展示今天及未来三天的天气预报信息。天气预报App的流程如下：

（1）用户设置城市名称；

（2）App根据城市名称访问百度天气预报接口；

（3）拿到百度返回的数据后，进行JSON解析；

（4）将解析出来的数据显示到屏幕上。

3.2.2.2 城市管理流程图

在天气展示界面中，单击“城市设置”按钮，将会进入城市设置界面。在城市设置界面中设置我们想要查看天气预报信息的城市名称，如果这里不设置，则默认返回的城市为成都。城市管理流程图如图3.3所示。

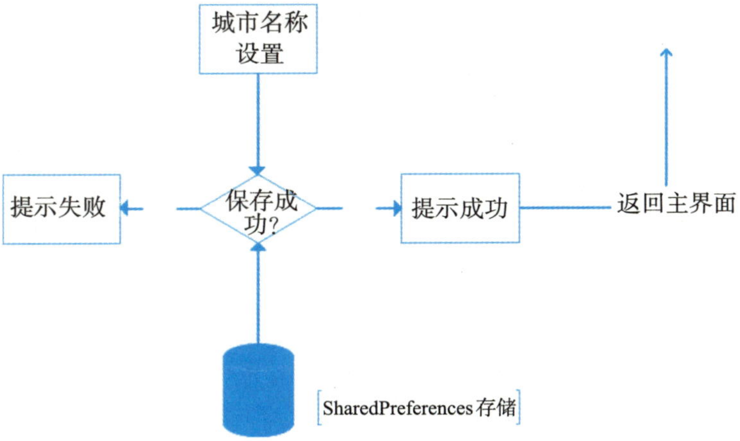

图3.3 城市名称管理模块的流程图

3.3 任务实施

3.3.1 总体步骤

该任务是要完成一个天气预报App，当我们在正式开发之前，得严格按照软件工程的思路来分析设计。

第一，理清楚天气预报App应该具备哪些功能（需求分析）；

第二，天气预报App数据从哪里来（数据分析设计）；

第三，画出每一个功能模块的业务流程图（详细设计，指导后期的代码实现）；

第四，创建项目（具体实现）；

第五，设计界面布局，开发业务功能；

第六，天气数据格式解析，展示；

第七，调试。

3.3.2 系统编码及实现

根据前面的分析与设计，天气预报App应用软件编码前的工作已经完成，接下来就是根据前面的设计进行详细的编码开发了。

3.3.2.1 创建项目

采用eclipse创建一个Android项目，天气预报App的项目名为MyWeather。然后实现如图3.4所示的文件结构。

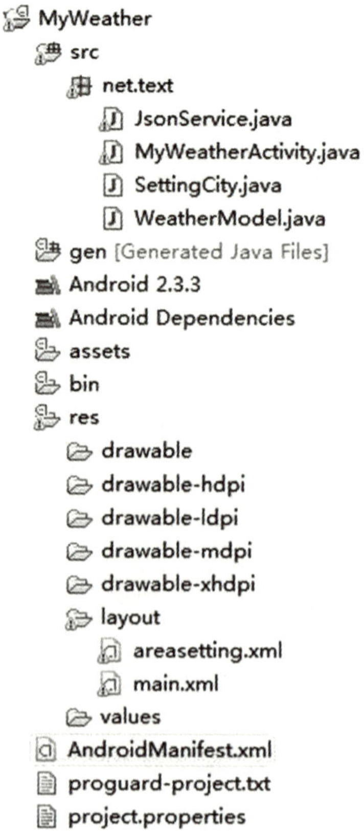

图3.4 天气预报App项目文件结构

其中src目录的结构说明如表3.1所示。

表3.1　src目录的结构说明

目录/文件	说 明
net.text	包名
JsonService.java	JSON解析相关类
WeatherModel.java	天气信息实体类
SettingCity.java	设置城市名称的Activity
MyWeatherActivity.java	天气信息展示Activity

3.3.2.2　创建界面布局文档

1. 天气预报信息展示布局

天气预报信息展示界面主要用于显示今天及未来三天的天气预报信息。具体效果如图3.5所示。

图3.5　天气信息展示界面布局图

操作步骤：展示res目录，在layout目录上点击右键创建Android XML布局文档main.xml。具体代码如下所示。

代码清单3-1 main.xml

```
<?xml version="1.0" encoding="utf-8"?>
<RelativeLayout xmlns:android="http://schemas.android.com/apk/res/android"
    android:layout_width="fill_parent"
    android:layout_height="fill_parent"
    android:background="@drawable/bj2" >
    <LinearLayout
```

```
    android:id="@+id/linearLayout1"
    android:layout_width="fill_parent"
    android:layout_height="200dp"
    android:layout_alignParentBottom="true"
    android:orientation="horizontal" >
   <LinearLayout
      android:layout_width="wrap_content"
      android:layout_height="match_parent"
      android:layout_weight="1"
      android:background="@drawable/touming"
      android:gravity="center"
      android:orientation="vertical" >
      <ImageView
         android:id="@+id/Mt_image"
         android:layout_width="64dp"
         android:layout_height="32dp"
         android:src="@drawable/duoyun" />
      <TextView
         android:id="@+id/Mt_Weather"
         android:layout_width="wrap_content"
         android:layout_height="wrap_content"
         android:layout_marginTop="20dp"
         android:text="多云"
         android:textColor="#ffffff" />
      <TextView
         android:id="@+id/Mt_temper"
         android:layout_width="wrap_content"
         android:layout_height="wrap_content"
         android:layout_marginTop="20dp"
         android:text="32|23"
         android:textColor="#ffffff" />
      <TextView
         android:id="@+id/Mt_dayname"
         android:layout_width="wrap_content"
         android:layout_height="wrap_content"
```

```
            android:layout_marginTop="30dp"
            android:text="周日"
            android:textColor="#ffffff"
            android:textStyle="bold" />
    </LinearLayout>
    <LinearLayout
        android:layout_width="wrap_content"
        android:layout_height="match_parent"
        android:layout_weight="1"
        android:background="@drawable/touming"
        android:gravity="center"
        android:orientation="vertical" >
        <ImageView
            android:id="@+id/Ht_image"
            android:layout_width="64dp"
            android:layout_height="32dp"
            android:src="@drawable/duoyun" />
        <TextView
            android:id="@+id/Ht_weather"
            android:layout_width="wrap_content"
            android:layout_height="wrap_content"
            android:layout_marginTop="20dp"
            android:text="多云"
            android:textColor="#ffffff" />
        <TextView
            android:id="@+id/Ht_temper"
            android:layout_width="wrap_content"
            android:layout_height="wrap_content"
            android:layout_marginTop="20dp"
            android:text="32|23"
            android:textColor="#ffffff" />
        <TextView
            android:id="@+id/Ht_dayname"
            android:layout_width="wrap_content"
            android:layout_height="wrap_content"
```

```
            android:layout_marginTop="30dp"
            android:text="周日"
            android:textColor="#ffffff"
            android:textStyle="bold" />
    </LinearLayout>
    <LinearLayout
          android:layout_width="wrap_content"
          android:layout_height="match_parent"
          android:layout_weight="1"
          android:background="@drawable/touming"
          android:gravity="center"
          android:orientation="vertical" >
          <ImageView
            android:id="@+id/DHt_image"
            android:layout_width="64dp"
            android:layout_height="32dp"
            android:src="@drawable/duoyun" />
          <TextView
            android:id="@+id/DHt_weather"
            android:layout_width="wrap_content"
            android:layout_height="wrap_content"
            android:layout_marginTop="20dp"
            android:text="多云"
            android:textColor="#ffffff" />
          <TextView
            android:id="@+id/DHt_temper"
            android:layout_width="wrap_content"
            android:layout_height="wrap_content"
            android:layout_marginTop="20dp"
            android:text="32|23"
            android:textColor="#ffffff" />
          <TextView
            android:id="@+id/DHt_dayname"
            android:layout_width="wrap_content"
            android:layout_height="wrap_content"
```

```
            android:layout_marginTop="30dp"
            android:text="周日"
            android:textColor="#ffffff"
            android:textStyle="bold" />
        </LinearLayout>
    </LinearLayout>
    <ImageButton
        android:id="@+id/set_Button"
        android:layout_width="wrap_content"
        android:layout_height="wrap_content"
        android:layout_alignParentLeft="true"
        android:layout_alignParentTop="true"
        android:background="#00000000"
        android:src="@drawable/update" />
    <TextView
        android:id="@+id/lb_currentC"
        android:layout_width="wrap_content"
        android:layout_height="wrap_content"
        android:layout_alignBottom="@+id/Update_Button"
        android:layout_alignParentRight="true"
        android:layout_marginRight="50dp"
        android:text="26"
        android:textColor="#ffffff"
        android:textSize="38dp" />
    <TextView
        android:id="@+id/lb_tadayWeather"
        android:layout_width="wrap_content"
        android:layout_height="wrap_content"
        android:layout_alignRight="@+id/lb_currentC"
        android:layout_below="@+id/lb_currentC"
        android:layout_marginTop="25dp"
        android:text="28-15"
        android:textColor="#ffffff" />
    <TextView
        android:id="@+id/lb_tadayW"
```

```
        android:layout_width="wrap_content"
        android:layout_height="wrap_content"
        android:layout_alignLeft="@+id/lb_tadayWeather"
        android:layout_below="@+id/lb_tadayWeather"
        android:layout_marginTop="18dp"
        android:text="多云转阵雨"
        android:textColor="#ffffff" />
    <TextView
        android:id="@+id/currentCityName"
        android:layout_width=                    请补全此处代码
        android:layout_height=
        android:layout_alignBaseline=
        android:layout_alignBottom=
        android:layout_marginLeft=
        android:layout_toRightOf=
        android:text=
        android:textColor= />
    </RelativeLayout>
```

小试牛刀代码补全

将工程在eclipse里打开，去掉main.xml中要求代码补全部分的代码，然后补全使其显示效果和图示一样。

2. 城市名称管理布局

城市名称管理界面比较简单，提供用户输入要查看天气预报信息的城市名称，这里只提供一个文本框输入。

操作步骤：展示res目录，在layout目录上点击右键创建android xml布局文档areasetting.xml。具体代码如下所示。

代码清单3-2 areasetting.xml

```
<?xml version="1.0" encoding="utf-8"?>
<LinearLayout xmlns:android="http://schemas.android.com/apk/res/android"
  android:layout_width="match_parent"
  android:layout_height="match_parent"
```

```
    android:orientation="vertical" >
    <TextView
      android:id="@+id/textView1"
      android:layout_width="wrap_content"
      android:layout_height="wrap_content"
      android:text="城市名称：" />
    <EditText
      android:id="@+id/mycityname"
      android:layout_width="match_parent"
      android:layout_height="wrap_content"
      android:ems="10" >
      <requestFocus />
    </EditText>
    <Button
      android:id="@+id/bt_Save"
      android:layout_width="wrap_content"
      android:layout_height="wrap_content"
      android:text="保存" />
  </LinearLayout>
```

Android的EditText控件是一个常用的控件，用得最多的地方就是做登录、注册页面，它能为用户提供一个直观便捷的输入框。

➢android:id="@+id/mycityname"属性，本控件的ID设置为mycityname，在应用程序中要使用这个EditText的话，就得使用到此EditText的ID即mycityname来找到它。

➢android:layout_width="match_parent"属性，本EditText控件的宽度和父控件一样宽。

➢android:layout_height="wrap_content"属性，本EditText控件的高度和输入字体的高度一样高。

➢android:ems = "10"属性，设置Edittext的宽度为10个字符的宽度。当设置该属性后，控件显示的长度就为10个字符的长度，超出的部分将不显示。

3.3.2.3 天气预报信息实体类的实现

在上面我们已经创建好Android项目，并在layout中创建好系统所有用到的布局文档了，那接下来就是将天气预报的相应功能单独以操作类的形式编写好，以方便在开发时，直接调用该类的相应方法即可实现相应的功能。

3. 天气信息实体类

天气信息实体类，主要定义了天气预报信息的封装实体。

操作步骤：展开 src 目录，net.text 包下创建天气信息实体类 WeatherModel.java。具体参考代码如下所示。

代码清单3-3 WeatherModel.java

```
package net.text;
public class WeatherModel {
    private String _date;
    private String _dayPictureUrl;
    private String _nightPictureUrl;
    private String _weather;
    private String _wind;
    private String _temperature;
    public WeatherModel(String date,String dayPic,String nightPic,
                        String weather,String wind,String temperature)
    {
        this._date=date;
        this._dayPictureUrl=dayPic;
        this._nightPictureUrl=nightPic;
        this._weather=weather;
        this._wind=wind;
        this._temperature=temperature;
    }
    public void setDate(String data)
    {
        this._date=data;
    }
    public String getDate()
    {
        return _date;
    }
    public void setDayPictureUrl(String data)
    {
```

```
        this._dayPictureUrl=data;
    }
    public String getDayPictureUrl()
    {
        return _dayPictureUrl;
    }
    public void setNightPictureUrl(String data)
    {
        this._nightPictureUrl=data;
    }
    public String getNightPictureUrl()
    {
        return _nightPictureUrl;
    }
    public void setWeather(String data)
    {
        this._weather=data;
    }
    public String getWeather()
    {
        return _weather;
    }
    public void setWind(String data)
    {
        this._wind=data;
    }
    public String getWind()
    {
        return _wind;
    }
    public void setTemperature(String data)
    {
        this._temperature=data;
    }
    public String getTemperature()
```

```
        {
            return _temperature;
        }
    }
```

3.3.2.4 网络访问实现

天气预报App的天气信息是通过百度天气预报接口来获取的，所以这里编写了一个实现网络访问的通用方法。

实现思路如下：

1. 接收Url；
2. 访问网络Url并返回Json字符串。

具体的实现参考代码如下。

代码清单3-4 connServerForResult()方法

```
/*
* 返回网络接口的json字符串 strUrl：访问的网络Url return: 成功：返回JSON结构的天气信息，失败：返回空字符串
 */
private static String connServerForResult(String strUrl) {
        // HttpGet对象
        HttpGet httpRequest = new HttpGet(strUrl);
        String strResult = "";
        try {
            // HttpClient对象
            HttpClient httpClient = new DefaultHttpClient();
            // 获得HttpResponse对象
            HttpResponse httpResponse = httpClient.execute(httpRequest);
            // 判断网络服务器响应状态
                if (httpResponse.getStatusLine().getStatusCode() == HttpStatus.
                                                        SC_OK) {
            // 取得返回的数据
            strResult = EntityUtils.toString(httpResponse.getEntity());
            }
        } catch (ClientProtocolException e) {
```

```
                e.printStackTrace();
            } catch (IOException e) {
                e.printStackTrace();
            }
            return strResult;
        }
```

在Android开发中，Android SDK附带了Apache的HttpClient，它是一个完善的客户端。它提供了对HTTP协议的全面支持，可以使用HttpClient的对象来执行HTTP GET和HTTP POST调用。

HTTP工作原理如下：

（1）客户端（一般是指浏览器，这里是指自己写的程序）与服务器建立连接；

（2）建立连接后，客户端向服务器发送请求；

（3）服务器接收到请求后，向客户端发送响应信息；

（4）客户端与服务器断开连接。

HttpClient的一般使用步骤如下：

（1）使用DefaultHttpClient类实例化HttpClient对象；

（2）创建HttpGet或HttpPost对象，将要请求的URL通过构造方法传入HttpGet或HttpPost对象；

（3）调用execute方法发送HTTP GET或HTTP POST请求，并返回HttpResponse对象；

（4）通过HttpResponse接口的getEntity方法返回响应信息，并进行相应的处理。

最后记得要在AndroidManifest.xml文件添加网络权限<uses-permissionandroid:name="android.permission.INTERNET" />。

3.3.2.5 JSON解析类实现

网络接口返回的数据是一种JSON的字符串，我们可以从JSON数据中提取出我们所需要的数据的过程就是解析JSON。

JsonService类的实现代码如下。

代码清单3-5 PagerScrollView.java

```
package net.text;
//使用快捷键Ctrl+Shift+O快速生成需要的import代码段
public class JsonService {
    //返回天气信息
    public static List<WeatherModel> getJson(String CityName) throws Exception
    {
```

```
        String cityName=URLEncoder.encode(CityName);
        Stringurlstring="http://api.map.baidu.com/telematics/v3/weather?location=
                    "+cityName+"&output=json&ak=245fb6d63aab76b269
                    dea7c78c2e2d92";
        //访问网络接口
        String StringData=connServerForResult(urlstring);
        List<WeatherModel> listbean=JsonService.getImageAndTexts(StringData);
        return listbean;
    }
    // 将JSON字符解析，并封装到WeatherModel中
    public static List<WeatherModel> getImageAndTexts(String jsondata) throws
    Exception //JSON解析方式
    {
        List<WeatherModel> listBean=new ArrayList<WeatherModel>();
        // 获取JSON对象
        JSONObject jsonObj = new JSONObject(jsondata);
        System.out.println("==============>"+jsonObj.getString("status"));
        // 判断状态
         if (jsonObj.getString("status").equals("success"))
          {
            // 获取results数组对象
            JSONArray resultsobj=jsonObj.getJSONArray("results");
            // 获取weather_data数据对象
          JSONArray weather_data_obj=resultsobj.optJSONObject(0).
                                    getJSONArray("weather_data");
            int m = weather_data_obj.length();
            for (int i = 0; i < m; i++)
              {
               //再把数组的第i项转换成一个json对象。
                    JSONObjectjsonobj=weather_data_obj.optJSONObject(i);
                    //从json对象里面取值
                    String date=jsonobj.getString("date");
                    String dayPic=jsonobj.getString("dayPictureUrl");
                    String nightPic=jsonobj.getString("nightPictureUrl");
                    String weather=jsonobj.getString("weather");
                    String wind=jsonobj.getString("wind");
                    String temperature=jsonobj.getString("temperature");
```

```
                //把取到的值添加对bean中，并且把bean对象给保存起来
            WeatherModel testbean=new WeatherModel(date,dayPic,nightPic,weather,
                                    wind,temperature);
                listBean.add(testbean);
                //给test重新赋值一下
                testbean=null;
            }
          }
            return listBean;
        }
        /*
         * 返回网络接口的JSON字符串 strUrl：访问的网络Url return: 成功：返回
JSON结构的天气信息，失败：返回空字符串
         */
        private static String connServerForResult(String strUrl) {
            // HttpGet对象
            HttpGet httpRequest = new HttpGet(strUrl);
            String strResult = "";
            try {
                // HttpClient对象
                HttpClient httpClient = new DefaultHttpClient();
                // 获得HttpResponse对象
                HttpResponse httpResponse = httpClient.execute(httpRequest);
                // 判断网络服务器响应状态
            if (httpResponse.getStatusLine().getStatusCode() ==HttpStatus.SC_OK) {
                    // 取得返回的数据
                    strResult = EntityUtils.toString(httpResponse.getEntity());
                }
            } catch (ClientProtocolException e) {
                e.printStackTrace();
            } catch (IOException e) {
                e.printStackTrace();
            }
            return strResult;
        }
    }
```

JSON是一种轻量级的数据交换格式，具有良好的可读和便于快速编写的特性。业内主流技术为其提供了完整的解决方案（有点类似于正则表达式，获得了当今大部分语言的支持），从而可以在不同平台间进行数据交换。JSON采用兼容性很高的文本格式，同时也具备类似于C语言体系的行为。

本段JSON解析代码的思路如下：

第一，通过访问百度服务器，返回JSON格式的数据；

第二，利用JSONObject jsonObj = new JSONObject(jsondata)获取JSON对象jsonObj；

第三，利用jsonObj.getString("status").equals("success")判断状态；

第四，利用JSONArray resultsobj=jsonObj.getJSONArray("results")获取数组对象resultsobj；

第五，从数组对象resultsobj里面提取数据依次赋值到WeatherModel中。

Tips

更多的JSON知识在Android开发中的应用，请扫描以下二维码。

Tips

百度提供天气预报查询接口API，可以根据经纬度/城市名查询天气情况，我们可以在开发中调用这一接口。

1. 接口说明

表3.2 接口说明表

参数类型	参数名称	是否必须	具体描述
String	location	TRUE	输入城市名或经纬度，城市名称如：北京或者131，经纬度格式为lng，lat坐标如: location=116.305145,39.982368；全国值为all，返回省会城市自治区，港澳台天气情况多城市天气预报中间"|"分隔，location=116.305145，39.982368|122.305145，36.982368|…
String	output	FALSE	输出的数据格式，默认为xml格式，当output设置为“json”时，输出的为json格式的数据
String	ak	TRUE	Ak指的是百度的key，这个key需要在百度官网上的去申请。百度ak申请地址：http://lbsyun.baidu.com/apiconsole/key

2. 接口返回结果

表 3.3　接口返回结果表

<table>
<tr><th colspan="2">参数名称</th><th>含义</th><th>说明</th></tr>
<tr><td colspan="2">currentCity</td><td>当前城市</td><td>返回城市名</td></tr>
<tr><td colspan="2">status</td><td>返回结果状态信息</td><td></td></tr>
<tr><td colspan="2">date</td><td>当前时间</td><td>年–月–日</td></tr>
<tr><td colspan="2">results</td><td>天气预报信息</td><td>白天可返回近期3天的天气情况（今天、明天、后天）、晚上可返回近期4天的天气情况（今天、明天、后天、大后天）</td></tr>
<tr><td colspan="2">results.currentCity</td><td>当前城市</td><td></td></tr>
<tr><td rowspan="6">results.weather_data</td><td>.date</td><td>天气预报时间</td><td></td></tr>
<tr><td>dayPictureUrl</td><td>白天的天气预报图片 Url</td><td></td></tr>
<tr><td>nightPictureUrl</td><td>晚上的天气预报图片 Url</td><td></td></tr>
<tr><td>.weather</td><td>天气状况</td><td>所有天气情况（” |” 分隔符）：晴|多云|阴|阵雨|雷阵雨|雷阵雨伴有冰雹|雨夹雪|小雨|中雨|大雨|暴雨|大暴雨|特大暴雨|阵雪|小雪|中雪|大 雪|暴雪|雾|冻雨|沙尘暴|小雨转中雨|中雨转大雨|大雨转暴雨|暴雨转大暴雨|大暴雨转特大暴雨|小雪转中雪|中雪转大雪|大雪转暴雪|浮尘|扬沙| 强沙尘暴|霾</td></tr>
<tr><td>wind</td><td>风力</td><td></td></tr>
<tr><td>temperature</td><td>温度</td><td></td></tr>
</table>

3. 接口返回数据结构（JSON结构）

代码清单 3-6　PagerScrollView.java

```
{
  "error": 0,
  "status": "success",
  "date": "2015-12-04",
  "results": [
    {
      "currentCity": "成都",
```

```
            "pm25": "115",
            "index": [
              {
                "title": "穿衣",
                "zs": "较冷",
                "tipt": "穿衣指数",
                "des": "建议着厚外套加毛衣等服装。年老体弱者宜着大衣、呢外套加羊毛衫。"
              },
              {
                "title": "洗车",
                "zs": "不宜",
                "tipt": "洗车指数",
                "des": "不宜洗车，未来24小时内有雨，如果在此期间洗车，雨水和路上的泥水可能会再次弄脏您的爱车。"
              },
              {
                "title": "旅游",
                "zs": "适宜",
                "tipt": "旅游指数",
                "des": "温度适宜，又有较弱降水和微风做伴，会给您的旅行带来意想不到的景象，适宜旅游，可不要错过机会呦！"
              },
              {
                "title": "感冒",
                "zs": "较易发",
                "tipt": "感冒指数",
                "des": "天气转凉，空气湿度较大，较易发生感冒，体质较弱的朋友请注意适当防护。"
              },
              {
                "title": "运动",
                "zs": "较不宜",
                "tipt": "运动指数",
                "des": "有降水，推荐您在室内进行各种健身休闲运动，若坚持户外运动，须注意保暖并携带雨具。"
```

```
        },
        {
            "title": "紫外线强度",
            "zs": "最弱",
            "tipt": "紫外线强度指数",
            "des": "属弱紫外线辐射天气，无须特别防护。若长期在户外，建
            议涂擦SPF在8～12之间的防晒护肤品。"
        }
    ],
    "weather_data": [
        {
            "date": "周五 12月04日 (实时：10℃)",
            "dayPictureUrl": "http://api.map.baidu.com/images/weather/day/xiaoyu.
                              png",
            "nightPictureUrl": "http://api.map.baidu.com/images/weather/night/yin.
                                png",
            "weather": "小雨转阴",
            "wind": "北风微风",
            "temperature": "12～8℃"
        },
        {
            "date": "周六",
            "dayPictureUrl": "http://api.map.baidu.com/images/weather/day/yin.
                              png",
            "nightPictureUrl": "http://api.map.baidu.com/images/weather/night/yin.
                                png",
            "weather": "阴",
            "wind": "微风",
            "temperature": "13～8℃"
        },
        {
            "date": "周日",
            "dayPictureUrl": "http://api.map.baidu.com/images/weather/day/duoyun.
                              png",
            "nightPictureUrl": "http://api.map.baidu.com/images/weather/night/
                                duoyun.png",
```

```
                "weather": "多云",
                "wind": "微风",
                "temperature": "14 ~ 9℃"
            },
            {
                "date": "周一",
                "dayPictureUrl": "http://api.map.baidu.com/images/weather/day/yin.
                              png",
                "nightPictureUrl": "http://api.map.baidu.com/images/weather/night/yin.
                              png",
                "weather": "阴",
                "wind": "南风微风",
                "temperature": "13 ~ 9℃"
            }
        ]
    }
  ]
}
```


3.3.2.6 天气预报信息展示Activity实现

天气预报信息展示界面主要用于显示今天及未来三天的天气预报信息。具体如图3.6所示。

图3.6　天气预报主界面

实现思路如下：

1. 创建天气信息展示的Activity；
2. 给Activity指定界面布局文件；
3. 初始化控件；
4. 访问网络接口获取天气数据；
5. 展示天气数据；
6. 编写设置按钮事件。

具体的实现参考代码如下。

代码清单3-7 MyWeatherActivity.java

```
package net.text;
// 使用快捷键Ctrl+Shift+O快速生成需要的import代码段
public class MyWeatherActivity extends Activity {
    private ImageView Mtimage, Htimage, DHtimage;
    private TextView Mtdayname, Htdayname, Dhtdayname;
    private TextView Mtweather, Htweather, Dhtweather;
    private TextView Mttemper, Httemper, Dhttemper;
    private TextView CurrentTemper, TadayWeather, TadayTemper;
    private TextView CurrentCityName;
    private ImageButton setcityname;
    // 存放天气信息对象集合
    List<WeatherModel> dataArray = new ArrayList<WeatherModel>();
    // 进度条对话框
    ProgressDialog pd;
    // 城市名称
    String MycityName;
    // 定义一个Handler，用于处理下载线程与UI间通信
    private Handler handler = new Handler() {
        @Override
        public void handleMessage(Message msg) {
            if (!Thread.currentThread().isInterrupted()) {
                switch (msg.what) {
                case 0:
                    pd.show();
```

```
                    break;
                case 1:
                    // 网络数据访问完成，显示数据
                    pd.dismiss();// 关闭对话框
                    // 显示数据
                    ShowData(dataArray);
                    break;
                case -1:
                    // 出错提示
                    String error = msg.getData().getString("error");
                    Toast.makeText(MyWeatherActivity.this, error, 1).show();
                    break;
                }
            }
            super.handleMessage(msg);
        }
    };
    // 专门用来发消息的方法
    private void sendMsg(int flag) {
        Message msg = new Message();
        msg.what = flag;
        handler.sendMessage(msg);
    }
    @Override
    public void onCreate(Bundle savedInstanceState) {
        super.onCreate(savedInstanceState);
        setContentView(R.layout.main);
        // 创建进度对话框
        pd = new ProgressDialog(MyWeatherActivity.this);
        // 设置对话框显示的内容
        pd.setMessage("正在获取网络数据，请稍等...");
        // 设置对话框不能用“取消”按钮关闭
        pd.setCancelable(true);
        // 设置对话框的进度条风格
        pd.setProgressStyle(ProgressDialog.STYLE_SPINNER);
```

```
        //设置对话框的进度条是否显示进度
        pd.setIndeterminate(false);
        //初始化控件
        initControal();
        //获取数据
        getNetData();
        //设置事件
        setcityname.setOnClickListener(new OnClickListener() {
            @Override
            public void onClick(View arg0) {
                //进入设置城市界面
                Intent it = new Intent(MyWeatherActivity.this,SettingCity.class);
                startActivity(it);
            }
        });
    }
    //获取数据
    private void getNetData() {
        try {
            //获取城市名称
            MycityName = getdata();
            //显示当前城市
            CurrentCityName.setText(MycityName);
            //开线程获取网络数据
            new Thread() {
                public void run() {
                    //发送消息，显示对话框
                    sendMsg(0);
                    //获取当前城市的网络天气信息
                    try {
                        dataArray = JsonService.getJson(MycityName);
                        Thread.sleep(2000);
                        if (dataArray.size() > 0) {
                            //发消息，成功完成
                            sendMsg(1);
```

```
                    } else {
                        //发消息，出错
                        sendMsg(-1);
                    }
                } catch (Exception e) {
                    //发消息，出错
                    sendMsg(-1);
                }
            }
        }.start();
    } catch (Exception e) {
        System.out.println("解析失败");
        e.printStackTrace();
    }
}
public String getdata() {
    try {
        //1、获取SharedPreferences对象
        SharedPreferences test = getSharedPreferences("SettingCity", 0);
        //2、从SharedPreferences获取数据
        //如果没有找到城市，默认为：成都
        String Name = test.getString("MyCityName", "成都");
        return Name;
    } catch (Exception e) {
        return "";
    }
}
//初始化控件
private void initControal() {
    setcityname = (ImageButton) this.findViewById(R.id.set_Button);

    CurrentCityName = (TextView) this.findViewById(R.id.currentCityName);
    CurrentTemper = (TextView) this.findViewById(R.id.lb_currentC);
    TadayTemper = (TextView) this.findViewById(R.id.lb_tadayWeather);
    TadayWeather = (TextView) this.findViewById(R.id.lb_tadayW);
```

```
        Mtimage = (ImageView) this.findViewById(R.id.Mt_image);
        Htimage = (ImageView) this.findViewById(R.id.Ht_image);
        DHtimage = (ImageView) this.findViewById(R.id.DHt_image);
        Mtdayname = (TextView) this.findViewById(R.id.Mt_dayname);
        Htdayname = (TextView) this.findViewById(R.id.Ht_dayname);
        Dhtdayname = (TextView) this.findViewById(R.id.DHt_dayname);
        Mtweather = (TextView) this.findViewById(R.id.Mt_Weather);
        Htweather = (TextView) this.findViewById(R.id.Ht_weather);
        Dhtweather = (TextView) this.findViewById(R.id.DHt_weather);
        Mttemper = (TextView) this.findViewById(R.id.Mt_temper);
        Httemper = (TextView) this.findViewById(R.id.Ht_temper);
        Dhttemper = (TextView) this.findViewById(R.id.DHt_temper);
    }
    private void ShowData(List<WeatherModel> dataArray) {
        for (int i = 0, m = dataArray.size(); i < m; i++) {
            if (i == 0) // 处理今天的天气信息
            {
            String temp = dataArray.get(i).getDate();
            CurrentTemper.setText(temp.substring(temp.lastIndexOf(":")+1 ,3));
            TadayTemper.setText(dataArray.get(i).getTemperature());
            TadayWeather.setText(dataArray.get(i).getWeather());
            }
            if (i == 1) // 处理明天的天气信息
            {
                net.volley.GetVolleyHttp.getInstance(MyWeatherActivity.this)
                .setImageLoader(Mtimage, R.drawable.mr, R.drawable.mr,
                dataArray.get(i).getDayPictureUrl());
                Mtdayname.setText(dataArray.get(i).getDate());
                Mtweather.setText(dataArray.get(i).getWeather());
                Mttemper.setText(dataArray.get(i).getTemperature());
            }
            if (i == 2) // 处理后天的天气信息
            {
                net.volley.GetVolleyHttp.getInstance(MyWeatherActivity.this)
                .setImageLoader(Htimage, R.drawable.mr, R.drawable.mr,
```

```
                    dataArray.get(i).getDayPictureUrl());
                    Htdayname.setText(dataArray.get(i).getDate());
                    Htweather.setText(dataArray.get(i).getWeather());
                    Httemper.setText(dataArray.get(i).getTemperature());
                }
                if (i == 3) // 处理大后天的天气信息
                {
                    net.volley.GetVolleyHttp.getInstance(MyWeatherActivity.this)
                    .setImageLoader(DHtimage, R.drawable.mr, R.drawable.mr,
                    dataArray.get(i).getDayPictureUrl());
                    Dhtdayname.setText(dataArray.get(i).getDate());
                    Dhtweather.setText(dataArray.get(i).getWeather());
                    Dhttemper.setText(dataArray.get(i).getTemperature());
                }
            }
        }
    }
```

Handler是一个消息分发对象，进行发送和处理消息，并且其Runnable对象与一个线程的MessageQueue关联。它的作用是调度消息，将一个任务切换到某个指定的线程中去执行。

Tips

更多Handler的知识，请扫描以下二维码。

SharedPreferences是Android中比较简单的数据存储技术，实际上SharedPreferences处理的就是一个key-value（键值对），SharedPreferences常用来存储一些轻量级的数据，在两个Activity之间除了可以用intent来传递数据，如果数据比较简单还可以用SharedPreferences来传递。

在要取出数据的Activity中采用以下步骤。

（1）获取SharedPreferences对象，getSharedPreferences("SettingCity",0)两个参数，第一个参数是存储时的名称SettingCity,第二个参数是打开的方式（一般设置为0）。

SharedPreferences test = getSharedPreferences("SettingCity",0)

（2）获取SharedPreferences的数据，test.getString("MyCityName", "成都")第一个参数是键值对的key，如果能找到对应的value，则返回这个value，否则返回第二个参数，第二个参数是默认值。

String Name = test.getString("MyCityName", "成都")

3.3.2.7 城市名称管理界面

城市名称管理，实现我们要获取天气预报信息的城市名称，具体实现以Android的SharedPreferences进行存储。SharedPreferences是一种轻型的Android数据存储方式，它的本质是基于XML文件存储key-value键值对数据，通常用来存储一些简单的配置信息。

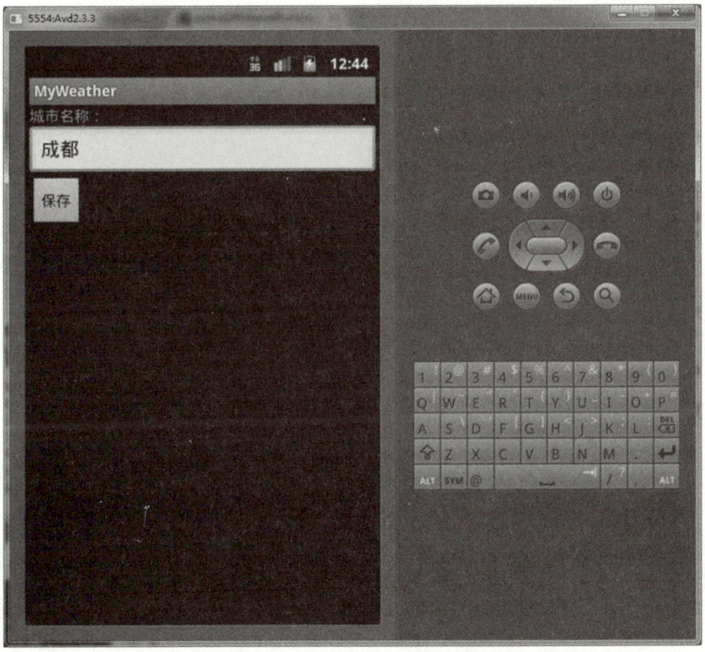

图3.7 天气预报城市管理界面

实现思路如下：

1. 创建城市管理的Activity；
2. 给Activity指定界面布局文件；
3. 初始化控件；
4. 编写获取SharedPreferences中数据方法；
5. 编写保存数据进SharedPreferences的方法；

6. 编写返回主界面的方法。

具体的实现参考代码如下。

代码清单3-8 SettingCity.java

```
package net.text;
// 使用快捷键Ctrl+Shift+O快速生成需要的import代码段
public class SettingCity extends Activity {
    EditText txconent;
    Button btSave;
    @Override
    protected void onCreate(Bundle savedInstanceState) {
            super.onCreate(savedInstanceState);
            this.setContentView(R.layout.areasetting);
            txconent = (EditText) this.findViewById(R.id.mycityname);
            btSave = (Button) this.findViewById(R.id.bt_Save);
            // 获取数据
            txconent.setText(getdata());
            btSave.setOnClickListener(new OnClickListener() {
                    @Override
                    public void onClick(View arg0) {
                            // 保存数据
                            savedata();
                    }
            });
    }
    // 保存城市
    private void savedata() {
            try {
                    String cityname = txconent.getText().toString();
                    if (cityname.trim().equals("")) {
                    Toast.makeText(SettingCity.this, "城市名称不能为空", Toast.
                    LENGTH_LONG)
                            .show();
                            return;
                    } else {
                            // 1. 获取SharedPreferences对象
```

```
                SharedPreferences test = getSharedPreferences("SettingCity", 0);
                // 2、将SharedPreferences设置为编辑状态
                SharedPreferences.Editor editor = test.edit();
                // 3、向SharedPreferences增加数据
                editor.putString("MyCityName", txconent.getText().toString());
                // 4、提交数据
                editor.commit();
                // 成功返回主界面
                back();
            }
        } catch (Exception e) {
        }
    }
    public String getdata() {
        try {
            // 1、获取SharedPreferences对象
            SharedPreferences test = getSharedPreferences("SettingCity", 0);
            // 2、从SharedPreferences获取数据
            String Name = test.getString("MyCityName", "成都");
            // 如果没有找到城市，默认为：成都
            return Name;
        } catch (Exception e) {
            return "";
        }
    }
    // 返回主界面
    private void back()
    {
        Intent it=new Intent(SettingCity.this,MyWeatherActivity.class);
        this.startActivity(it);
        SettingCity.this.finish();
    }
}
```

向SharedPreferences对象里面装填数据的步骤如下。

➢获取SharedPreferences对象， getSharedPreferences("SettingCity",0)两个参数，第一个参数是存储时的名称SettingCity,第二个参数是打开的方式（一般设置为0）。

SharedPreferences test = getSharedPreferences("SettingCity", 0)

➢将SharedPreferences设置为编辑状态。

SharedPreferences.Editor editor = test.edit()

➢向SharedPreferences增加数据， editor.putString("MyCityName", txconent.getText().toString())两个参数，第一个参数表示是key,第二个参数是value。

editor.putString("MyCityName", txconent.getText().toString())

➢提交数据。

editor.commit()

3.4 习题

请设计一个PM2.5预警App。

（1）界面设计可以参考本任务的界面；

（2）有城市选项，可以改变当前的城市；

（3）显示当前星期几，当前PM2.5值；

（4）显示明天、后天和大后天的PM2.5预测值。

3.5 评价

制作天气预报App任务，目的在于训练学生对Android网络访问知识的应用，以及对XML/JSON数据的解析能力。为了达到预期的效果，现给出对本任务的相关评定。

1. 知识点掌握情况评价

表3.4 知识点掌握情况评价表

编号	知识点	得分	评分标准
1	工程的建立，文件打开保存，关闭		1. 每一项得分值分别百分制，综合得分为相应指标的算术平均构成； 2. 大于90分：能够清楚描述知识点内容； 3. 80到90分：能够相对清楚描述知识点内容； 4. 60到80分：能够大致描述知识点内容；
2	Eclipse生成类		
3	Eclipse查看布局文件		
4	Java语言基本概念		
5	Java语言类、继承、复写等概念		
6	TextView		
7	Button		
8	EditText		
9	JSON解析		

续表

编号	知识点	得分	评分标准
10	Handler		5. 低于60分：不能描述知识点内容； 6. 最终成绩=每项得分的算术平均。大于90分得A，80到90分得B，60到80分得C，低于60分得D
11	Toast		
12	SharedPreferences		
13	网络通信		
综合得分			

2. 成果评价

表3.5　成果评价及测试用例

功能模块	功能指标	得分	综合得分	权值	评分标准
天气信息展示	1. 界面布局合理，包含需求规定的信息元素			25%	1. 每一项得分值分别百分制，综合得分为相应指标的算术平均构成； 2. 大于90分：满足功能要求，没有任何Bug； 3. 80到90分：满足功能功能，存在少量Bug； 4. 60到80分：基本满足功能要求，有大量Bug； 5. 低于60分：不满足功能要求； 6. 最终成绩=每大项综合得分*权值之和。大于90分得A，80到90分得B，60到80分得C，低于60分得D
	2. 能正确显示当前及未来三天的天气信息				
网络天气信息的获取	1. 能够获取到网络数据（XML/JSON结构）			25%	
	2. 能够正确对获取到的XML/JSON信息进行解析				
城市名称管理	1. 点击城市管理能够对城市进行管理			10%	
	2. 设置好城市后，能够获取该城市的天气信息				
最终成绩：					

3. 能力评价

表3.6　能力评价表

<table>
<tr><th>功能模块</th><th>功能指标</th><th>得分</th><th>综合得分</th><th>权值</th><th>评分标准</th></tr>
<tr><td rowspan="4">设计思路</td><td>对需求理解的掌握</td><td></td><td rowspan="4"></td><td rowspan="4">40%</td><td rowspan="12">1. 每一项得分值分别百分制，综合得分为相应指标的算术平均构成；
2. 大于90分：满足功能要求，没有任何Bug；
3. 80到90分：满足功能功能，存在少量Bug；
4. 60到80分：基本满足功能要求，有大量Bug；
5. 低于60分：不满足功能要求；
6. 最终成绩＝每大项综合得分*权值之和。大于90分得A，80到90分得B，60到80分得C，低于60分得D</td></tr>
<tr><td>需求文档编写</td><td></td></tr>
<tr><td>概要设计文档的编写</td><td></td></tr>
<tr><td>详细设计文档的编写</td><td></td></tr>
<tr><td rowspan="4">知识掌握</td><td>熟悉软件工程开发流程</td><td></td><td rowspan="4"></td><td rowspan="4">40%</td></tr>
<tr><td>掌握Android对网络请求求的知识</td><td></td></tr>
<tr><td>掌握Android对XML/JSON数据的解析</td><td></td></tr>
<tr><td>掌握Android相关事件的编写应用</td><td></td></tr>
<tr><td rowspan="4">通用能力</td><td>熟悉相关法律法规，法制观念强，熟悉相关政策，对知识产权有一定的意识</td><td></td><td rowspan="4"></td><td rowspan="4">20%</td></tr>
<tr><td>具有良好职业道德、沟通技巧、语言表达和写作能力</td><td></td></tr>
<tr><td>具有良好合作能力</td><td></td></tr>
<tr><td>具有熟练的文档编写能力</td><td></td></tr>
<tr><td colspan="3">最终成绩：</td><td colspan="3"></td></tr>
</table>

3.6　小结

制作天气预报App任务，目的在于训练对Android的网络访问与JSON解析能力，注意表3.5所示几点要求。

表3.7　制作天气预报App的要求

序号	项目	相关知识说明
1	网络访问	Android平台有3种网络接口可以使用，它们分别是：java.net.*（标准java接口）、org.apache（Apache接口）、android.net.*（android网络接口）。下面我们分别来简单介绍一下这些接口的功能及其作用。 （1）标准java接口 java.net.*（标准java接口）提供与联网有关的类，包括流和数据包套接字、Internet协议、常见HTTP处理。比如：追寻URL以及URL-Connection/Http URLConnection对象、设置连接参数、连接到服务器、向服务器写数据、从服务器读取数据等通信。使用java.net.*包连接网络

续表

序号	项目	相关知识说明
1	网络访问	（2）Apache接口 HTTP协议可能是现在Internet上使用得最多、最重要的通信协议了，二元越来越多的java应用程序需要通过HTTP协议来访问网络资源。虽然在JDK的java.net包中已经提供了访问HTTP协议的基本功能，但是对于大部分应用程序来说，JDK库本身提供的功能远远不够。这里就需要Android提供的Apache HttpClient了。它是一个开源项目，功能更加完善，为客户端的HTTP编程提供高效、最新、功能丰富的工具包支持。Android平台引入了Apache HttpClient的同时不提供了对它的一些封装和扩展，例如设置缺省的HTTP超时和缓存大小等。Android使用的是目前最新的HttpClient 4.0（org.apache.http.*），可以将Apache视为目前流行的开源Web服务器，主要包括创建HttpClient以及Get/Post、HttpRequest等对象，设置连接参数，执行HTTP操作，处理服务器返回结果等功能。下面是一个使用android.net.http.*包的例子，如代码清单8-2所示。 （3）Android网络接口 Android.net.*包实际上是通过对Apache中的HttpClient的封装来实现的一个HTTP编程接口，同时还提供了HTTP请求队列管理nyeyHTTP连接池管理，以提高并发请求情况下（如转载网页时）的处理效率，除此之外还有网络状态监视等接口、网络访问的Socket、常用的Uri类以及有关WiFi相关的类等等。

2	JSON相关知识	JSON（JavaScript Object Notation）是一种轻量级的数据交换格式，易于阅读和编写，同时也易于机器解析和生成。它基于ECMA262语言规范（1999-12第三版）中JavaScript编程语言的一个子集。JSON采用与编程语言无关的文本格式，但是也使用了类C语言（包括C，C++，C#，Java，JavaScript，Perl，Python等）的习惯，这些特性使JSON成为理想的数据交换格式。
		JSON的结构基于下面两点：
		（1）Apache接口"名称/值"对的集合 不同语言中，它被理解为对象(object)，记录（record），结构（struct），字典(dictionary)，哈希表(hash table)，键列表（keyed list）等；
		（2）Apache接口值的有序列表 多数语言中被理解为数组（array）。
		JSON使用：
		JSON以一种特定的字符串形式来表示JavaScript对象。如果将具有这样一种形式的字符串赋给任意一个JavaScript变量，那么该变量会变成一个对象引用，而这个对象就是字符串所构建出来的，好像有点拗口，我们还是用实例来说明。
		这里假设我们需要创建一个User对象，并具有以下属性：
		①用户ID
		②用户名
		③用户Email
		您可以使用以下JSON形式来表示User对象：
		{
		  "UserID":11,
		  "Name":"Truly",

续表

序号	项目	相关知识说明
2	JSON相关知识	"Email":"zhuleipro◎hotmail.com" } 使用JSON形式定义这个用户列表： [{"UserID":11, "Name":{"FirstName":"Truly","LastName":"Zhu"}, "Email":"zhuleipro◎hotmail.com"}, {"UserID":12, "Name":{"FirstName":"Jeffrey","LastName":"Richter"}, "Email":"xxx◎xxx.com"}, {"UserID":13, "Name":{"FirstName":"Scott","LastName":"Gu"}, "Email": "xxx2◎xxx2.com"}] Android的JSON解析部分都在包org.json下，主要有以下两个类： JSONObject：可以看作是一个json对象,这是系统中有关JSON定义的基本单元，其包含一对儿（Key/Value）数值。 JSONArray：它代表一组有序的数值

3.7 教学策略讨论

1. 在引进工程的时候，要先介绍清楚这个App到底是干什么的，有哪些按钮，每个按钮点击有什么效果。

2. 在做界面设计的时候，对前面任务的内容做适当复习，比如LinearLayout线性布局、RelativeLayout相对布局的概念。

3. 让学生在课堂内完成代码补全任务，可以激发学生的兴趣和帮助他们回忆知识。

4. 让学生明白了这个任务需要达到的效果后，要介绍该任务需要用到的核心技术，该任务主要讲利用网络访问百度Web服务器获得JSON数据，然后在本地解析这些数据，再显示出来。这里需要简要讲述一下网络和JSON的知识点，帮助学生回忆。

5. 在该任务中使用到了Handler，需要给学生讲清楚它的机制，如果学生听课有疑问，可以让他们扫描二维码进行学习。对学生的要求是会用。

6. 按键跳转到另外一个activity的标准写法，告诉学生可以有另外几种写法，让学生课外查阅。

7. 从网络获取数据这里可以直接讲怎么使用代码，或者讲怎么修改代码，不要求学生搞懂每段代码的含义，要求会修改、会用。

8. 对学生的评价可以采用学生之间互评的方式，要求学生要从功能实现、代码效率、知识点掌握等方面来评价。

9. 学生可能看得懂代码，但是关上书可能并不能写出来，这个时候可以使用一个与教材上项目类似的项目来测试学生，对学生的基本要求是要知道在哪里改代码。

10. 提醒学生可以用手机扫描书上的二维码来获取相关补充知识。

任务四：音乐播放器制作——多媒体

目标：

通过专题学习，你应该能够：

- ◆ 理解软件工程的开发过程；
- ◆ 掌握Android平台多媒体应用的相关知识；
- ◆ 掌握Android平台对SD卡操作的相关知识；
- ◆ 掌握Android多媒体开发App应用的技能。

该领域主要介绍Android中很重要也最为复杂的媒体播放器（MediaPlayer）的基本使用步骤和方式，MediaPlayer还有多种使用方式和方法，具体包括如下几种。

（1）如何获得MediaPlayer实例

可以使用直接new的方式，如：

```
MediaPlayer mp = new MediaPlayer();
```

也可以使用create的方式，如：

```
MediaPlayer mp = MediaPlayer.create(this, R.raw.test);
```

（2）如何设置要播放的文件：

MediaPlayer要播放的文件主要包括3个来源：

a. 用户在应用中事先自带的resource资源

例如：MediaPlayer.create(this, R.raw.test);

b. 存储在SD卡或其他文件路径下的媒体文件

例如：mp.setDataSource("/sdcard/test.mp3");

c. 网络上的媒体文件

例如：

mp.setDataSource("http://www.citynorth.cn/music/confucius.mp3");

MediaPlayer的setDataSource一共四个方法：

setDataSource (String path)

setDataSource (FileDescriptor fd)

setDataSource (Context context, Uri uri)

setDataSource (FileDescriptor fd, long offset, long length)

（3）对播放器的主要控制方法

Android通过控制播放器的状态的方式来控制媒体文件的播放，其中：prepare()和prepareAsync() 提供了同步和异步两种方式设置播放器进入prepare状态，需要注意的是，如果MediaPlayer实例是由create方法创建的，那么第一次启动播放前不需要再调用prepare()了，因为create方法里已经调用过了。

start()是真正启动文件播放的方法。

pause()和stop()比较简单，起到暂停和停止播放的作用。

seekTo()是定位方法，可以让播放器从指定的位置开始播放，需要注意的是该方法是个异步方法，也就是说该方法返回时并不意味着定位完成，因为在媒体中进行搜索定位是需要花时间完成的，尤其是播放的网络文件时，还需要先等待网络文件的下载，然后才能实现搜索。所以真正定位完成时会触发OnSeekComplete.onSeekComplete()，如果需要是可以调用setOnSeekCompleteListener(OnSeekCompleteListener)设置监听器来处理的。

release()可以释放播放器占用的资源，一旦确定不再使用播放器时应当尽早调用它释放资源。

reset()可以使播放器从Error状态中恢复过来，重新回到Idle状态。

（4）设置播放器的监听器

MediaPlayer提供了一些设置不同监听器的方法来更好地对播放器的工作状态进行监听，以期及时处理各种情况，如：setOnCompletionListener(MediaPlayer.OnCompletionListener listener)、setOnErrorListener(MediaPlayer.OnErrorListener listener)等,设置播放器时需要考虑到播放器可能出现的情况设置好监听和处理逻辑，以保持播放器的健壮性。

4.1 任务描述与目标

宇洁是一个非常爱听音乐的人，因为他觉得音乐是反映人类现实生活情感的一种艺术，它可以让人更加享受每首音乐的时间，可以陶冶情操。

到现在他已经成功开发了日记本App和天气预报App了，心中也有一定的底气了，于是他决定开发一个音乐播放器App，这个音乐播放器App具有以下的功能。

（1）音乐列表

在这个功能模块中，可以列表出手机中所有的音乐列表清单。

（2）播放音乐

在这个功能模块中，实现音乐播放及歌词展示功能。

该音乐播放器App最终实现的效果如图4.1所示。

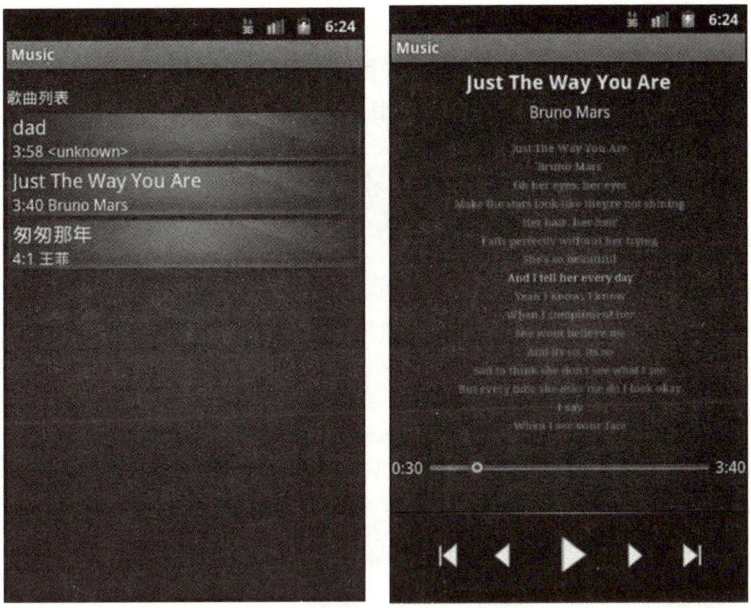

图4.1　音乐播放器功能界面

4.2　任务分析

宇洁觉得如果播放网络音乐的话，可能会涉及诸如怎么在网络上找到音乐、音乐播放过程的缓存问题怎么解决等问题，所以他决定本次开发的音乐播放器App只支持播放手机本地的音乐，而不支持网络播放。（那么，你是否可以考虑实现网络播放功能呢？）

接下来，宇洁想，我的音乐都保存在SD卡上，我怎么知道这些音乐放在什么地方呢？于是，宇洁想了一下，第一个要解决的就是设计一个可以扫描整个手机上所有音乐的功能，然后，将扫描到的音乐在播放器中列表显示出来，点哪首歌曲就可以播放哪首歌曲。

然后，宇洁又想在播放的时候，可以加上歌词，做到边听音乐边记歌词，想到这，宇洁停不住了，开始了他的音乐播放器App的开发了。

宇洁迫不急待地想开始音乐播放器App的开发，但是宇洁本着从业人员的职业素质，觉得不管这个App软件有多复杂或者多简单，都应该按软件工程的流程进行分析设计，这样方便以后的扩展与改进。

不管是复杂或者简单的软件都应该从需求分析入手，然后概要设计，详细设计，编码实现，最后是测试与交付。其中需求分析核心在于明确要开发一个具有什么功能的软件；概述设计在于通过对需求分析的理解后给出软件大概的设计思路；详细设计在于细化概要设计，给出实现软件功能的详细思路；代码实现在于将详细的软件设计使用某一种开发语言将其实现；最后的测试在于验证软件功能的正确性、健壮性等。

以下是宇洁按软件工程流程对该天气预报App进行的分析与设计。那么，你是否也可以对该天气预报App以你的理解按软件工程流程做出你自己的设计呢？

（具体可以参考附录C、D、E给出的相关文档）

4.2.1 音乐播放器App实现方案和系统模块划分

1. 设计思想

本音乐播放器App应用暂时只支持播放本地音乐文件，即不支持播放网络音乐。

我们将本音乐播放App按照不同的功能，将不同的业务逻辑编写在不同的层中，以真正实现UI与业务逻辑分层的思想。

2. 结构设计

经过对需求的分析，将本音乐播放App系统结构设计为如图4.2所示的结构。

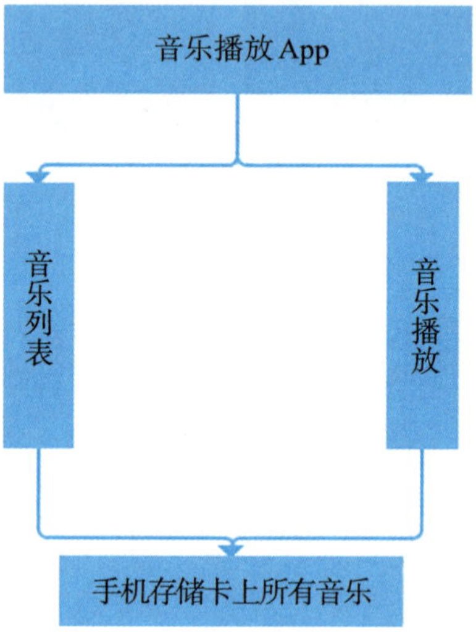

图4.2 音乐播放器App系统结构示意图

4.2.2 音乐播放器App系统详细设计

在前面的分析说明中，已解决了实现该系统需求的程序模块设计问题，包括如何把该系统划分成若干个模块、决定各个模块之间的接口、模块之间传递的信息，以及数据表结构、模块结构的设计等，以下将介绍系统的详细设计。

在详细设计阶段，我们将确定应该如何具体实现所要求的功能，以流程图的方式展示各个功能工作流，从而在编码阶段可以把这个描述直接使用具体的程序语言进行业务功能的实现。

4.2.2.1 音乐列表流程

音乐播放器App启动后将直接进入音乐列表界面。在音乐列表界面中将扫描手机存储卡上的所有音乐文件（Mp3），并将获取到的音乐信息以列表的方式展示出来。

4.2.2.2 播放音乐流程

在音乐列表界面中，单击列表中的某一音乐，将会进入音乐播放的界面。在音乐播放界面，如果正在播放的这首音乐有歌词文件，则将展示出同步的歌词，同时可以在播放音乐的界面中实现音乐切换功能。

4.3 任务实施

4.3.1 总体步骤

本任务是要完成一个手机音乐播放器App，我们在正式开发之前，得严格按照软件工程的思路来分析设计。

第一，理清楚这个音乐播放器App应该具备哪些功能（需求分析）；

第二，音乐播放器App播放数据来源于什么地方（数据分析）；

第三，画出每一个功能模块的业务流程图（详细设计，指导后期的代码实现）；

第四，创建项目；

第五，设计界面布局，为Activity做准备；

第六，创建文件扫描功能；

第七，播放功能及语词展示功能；

第八，调试。

4.3.2 系统编码及实现

根据前面的分析与设计，音乐播放器App应用软件编码前的工作已经完成，接下来就是根据前面的设计进行详细的编码开发。

4.3.2.1 创建项目

采用eclipse创建一个Android项目，音乐播放器App的项目名为MyMusic。然后实现如图4.3所示的文件结构。

其中src目录的结构说明如表4.1所示。

图4.3 音乐播放系统的文件结构

表 4.1　src 目录的结构说明

目录/文件	说 明
com.example.music	存放系统的所有 Activity 文件
com.example.music.adapter	存放数据适配器
com.example.music.application	存放实体类
com.example.music.domain	存放歌词信息类的实体
com.example.music.getmusic	获取音乐、歌词等功能
com.example.music.view	存放自定义视图

4.3.2.2　创建界面布局文档

1. 音乐列表主界面布局

音乐列表界面主要用于显示手机存储卡上的所有音乐信息列表清单功能。具体效果如图 4.4 所示。

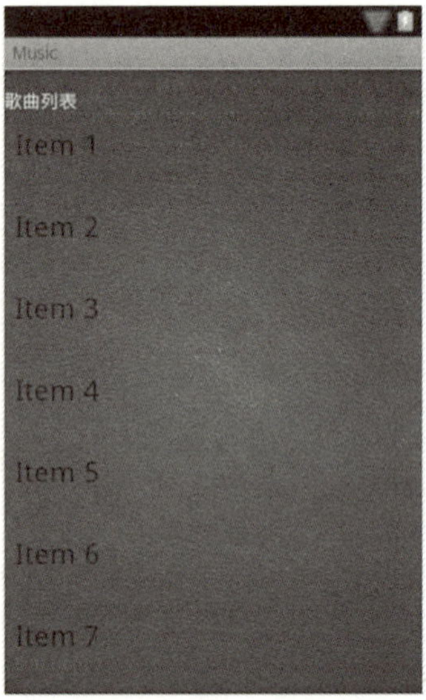

图 4.4　音乐列表界面布局图

操作步骤：展示 res 目录，在 layout 目录上点击右键创建 android xml 布局文档 activity_main.xml。具体代码如下所示。

代码清单 4-1　activity_main.xml

```
<LinearLayout xmlns:android="http://schemas.android.com/apk/res/android"
    xmlns:tools="http://schemas.android.com/tools"
    android:layout_width="match_parent"
    android:layout_height="match_parent"
```

```
    android:paddingBottom="@dimen/activity_vertical_margin"
    android:paddingTop="@dimen/activity_vertical_margin"
    tools:context=".MainActivity"
    android:orientation="vertical"
    android:background="@drawable/bg" >
    <TextView
        android:id="@+id/textView1"
        android:textColor="#ffffff"
        android:layout_width="wrap_content"
        android:layout_height="wrap_content"
        android:text="@string/hello_world" />
  <ListView
        android:id="@+id/ll_main_music"
        android:listSelector="@drawable/listbg"
        android:layout_width="fill_parent"
        android:layout_height="wrap_content"
        android:cacheColorHint="#00000000"
        android:divider="#00000000"
        android:layout_marginTop="5dp"
        android:layout_marginLeft="2dp"
        android:layout_marginRight="2dp" >
  </ListView>
</LinearLayout>
```

（1）ListView

在Android开发中ListView是比较常用的组件，它以列表的形式展示具体内容，并且能够根据数据的长度自适应显示。列表的显示需要三个元素。

①ListVeiw 用来展示列表的View。

②适配器是用来把数据映射到ListView上的中介。

③数据具体的将被映射的字符串、图片，或者基本组件。

根据列表的适配器类型，列表分为三种：ArrayAdapter，SimpleAdapter和SimpleCursorAdapter。其中以ArrayAdapter最为简单，只能展示一行字。SimpleAdapter有最好的扩充性，可以自定义出各种效果。SimpleCursorAdapter可以认为是SimpleAdapter对数据库的简单结合，可以方便地把数据库的内容以列表的形式展示出来。

（2）ListVeiw的各个属性

➢ android:id="@+id/ll_main_music"属性，定义本Listview的ID是ll_main_music，后面的代码可以通过此ID找到本Listview。

➢ android:layout_width="fill_parent"属性，定义宽度和父控件一样。

➢ android:layout_height="wrap_content"属性，定义高度为包裹内容。

➢ android:layout_marginLeft="2dp"属性，定义距离左边框2dp。

➢ android:layout_marginRight="2dp"属性，定义距离右边框2dp。

➢ android:layout_marginTop="5dp"属性，定义距离上边框5dp。

➢ android:cacheColorHint="#00000000"属性，有时候希望能够改变一下应用的背景，使他能够符合整体的UI设计，改变背景很简单，只需要准备一张图片然后指定属性android:background="@drawable/bg"，当你这么做以后，发现背景是变了，但是当你拖动，或者点击list空白位置的时候发现ListItem都变成黑色的了，破坏了整体效果。如果你只是换背景的颜色的话，可以直接指定android:cacheColorHint为你所要的颜色，如果你是用图片做背景的话，那也只要将android:cacheColorHint指定为透明（#00000000）就可以了。

➢android:divider="#00000000"属性，定义listview的分割线显示颜色。

➢android:listSelector="@drawable/listbg"属性，在listbg.xml中定义了触摸，非触摸等模式下的显示效果。

小试牛刀

使用属性android:background="@drawable/bg"，看看效果。

Tips

ListView的更多细节，请扫描以下二维码。

2. 用于音乐列表的模板布局

在音乐列表界面中使用的是ListView控件来列表音乐信息，所以在这里我们要为ListView控件设计一个展示模板布局。

操作步骤：展示res目录，在layout目录上点击右键创建android xml布局文档musiclist_item.xml。具体代码如下所示。

代码清单4-2 musiclist_item.xml

```
<?xml version="1.0" encoding="utf-8"?>
<LinearLayout xmlns:android="http://schemas.android.com/apk/res/android"
  android:layout_width="match_parent"
  android:layout_height="match_parent"
  android:background="@drawable/listbg"
  android:orientation="vertical" >
 <TextView
    android:id="@+id/tv_musicitem_name"
    android:layout_width="fill_parent"
    android:layout_height="wrap_content"
    android:layout_marginLeft="3dp"
    android:textColor="#ffffff"
    android:textSize="18sp" />
<LinearLayout
    android:layout_width="fill_parent"
    android:layout_height="wrap_content"
    android:orientation="horizontal" >
    <TextView
      android:id="@+id/tv_musicitem_time"
      android:layout_width="wrap_content"
      android:layout_height="wrap_content"
      android:layout_marginLeft="3dp"
      android:textColor="#ffffff"
      android:textSize="14sp" />
    <View
      android:layout_width="1dp"
      android:layout_height="wrap_content" />
    <TextView
      android:id="@+id/tv_musicitem_gsname"
      android:layout_width="wrap_content"
      android:layout_height="wrap_content"
      android:layout_marginLeft="2dp"
      android:textColor="#ffffff"
```

```
            android:textSize="14sp" />
    </LinearLayout>
    <View
        android:layout_width="fill_parent"
        android:layout_height="5dp" />
</LinearLayout>
```

3. 播放音乐界面布局

播放音乐主要展示正在播放的音乐的歌词信息以及音乐播放控制按钮。具体效果如图4.5所示。

图4.5　播放音乐界面布局图

操作步骤：展示res目录，在layout目录上点击右键创建android xml布局文档playmusic_activity.xml。具体代码如下所示。

代码清单4-3 playmusic_activity.xml

```
<?xml version="1.0" encoding="utf-8"?>
<FrameLayout xmlns:android="http://schemas.android.com/apk/res/android"
    android:layout_width="fill_parent"
    android:layout_height="fill_parent"
    android:background="@drawable/bg" >
    <LinearLayout
```

```
        android:layout_width="fill_parent"
        android:layout_height="wrap_content"
        android:layout_gravity="top|center_horizontal"
        android:layout_marginTop="5dip"
        android:gravity="center"
        android:orientation="vertical" >
        <TextView
            android:id="@+id/musicname"
            android:layout_width="wrap_content"
            android:layout_height="wrap_content"
            android:text="断了的弦"
            android:textColor="#ffffff"
            android:textSize="18dip"
            android:textStyle="bold" />
        <TextView
            android:id="@+id/artist"
            android:layout_width="wrap_content"
            android:layout_height="wrap_content"
            android:layout_marginTop="5dip"
            android:text="周杰伦"
            android:textColor="#ffffff" />
        <com.example.music.View.LyricView
            android:id="@+id/LyricShow"
            android:layout_marginTop="10dp"
            android:layout_width="fill_parent"
            android:layout_height="400px" />
    </LinearLayout>
    <RelativeLayout
        android:layout_width="fill_parent"
        android:layout_height="wrap_content"
        android:layout_gravity="center_horizontal|bottom"
        android:gravity="center" >
        <TextView
            android:id="@+id/lrc"
            android:layout_width="wrap_content"
```

```
    android:layout_height="wrap_content"
    android:layout_centerHorizontal="true"
    android:gravity="center"
    android:textColor="#ffffff" />
<RelativeLayout
    android:id="@+id/playstatus"
    android:layout_width="fill_parent"
    android:layout_height="wrap_content"
    android:layout_below="@id/lrc" >
    <TextView
        android:id="@+id/playtime"
        android:layout_width="wrap_content"
        android:layout_height="wrap_content"
        android:layout_alignParentLeft="true"
        android:layout_centerVertical="true"
        android:text="00:00"
        android:textColor="#ffffff" />
    <TextView
        android:id="@+id/duration"
        android:layout_width="wrap_content"
        android:layout_height="wrap_content"
        android:layout_alignParentRight="true"
        android:layout_centerVertical="true"
        android:text="04:53"
        android:textColor="#ffffff" />
    <SeekBar
        android:id="@+id/seekbar"
        android:layout_width="fill_parent"
        android:layout_height="wrap_content"
        android:layout_centerVertical="true"
        android:layout_toLeftOf="@id/duration"
        android:layout_toRightOf="@id/playtime"
        android:paddingLeft="5dip"
        android:paddingRight="5dip"
        android:progressDrawable="@drawable/seekbar_img"
```

```
        android:thumb="@drawable/media_player_progress_button" />
</RelativeLayout>
<LinearLayout
    android:layout_width="wrap_content"
    android:layout_height="wrap_content"
    android:layout_below="@id/playstatus"
    android:layout_centerHorizontal="true"
    android:layout_gravity="center"
    android:layout_marginTop="20dip"
    android:background="@drawable/button"
    android:gravity="center" >
    <ImageButton
        android:id="@+id/lastOne"
        android:layout_width="wrap_content"
        android:layout_height="wrap_content"
        android:layout_gravity="center_vertical"
        android:layout_marginRight="30dip"
        android:background="@drawable/latest_selecor"
        android:scaleType="fitCenter" />
    <ImageButton
        android:id="@+id/rewindBtn"
        android:layout_width="wrap_content"
        android:layout_height="wrap_content"
        android:layout_gravity="center_vertical"
        android:layout_marginRight="30dip"
        android:background="@drawable/rewind_selecor"
        android:scaleType="fitCenter" />
    <ImageButton
        android:id="@+id/playBtn"
        android:layout_width="wrap_content"
        android:layout_height="wrap_content"
        android:layout_gravity="center_vertical"
        android:background="@drawable/play_selecor"
        android:scaleType="fitCenter" />
    <ImageButton
```

```
            android:id="@+id/forwardBtn"
            android:layout_width="wrap_content"
            android:layout_height="wrap_content"
            android:layout_gravity="center_vertical"
            android:layout_marginLeft="30dip"
            android:background="@drawable/forward_selecor"
            android:scaleType="fitCenter" />
        <ImageButton
            android:id="@+id/nextOne"
            android:layout_width="wrap_content"
            android:layout_height="wrap_content"
            android:layout_gravity="center_vertical"
            android:layout_marginLeft="30dip"
            android:background="@drawable/next_selecor"
            android:scaleType="fitCenter" />
    </LinearLayout>
  </RelativeLayout>
</FrameLayout>
```

SeekBar就是通常的进度条，在播放器中使用seekbar可以随时查看带播放进度，还可以自己控制进度，因而seekbar是Mediaplayer播放的一个很好的工具，其属性如下。

➢ android:id="@+id/seekbar"属性，定义SeekBar的ID；

➢ android:layout_width="fill_parent"属性，定义SeekBar的宽度为和父控件一样；

➢ android:layout_height="wrap_content"属性，定义SeekBar的高度为包裹内容；

➢ android:layout_centerVertical="true"属性，定义SeekBar置于垂直方向的中心位置；

➢ android:layout_toLeftOf="@id/duration"属性，定义SeekBar位于ID为duration的控件的左边；

➢ android:layout_toRightOf="@id/playtime"属性，定义SeekBar位于ID为playtime的控件的右边；

➢ android:paddingLeft="5dip"属性，定义SeekBar和上层控件的左边距为5dip，marginleft的意思是和显示屏边框的距离；

➢ android:paddingRight="5dip"属性，定义SeekBar和上层控件的右边距为5dip；

➢ android:progressDrawable="@drawable/seekbar_img"属性，可以在XML文件中用元素配置的方法来为完成进度和未完成进度显示不同的图像；

➢ android:thumb="@drawable/media_player_progress_button" 属性，定义了拖动按

钮的图片（也就是我们的App看到拖动条的那个按钮的样子）。

> Tips
>
> SeekBar还有很多其他用法，比如说可以自定义，请扫描以下二维码。

4.3.2.3 音乐播放器相关类的实现

在上面我们已经创建好Android项目，并在layout中创建好系统所有用到的布局文档了，那接下来就是将音乐播放器的相应功能单独以操作类的形式编写好，以方便在开发时，直接调用该类的相应方法即可实现相应的功能。

1. 音乐信息列表数据适配器类

音乐列表界面主要用于显示手机存储卡上的所有音乐信息列表功能。这里我们只有通过将获取到的所有音乐的信息以数据适配器的形式才可以绑定到ListView控件上，所以我们第一步实现的就是数据适配器类。

操作步骤：展开src目录，创建一个包，名称为com.example.music.adapter，然后在该包下创建一个数据适配器类MusicListAdapter.java。具体参考代码如下所示。

代码清单4-4 MusicListAdapter.java

```
package com.example.music.adapter;
// 使用快捷键Ctrl+Shift+O快速生成需要的import代码段
public class MusicListAdapter extends BaseAdapter {
    private LayoutInflater inflater;
    private List<MusicInfo> list;
    public MusicListAdapter(Context context, List<MusicInfo> musicInfo){
        inflater = LayoutInflater.from(context);
        list = musicInfo;
    }
    @Override
    public int getCount() {
        return list.size();
    }
```

```
        @Override
        public Object getItem(int position) {
            return position;
        }
        @Override
        public long getItemId(int position) {
            return position;
        }
        @Override
        public View getView(int position, View convertView, ViewGroup parent) {
            music holder;
            if(convertView == null){
                holder = new music();
                convertView = inflater.inflate(R.layout.musiclist_item, null);
                holder.tv_name=(TextView)convertView.findViewById(R.id.
                                tv_musicitem_name);
                holder.tv_time = (TextView) convertView.findViewById(R.id.
                                tv_musicitem_time);
                holder.tv_gsname=(TextView)convertView.findViewById(R.id.
                                 tv_musicitem_gsname);
                convertView.setTag(holder);
            }else{
                holder = (music)convertView.getTag();
            }
            holder.tv_name.setText(list.get(position).getTitle());
            int l = list.get(position).getDuration()/1000;
            int f = l/60;
            int m = l%60;
            holder.tv_time.setText(f+":"+m);
            holder.tv_gsname.setText(list.get(position).getArtist());
            return convertView;
        }
        class music{
            private TextView tv_name;
            private TextView tv_time;
            private TextView tv_gsname;
        }
    }
```

在ListView的使用中，有时候还需要在里面加入按钮等控件，实现单独的操作。也就是说，这个ListView不再只是展示数据，也不仅仅是这一行要来处理用户的操作，而是里面的控件要获得用户的焦点。读者可以试试用SimpleAdapter添加一个按钮到ListView的条目中，你会发现可以添加，但是却无法获得焦点，点击操作被ListView的Item所覆盖。这时最方便的方法就是使用灵活的适配器BaseAdapter了。

使用BaseAdapter必须写一个类继承它，同时BaseAdapter是一个抽象类，继承它必须实现它的方法。BaseAdapter的灵活性就在于它要重写很多方法，其中最重要的即为getView()方法。这些方法都有什么作用呢?

当系统开始绘制ListView的时候，首先调用getCount()方法。得到它的返回值，即ListView的长度。然后系统调用getView()方法，根据这个长度逐一绘制ListView的每一行。也就是说，如果让getCount()返回1，那么只显示一行。而getItem()和getItemId()则在需要处理和取得Adapter中的数据时调用。那么getView如何使用呢？如果有10000行数据，就绘制10000次？这肯定会极大地消耗资源，导致ListView滑动非常慢，那应该怎么做呢?

当启动Activity呈现第一屏ListView的时候，convertView为零。当用户向下滚动ListView时，上面的条目变为不可见，下面出现新的条目。这时候convertView不再为空，而是创建了一系列的convertView的值。也就是说convertView相当于一个缓存，开始为0，当有条目变为不可见，它缓存了它的数据，后面再出来的条目只需要更新数据就可以了，这样大大节省了系统资料的开销。

虽然重复利用了已经绘制的view，但是要得到其中的控件，需要在控件的容器中通过findViewById的方法来获得。如果这个容器非常复杂，这显然会增加系统资源的开销。在上面的代码中，引入了Tag的概念，它能使ListView变得更流畅。代码中，当convertView为空时，用setTag()方法为每个View绑定一个存放控件的ViewHolder对象。当convertView不为空，重复利用已经创建的view的时候，使用getTag()方法获取绑定的ViewHolder对象，这样就避免了findViewById对控件的层层查询，而是快速定位到控件。

2. MyApp类

MyApp类主要针对Application类的应用，实现获取音乐信息的接口。

操作步骤：展开src目录，创建一个包，名称为com.example.music.application，然后在该包下创建一个类MaApp.java。具体参考代码如下所示。

代码清单4-5 MaApp.java

```
package com.example.music.application;
// 使用快捷键Ctrl+Shift+O快速生成需要的import代码段
```

```
public class MyApp extends Application {
    private List<MusicInfo> list;
    public List<MusicInfo> getList() {
        return list;
    }
    public void setList(List<MusicInfo> list) {
        this.list = list;
    }
}
```

3. 音乐信息实体类

实现音乐信息的封装功能，实现音乐信息的实体类。

操作步骤：展开 src 目录，创建一个包，名称为 com.example.music.domain，然后在该包下创建一个类 MusicInfo.java。具体参考代码如下所示。

代码清单 4-6 MusicInfo.java

```
package com.example.music.domain;
public class MusicInfo {
    private int id;
    private int trackId;
    private String title;
    private String album;
    private String artist;
    private String url;
    private int duration;
    private Long size;
    private String disName;
    /** 歌曲编号 */
    public int getId() {
        return id;
    }
    public void setId(int id) {
        this.id = id;
    }
```

```
/** 歌曲 id */
public int getTrackId() {
        return trackId;
}
public void setTrackId(int trackId) {
        this.trackId = trackId;
}
/** 歌曲标题*/
public String getTitle() {
        return title;
}
public void setTitle(String title) {
        this.title = title;
}
/** 歌曲的专辑名：MediaStore.Audio.Media.ALBUM*/
public String getAlbum() {
        return album;
}
public void setAlbum(String album) {
        this.album = album;
}
/** 歌曲的歌手名： MediaStore.Audio.Media.ARTIST*/
public String getArtist() {
        return artist;
}
public void setArtist(String artist) {
        this.artist = artist;
}
/** 歌曲文件的路径 ：MediaStore.Audio.Media.DATA*/
public String getUrl() {
        return url;
}
public void setUrl(String url) {
        this.url = url;
}
```

```
    /** 歌曲的总播放时长：MediaStore.Audio.Media.DURATION*/
    public int getDuration() {
        return duration;
    }
    public void setDuration(int duration) {
        this.duration = duration;
    }
    /** 歌曲文件的大小 ：MediaStore.Audio.Media.SIZE*/
    public Long getSize() {
        return size;
    }
    public void setSize(Long size) {
        this.size = size;
    }
    /** 歌曲文件显示名字*/
    public String getDisName() {
        return disName;
    }
    public void setDisName(String disName) {
        this.disName = disName;
    }

}
```

4. 歌词信息实体类

实现歌词信息的封装功能，实现歌词信息的实体类。

操作步骤：展开 src 目录，找到包 com.example.music.domain，然后在该包下创建一个类 LyricContent.java。具体参考代码如下所示。

代码清单 4-7 LyricContent.java

```
package com.example.music.domain;
public class LyricContent {
  private String Lyric;
  private int LyricTime;
```

```
    public String getLyric() {
        return Lyric;
    }
    public void setLyric(String lyric) {
        Lyric = lyric;
    }
    public int getLyricTime() {
        return LyricTime;
    }
    public void setLyricTime(int lyricTime) {
        LyricTime = lyricTime;
    }
}
```

5. 读取歌词类

实现读取某一首歌词文件内容。

操作步骤：展开 src 目录，创建一个包，名称为 com.example.music.getmusic，然后在该包下创建一个类 LrcRead.java。具体参考代码如下所示。

代码清单 4-8 LrcRead.java

```
package com.example.music.getmusic;
// 使用快捷键 Ctrl+Shift+O 快速生成需要的 import 代码段
public class LrcRead {
    private List<LyricContent> LyricList;
    private LyricContent mLyricContent;
    public LrcRead(){
        mLyricContent=new LyricContent();
        LyricList=new ArrayList<LyricContent>();
    }
    public void Read(String file) throws FileNotFoundException,IOException{
        String Lrc_data="";
        File mFile =new File(file);
        FileInputStream mFileInputStream = new FileInputStream(mFile);
        InputStreamReader mInputStreamReader= new InputStreamReader
                                    (mFileInputStream,"GB2312");
```

```
            //一行一行读取
            BufferedReader mBufferedReader=new BufferedReader
                                                   (mInputStreamReader);
            while((Lrc_data=mBufferedReader.readLine())!=null){
                Lrc_data=Lrc_data.replace("[", "");
                Lrc_data=Lrc_data.replace("]", "@");
                String splitLrc_data[]=Lrc_data.split("@");
                if(splitLrc_data.length>1){
                    mLyricContent.setLyric(splitLrc_data[1]);
                    int LyricTime= TimeStr(splitLrc_data[0]);
                    mLyricContent.setLyricTime(LyricTime);
                    LyricList.add(mLyricContent);
                    mLyricContent=new LyricContent();
                }
            }
            mBufferedReader.close();
            mInputStreamReader.close();
        }
        public int TimeStr(String timeStr){
                timeStr=timeStr.replace(":", ".");
                timeStr=timeStr.replace(".", "@");
                String timeData[]=timeStr.split("@");
                int minute=Integer.parseInt(timeData[0]);
                int second=Integer.parseInt(timeData[1]);
                int millisecond=Integer.parseInt(timeData[2]);
                int currentTime=(minute*60+second)*1000+millisecond*10;
                return currentTime;
        }
        public List<LyricContent> GetLyricContent(){
                return LyricList;
        }
    }
```

lrc是英文lyric（歌词）的缩写，被用作歌词文件的扩展名。以lrc为扩展名的歌词文件可以在各类数码播放器中同步显示。lrc歌词是一种包含着“*:*”形式的“标签

(tag)”的、基于纯文本的歌词专用格式。

lrc歌词文本中含有以下两类标签。

（1）标识标签，其格式为“[标识名:值]”主要包含以下预定义的标签：[ar:歌手名]、[ti:歌曲名]、[al:专辑名]、[by:编辑者(指lrc歌词的制作人)]、[offset:时间补偿值]（其单位是毫秒，正值表示整体提前，负值相反）。

（2）时间标签，形式为“[mm:ss]”或“[mm:ss.ff]”(分钟数:秒数.毫秒数)，时间标签需位于某行歌词中的句首部分，一行歌词可以包含多个时间标签（比如歌词中的迭句部分）。当歌曲播放到达某一时间点时，MP3就会寻找对应的时间标签并显示标签后面的歌词文本，这样就完成了“歌词同步”的功能。

知道了解lrc歌词的格式后，我们就可以对输入的歌词进行解析。

Tips

更多JAVA中常用IO流类FileInputStream和FileOutputStream的知识，请扫描以下二维码。

6. 读音乐信息类

实现从Android手机媒体数据库中获取本手机上所有的音乐信息。

操作步骤：展开src目录，创建一个包，名称为com.example.music.getmusic，然后在该包下创建一个类MediaBase.java。具体参考代码如下所示。

代码清单4-9 MediaBase.java

```
package com.example.music.getmusic;
// 使用快捷键Ctrl+Shift+O快速生成需要的import代码段
public class MediaBase {
    private Context context;
    public MediaBase(Context context) {
        this.context = context;
    }
    // 查询数据库中的歌曲
    public List<MusicInfo> ScannerMusic() {
```

```
//查询媒体数据库
Cursor cursor = context.getContentResolver().query(
        MediaStore.Audio.Media
    .EXTERNAL_CONTENT_URI, null, null, null,MediaStore.Audio.
    Media.DEFAULT_SORT_ORDER);
List<MusicInfo> list = new ArrayList<MusicInfo>();
//遍历媒体数据库
if (cursor.moveToFirst()) {
    while (!cursor.isAfterLast()) {
        MusicInfo mi = new MusicInfo();
        //歌曲编号
        int id = cursor.getInt(cursor.getColumnIndexOrThrow
                (MediaStore.Audio.Media._ID));
        mi.setId(id);
        //歌曲 id
        int trackId = cursor.getInt(cursor.getColumnIndexOrThrow(
                    MediaStore.Audio.Media.ALBUM_ID));
        mi.setTrackId(trackId);
        //歌曲标题
        String title = cursor.getString(cursor.
                    getColumnIndexOrThrow(MediaStore.Audio.
                    Media.TITLE));mi.setTitle(title);
        //歌曲的专辑名：MediaStore.Audio.Media.ALBUM
        String album = cursor.getString(cursor.
                    getColumnIndexOrThrow(MediaStore.Audio.
                    Media.ALBUM));mi.setAlbum(album);
        //歌曲的歌手名： MediaStore.Audio.Media.ARTIST
        String artist = cursor.getString(cursor.
                    getColumnIndexOrThrow(MediaStore.Audio.
                    Media.ARTIST));mi.setArtist(artist);
        //歌曲文件的路径 ：MediaStore.Audio.Media.DATA
        String url = cursor.getString(cursor.getColumnIndexOrThrow
                (MediaStore.Audio.Media.DATA));
        mi.setUrl(url);
        //歌曲的总播放时长：MediaStore.Audio.Media.DURATION
```

```
                int duration = cursor.getInt(cursor.
                            getColumnIndexOrThrow(MediaStore.Audio.
                            Media.DURATION));mi.setDuration(duration);
                //歌曲文件的大小：MediaStore.Audio.Media.SIZE
                Long size = cursor.getLong(cursor.getColumnIndexOrThrow
                          (MediaStore.Audio.Media.SIZE));
                mi.setSize(size);
                //歌曲文件显示名字
                String disName=cursor.getString(cursor.getColumnIndexOrThrow
                              (MediaStore.Audio.Media.DISPLAY_NAME));
                mi.setDisName(disName);
                list.add(mi);
                cursor.moveToNext();
            }
            cursor.close();
        }
        return list;
    }
}
```

MediaStore这个类是Android系统提供的一个多媒体数据库，Android中多媒体信息都可以从这里提取。这个MediaStore包括了多媒体数据库的所有信息，包括音频，视频和图像，Android把所有的多媒体数据库接口进行了封装，所有的数据库不用自己进行创建，直接调用利用ContentResolver去掉用那些封装好的接口就可以进行数据库的操作了。

➢ context.getContentResolver().query()方法：

第一个参数：代表要查询的数据库名称加上表的名称。一般都直接从MediaStore里取得，例如我要取所有歌的信息，就必须利用MediaStore.Audio.Media. EXTERNAL_CONTENT_URI这个Uri。专辑信息要利用MediaStore.Audio.Albums.EXTERNAL_CONTENT_URI这个Uri来查询，其他查询也都类似。

第二个参数：代表要从表中选择的列，用一个String数组来表示。

第三个参数：相当于SQL语句中的where子句，代表查询条件。

第四个参数：这个参数是说第三个参数里有”?”这个符号时，这里可以以实际值代替这个问号。如果Selections这个没有问号的话，那么这个String数组可以为null。

第五个参数：说明查询结果按什么来排序。

Cursor接口的用法，在第二个任务里已经有所提及，这里再给出在本段代码中用到的几个方法的解释。

➢ cursor.getInt()方法，获取整型内容。用于获取查询内容中指定列的Int类型内容。

➢ cursor.isAfterLast()方法，判断游标是否指向最后一行的位置。

➢ cursor.moveToFirst()方法，移动到第一行。用于将查询结果的游标移动到第一行，也就是指向查询结果的第一行，该方法常用于遍历整个查询结果的场合。

➢ cursor.getColumnIndexOrThrow()方法，获取列编号。用于获取查询结果中数据的列编号。

➢ cursor.getLong()方法，获取长整型内容。如果数据库中该列的内容为长整型，则使用该方法。

➢ cursor.moveToNext()方法，移动到下一行。用于将查询结果的游标从当前行移动到下一行。

➢ cursor.close()方法，关闭游标。关闭后游标将不再可用，这样可以释放它所占用的资源。

7. 歌词展示类

实现在播放音乐时展示歌词的类。

操作步骤：展开 src 目录，创建一个包，名称为com.example.music.View，然后在该包下创建一个类LyricView.java。具体参考代码如下所示。

代码清单4-10 LyricView.java

```
package com.example.music.View;
// 使用快捷键Ctrl+Shift+O快速生成需要的import代码段
public class LyricView extends TextView {
    private float high;
    private float width;
    private Paint CurrentPaint;
    private Paint NotCurrentPaint;
    private float TextHigh=25;
    private float TextSize=15;
    private int Index=0;
    private List<LyricContent> mSentenceEntities=new ArrayList<LyricContent>();
    public void setSentenceEntities(List<LyricContent> mSentenceEntities) {
        this.mSentenceEntities = mSentenceEntities;
```

```
    }
    public LyricView(Context context) {
        super(context);
        init();
    }
    public LyricView(Context context, AttributeSet attrs, int defStyle) {
        super(context, attrs, defStyle);
        init();
    }
    public LyricView(Context context, AttributeSet attrs) {
        super(context, attrs);
        init();
    }
    private void init(){
        setFocusable(true);
        //高亮部分
        CurrentPaint = new Paint();
        CurrentPaint.setAntiAlias(true);
        CurrentPaint.setTextAlign(Paint.Align.CENTER);
        //非高亮部分
        NotCurrentPaint = new Paint();
        NotCurrentPaint.setAntiAlias(true);
        NotCurrentPaint.setTextAlign(Paint.Align.CENTER);
    }
    @Override
    protected void onDraw(Canvas canvas) {
        super.onDraw(canvas);
        if(canvas==null){
            return;
        }
        CurrentPaint.setColor(Color.YELLOW);
        NotCurrentPaint.setColor(Color.GREEN);
        CurrentPaint.setTextSize(TextSize);
        CurrentPaint.setTypeface(Typeface.SERIF);
        NotCurrentPaint.setTextSize(TextSize);
```

```
            NotCurrentPaint.setTypeface(Typeface.SERIF);
            try {
                canvas.drawText(mSentenceEntities.get(Index).getLyric(),width/2,
                        high/2, CurrentPaint);
                float tempY = high / 2;
                //画出本句之前的句子
                for (int i = Index - 1; i >= 0; i--) {
                    //向上推移
                    tempY = tempY - TextHigh;
                    canvas.drawText(mSentenceEntities.get(i).getLyric(), width / 2,
                            tempY, NotCurrentPaint);
                }
                tempY = high / 2;
                //画出本句之后的句子
                for (int i = Index + 1; i < mSentenceEntities.size(); i++) {
                    //往下推移
                    tempY = tempY + TextHigh;
                    canvas.drawText(mSentenceEntities.get(i).getLyric(),width / 2,
                            tempY, NotCurrentPaint);
                }
            } catch (Exception e) {
                        }
        }
        @Override
        protected void onSizeChanged(int w, int h, int oldw, int oldh) {
            super.onSizeChanged(w, h, oldw, oldh);
            this.high=h;
            this.width=w;
        }
        public void SetIndex(int index){
            this.Index=index;
        }
    }
```

这里使用了一套算法让歌词移动，并且高亮显示当前正在演唱的歌词。

Android画图有三个最基本的对象，通过对这三个对象的灵活使用，就可以使自己的应用程序更加的丰富多彩。

（1）Color：颜色对象，相当于现实生活中的“调料”。

（2）Paint：画笔对象，相当于现实生活中画图用的“笔”。

（3）Canvas：画布对象，相当于现实生活中画图用的“纸或布”。

- CurrentPaint.setAntiAlias()方法，设置画笔的锯齿效果。
- CurrentPaint.setColor()方法，设置画笔的颜色。
- CurrentPaint.setTextSize()方法，设置字体的尺寸。
- CurrentPaint.setTypeface()方法，设置字体样式。
- canvas.drawText()方法，绘制字符。

> Tips
>
> 更多关于绘图的知识，请扫描以下二维码。

4.3.2.4　音乐列表Activity实现

音乐列表功能，是本系统的主界面。其将手机中所有音乐以清单的方式列表出来，以方便用户查看与播放音乐。具体实现后的界面如图4.6所示。

图4.6　音乐列表功能界面

实现思路如下：

1. 创建音乐列表Activity；
2. 给Activity指定界面布局文件；
3. 调用获取音乐信息类获取音乐数据绑定到ListView控件中显示；
4. 给ListView控件编写点击事件等。

具体的实现参考代码如下。

代码清单4-11 MainActivity.java

```
package com.example.music;
// 使用快捷键Ctrl+Shift+O快速生成需要的import代码段
public class MainActivity extends Activity {
    private List<MusicInfo> list;
    private ListView ll;
    @Override
    protected void onCreate(Bundle savedInstanceState) {
        super.onCreate(savedInstanceState);
        setContentView(R.layout.activity_main);
        ll = (ListView) findViewById(R.id.ll_main_music);
        MediaBase mb = new MediaBase(this);
        list = mb.ScannerMusic();
        MyApp appState = ((MyApp)getApplicationContext());
        appState.setList(list);
        MusicListAdapter ma = new MusicListAdapter(this, list);
        ll.setAdapter(ma);
        ll.setOnItemClickListener(new OnItemClickListener() {
            @Override
            public void onItemClick(AdapterView<?> arg0, View arg1, int arg2,
                    long arg3) {
                Intent intent = new Intent(MainActivity.this,PlayMusic.class);
                intent.putExtra("flag", arg2);
                startActivity(intent);
            }
        });
    }
}
```

4.3.2.5 播放音乐Activity实现

在音乐列表界面点击某首歌曲，即可进入音乐播放界面。在这里用户可以实现控制音量、查看歌词、上一首、下一首、暂停等控制功能。具体实现后的界面如图4.7所示。

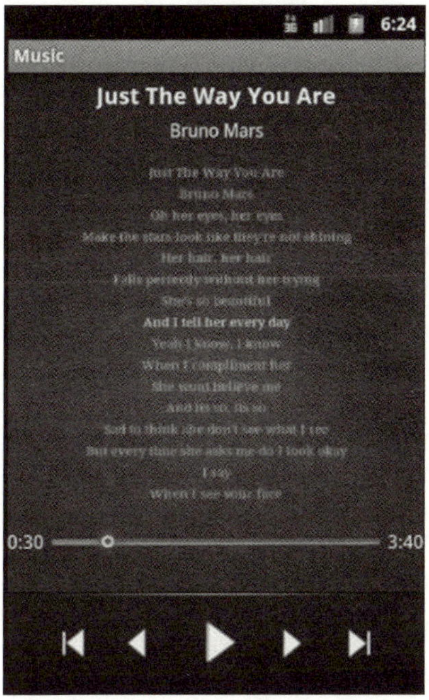

图4.7 播放音乐功能界面

实现思路如下：

1. 创建发布日记的Activity；
2. 给Activity指定界面布局文件；
3. 初始化歌词视图；
4. 初始化歌词；
5. 创建媒体播放。

具体的实现参考代码如下。

代码清单4-12 PlayMusic.java

```
package com.example.music;
// 使用快捷键Ctrl+Shift+O快速生成需要的import代码段
public class PlayMusic extends Activity {
    /** 播放、暂停 */
    private ImageButton playBtn = null;
    /** 上一首 */
    private ImageButton latestBtn = null;
```

```
/** 下一首 */
private ImageButton nextBtn = null;
/** 快进 */
private ImageButton forwardBtn = null;
/** 快退 */
private ImageButton rewindBtn = null;
/** 读取歌词 */
private LrcRead mLrcRead;
private LyricView mLyricView;
/** 已播放时间 */
private TextView playtime = null;
/** 歌曲时间 */
private TextView durationTime = null;
/** 歌曲进度 */
private SeekBar seekbar = null;
private TextView name = null; // 名字
private TextView artist = null; // 作者
private List<MusicInfo> list;
private List<LyricContent> LyricList = new ArrayList<LyricContent>();
private MediaPlayer mMediaPlayer;
private int flag = 1;
// 声明音乐状态常量
private static final int STATE_PLAY = 1;
private static final int STATE_PAUSE = 0;
private int index = 0;
/** 当前播放位置 */
private int CurrentTime = 0;
private int CountTime = 0;
/** 当前播放的音乐 */
private int id = 0;
@Override
protected void onCreate(Bundle savedInstanceState) {
    super.onCreate(savedInstanceState);
    setContentView(R.layout.playmusic_activity);
    initView();
```

```
        initlrc();
        creatmedia();
    }
    /**
     * 加载歌词
     */
    private void initlrc() {
        try {
            mLrcRead.Read(refreshView(list.get(id).getUrl()));
        } catch (FileNotFoundException e) {
            e.printStackTrace();
        } catch (IOException e) {
            e.printStackTrace();
        }
        name.setText(list.get(id).getTitle());
        artist.setText(list.get(id).getArtist());
        LyricList = mLrcRead.GetLyricContent();
        //设置歌词资源
        mLyricView.setSentenceEntities(LyricList);
        mHandler.post(mRunnable);
    }
    /**
     * 初始化
     */
    private void initView() {
        mLrcRead = new LrcRead();
        MyApp appState = ((MyApp) getApplicationContext());
        list = appState.getList();
        id = getIntent().getIntExtra("flag", 0);
        name = (TextView) findViewById(R.id.musicname);
        artist = (TextView) findViewById(R.id.artist);
        playtime = (TextView) findViewById(R.id.playtime);// 已经播放的时间
        durationTime = (TextView) findViewById(R.id.duration);
        playBtn = (ImageButton) findViewById(R.id.playBtn);
        mLyricView = (LyricView) findViewById(R.id.LyricShow);
```

```
playBtn.setOnClickListener(new View.OnClickListener() {
    @Override
    public void onClick(View v) {
        switch (flag) {
        case STATE_PLAY:
            try {
                mMediaPlayer.prepare();
            } catch (IllegalStateException e) {
                e.printStackTrace();
                Log.i("kill",e.toString());
            } catch (IOException e) {
                e.printStackTrace();
            }
            mMediaPlayer.start();
            flag = STATE_PAUSE;
            break;
        case STATE_PAUSE:
            mMediaPlayer.pause();
            flag = STATE_PLAY;
            break;
        }
    }
});
seekbar = (SeekBar) findViewById(R.id.seekbar);
seekbar.setOnSeekBarChangeListener(new OnSeekBarChangeListener() {
    @Override
    public void onStopTrackingTouch(SeekBar seekBar) {
    }
    @Override
    public void onStartTrackingTouch(SeekBar seekBar) {
    }
    @Override
    public void onProgressChanged(SeekBar seekBar, int progress,
            boolean fromUser) {
        if (fromUser) {
```

```
                mMediaPlayer.seekTo(seekbar.getProgress());
                playtime.setText(toTime(seekbar.getProgress()));
            }
        }
});
rewindBtn = (ImageButton) findViewById(R.id.rewindBtn);
rewindBtn.setOnClickListener(new OnClickListener() {
        @Override
        public void onClick(View v) {
            CurrentTime = mMediaPlayer.getCurrentPosition();
            if (CurrentTime - 3000 >0)
                mMediaPlayer.seekTo(CurrentTime - 3000);
        }
});
forwardBtn = (ImageButton) findViewById(R.id.forwardBtn);
forwardBtn.setOnClickListener(new OnClickListener() {
        @Override
        public void onClick(View v) {
            CurrentTime = mMediaPlayer.getCurrentPosition();
            if (CurrentTime + 3000 < CountTime)
                mMediaPlayer.seekTo(CurrentTime + 3000);
        }
});
latestBtn = (ImageButton) findViewById(R.id.lastOne);
latestBtn.setOnClickListener(new View.OnClickListener() {
        @Override
        public void onClick(View v) {
            if (id > 0) {
                id--;
            } else {
                id = list.size() - 1;
            }
            initlrc();
            creatmedia();
        }
```

```
        });
        nextBtn = (ImageButton) findViewById(R.id.nextOne);
        nextBtn.setOnClickListener(new View.OnClickListener() {
            @Override
            public void onClick(View v) {
                if (id < list.size() - 1) {
                    id++;
                } else {
                    id = 0;
                }
                initlrc();
                creatmedia();
            }
        });
    }
    /**
     * 初始化播放器
     */
    private void creatmedia() {
        if(mMediaPlayer !=null){
            mMediaPlayer.pause();
            mMediaPlayer.stop();
            mMediaPlayer = null;
        }
        if (mMediaPlayer == null) {
            mMediaPlayer = new MediaPlayer();
            try {
                mMediaPlayer.setDataSource(list.get(id).getUrl());
            } catch (Exception e) {
            }
        } else {
            try {
                mMediaPlayer.setDataSource(list.get(id).getUrl());
            } catch (Exception e) {
            }
```

```
        }
        try {
            mMediaPlayer.prepare();
        } catch (IllegalStateException e) {
            e.printStackTrace();
            Log.i("kill",e.toString());
        } catch (IOException e) {
            e.printStackTrace();
        }
        mMediaPlayer.start();
        flag = STATE_PAUSE;
        seekbar.setMax(mMediaPlayer.getDuration());
        durationTime.setText(toTime(mMediaPlayer.getDuration()));
    }
    /**
     * 读取歌词
     */
    public String refreshView(String path) {
        String uri = path.substring(0, path.length() - 4) + ".lrc";
        return uri;
    }
    Handler mHandler = new Handler();
    Runnable mRunnable = new Runnable() {
        public void run() {
            mLyricView.SetIndex(Index());
            mLyricView.invalidate();
            mHandler.postDelayed(mRunnable, 100);
        }
    };
    public int Index() {
        if (mMediaPlayer.isPlaying()) {
            CurrentTime = mMediaPlayer.getCurrentPosition();
            CountTime = mMediaPlayer.getDuration();
            seekbar.setProgress(CurrentTime);
            playtime.setText(toTime(CurrentTime));
```

```
                }
        if (CurrentTime < CountTime) {
            for (int i = 0; i < LyricList.size(); i++) {
                if (i < LyricList.size() - 1) {
                    if (CurrentTime < LyricList.get(i).getLyricTime() && i ==
                                0) {
                        index = i;
                    }
                    if (CurrentTime > LyricList.get(i).getLyricTime()
                            && CurrentTime < LyricList.get(i + 1).
                            getLyricTime()) {
                        index = i;
                    }
                }
                if (i == LyricList.size() - 1&& CurrentTime > LyricList.get(i).
                        getLyricTime()) {
                    index = i;
                }
            }
        }else{
            if (id < list.size() - 1) {
                id++;
            } else {
                id = 0;
            }
            initlrc();
            creatmedia();
        }
        return index;
    }
    /**
     * 时间格式转换函数
     *
     * @param time
     * @return
```

```
     */
    public String toTime(int time) {
        time = time/1000;
        int minute = time / 60;
        int second = time % 60;
        return minute+":"+second;
    }
    @Override
    protected void onDestroy() {
        super.onDestroy();
        mHandler.removeCallbacks(mRunnable);
        if(mMediaPlayer !=null){
            mMediaPlayer.pause();
            mMediaPlayer.stop();
            mMediaPlayer = null;
        }
    }
    @Override
    protected void onStop() {
        super.onStop();
    }
}
```

Android提供了丰富的多媒体表现形式，使用MediaPlayer类来完成多媒体播放。

➢ mMediaPlayer.prepare()方法，Android通过控制播放器的状态的方式来控制媒体文件的播放，prepare()提供了同步方式设置播放器进入prepare状态，需要注意的是，如果MediaPlayer实例是由create方法创建的，那么第一次启动播放前不需要再调用prepare()了，因为create方法里已经调用过了。

➢ mMediaPlayer.getCurrentPosition()方法获取当前播放的位置。

➢ mMediaPlayer.seekTo(CurrentTime - 3000)是定位方法，可以让播放器从指定的位置开始播放，需要注意的是该方法是个异步方法，也就是说该方法返回时并不意味着定位完成，尤其是播放的网络文件，真正定位完成时会触发OnSeekComplete.onSeekComplete()，如果需要是可以调用setOnSeekCompleteListener(OnSeekCompleteListener)设置监听器来处理的。

➢ mMediaPlayer.setDataSource(list.get(id).getUrl())方法指定装载path路径所代表的文件。

Tips

更多关于MediaPlayer的知识，请扫描以下二维码。

4.4 习题

根据App“音乐播放器”制作一款类似的播放器（见图4.8）。

图4.8　音乐播放器App

1. 标题栏有全部曲目、歌手、专辑几个选项，没点击一个按钮会跳转到相应的界面，要求使用Fragement技术；

2. 点击全部曲目，本地的所有曲目都会在本页列表；

3. 点击列表中的曲目，就开始播放，在播放过程中，可以点击上一首下一首进行切换；

4. 点击标题栏中的歌手按钮，将会按照歌手的不同进行分类，点击某一个歌手，将会跳转找这个歌手的歌曲列表；

5. 加分项：嵌入广告。

4.5 评价

制作音乐播放器App任务，目的在于培养学生利用Android多媒体操作类实现对音频的播放。为了达到预期的效果，现给出对本任务的相关评定。

1. 知识点掌握情况评价

表 4.2　知识点掌握情况评价表

编号	知识点	得分	评分标准
1	Eclipse 的使用		1. 每一项得分值分别百分制，综合得分为相应指标的算术平均构成； 2. 大于 90 分：能够清楚描述知识点内容； 3. 80 到 90 分：能够相对清楚描述知识点内容 4. 60 到 80 分：能够大致描述知识点内容； 5. 低于 60 分：不能描述知识点内容； 6. 最终成绩＝每项得分的算术平均。大于 90 分得 A，80 到 90 分得 B，60 到 80 分得 C，低于 60 分得 D
2	Java 语言的使用		
3	ListView		
4	MediaBase		
5	LrcRead		
6	LyricView		
7	SeekBar		
8	MediaPlayer		
9	BaseAdapter		
10	复写 getView 方法		
11	Cursor		
12	Paint		
13	Canvas		
总得分			

2. 成果评价

表 4.3　成果评价

功能模块	功能指标	得分	综合得分	权值	评分标准
音频文件列表	1. 界面布局合理，包含需求规定的信息元素			25%	1. 每一项得分值分别百分制，综合得分为相应指标的算术平均构成； 2. 大于 90 分：满足功能要求，没有任何 Bug； 3. 80 到 90 分：满足功能功能，存在少量 Bug； 4. 60 到 80 分：基本满足功能要求，有大量 Bug； 5. 低于 60 分：不满足功能要求； 6. 最终成绩＝每大项综合得分*权值之和。大于 90 分得 A，80 到 90 分得 B，60 到 80 分得 C，低于 60 分得 D
	2. 能够获取手机本地的所有音频文件，并能列表显示				
视频文件列表	1. 界面布局合理，包含需求规定的信息			25%	
	2. 能够获取手机本地的所有视频文件，并能列表显示。				
播放	1. 点击音频文件，能够进入音频文件播放界面，并能进行相应的控制			10%	
	2. 点击视频文件，能够进入视频文件播放界面，并能进行相应的控制				
最终成绩：					

3. 能力评价

表 4.4　能力评价表

功能模块	功能指标	得分	综合得分	权值	评分标准
设计思路	对需求理解的掌握			40%	1. 每一项得分值分别百分制，综合得分为相应指标的算术平均构成； 2. 大于90分：满足功能要求，没有任何Bug； 3. 80到90分：满足功能功能，存在少量Bug； 4. 60到80分：基本满足功能要求，有大量Bug； 5. 低于60分：不满足功能要求； 6. 最终成绩=每大项综合得分*权值之和。大于90分得A，80到90分得B，60到80分得C，低于60分得D
	需求文档编写				
	概要设计文档的编写				
	详细设计文档的编写				
知识掌握	熟悉软件工程开发流程			40%	
	掌握Android对手机本地文件的查询功能				
	掌握Android对音频和视频文件的播放功能				
	掌握Android相关事件的编写应用				
通用能力	熟悉相关法律法规，法制观念强，熟悉相关政策，对知识产权有一定的意识			20%	
	具有良好职业道德、沟通技巧、语言表达和写作能力				
	具有良好合作能力				
	具有熟练的文档编写能力				
最终成绩：					

4.6　小结

该任务主要介绍的是Android的MediaPlayer类，通过该类我们可以实现对音频、视频的播放功能，具体该类的操作也非常方便。

MediaPlayer要播放的文件主要包括3个来源：

（1）用户在应用中事先自带的resource资源

例如：MediaPlayer.create(this, R.raw.test)。

（2）存储在SD卡或其他文件路径下的媒体文件

例如：mp.setDataSource("/sdcard/test.mp3")。

（3）网络上的媒体文件

例如：mp.setDataSource("http://www.citynorth.cn/music/confucius.mp3")。

4.7 教学策略讨论

该音乐播放器App实现了播放本地音频文件的功能。该任务的重点在于掌握Android的MediaPlayer类的应用及如何扫描SD卡文件的功能。

1. 在引进工程的时候，要先介绍清楚这个App到底是干什么的，有哪些按钮，每个按钮点击有什么效果。

2. 让学生在课堂内完成代码补全任务，可以激发学生的兴趣和帮助他们回忆知识。

3. 在讲seakbar的时候，让学生自己练习一下实现不同效果的进度条。

4. 让学生明白了这个任务需要达到的效果后，要介绍该任务需要用到的核心技术、MediaPlayer、如何获得MediaPlayer实例、如何设置要播放的文件等。

5. 代码段LyricView.java中，LyricView继承至TextView，复写了onDraw()方法，这个画图的过程最好用一个动画来展示。在本段代码中，用到了绘图知识，可以使用一些比较具体的比喻来讲解。

6. 代码段LrcRead.java中，对歌词的读取，要复习一下文件读取。对歌词的解析，要先分析一下歌词的结构。

7. 有些概念，学生可能需要更多的案例讲解，这个时候给出一定的时间，让学生扫描教材上的二维码学习。

8. 对学生的评价可以采用学生之间互评的方式，要求学生要从功能实现，代码效率，知识点掌握等方面来评价。

9. 学生可能看得懂代码，但是关上书可能并不能写出来，这个时候可以使用一个与教材上项目类似的项目来测试学生，对学生的基本要求是要知道在哪里改代码。

10. 提醒学生可以用手机扫描书上的二维码来获取相关补充知识。

任务五：导航App制作——位置与地图

目标：

通过专题学习，你应该能够：

- 理解软件工程的开发过程；
- 掌握BaiduMap的基础知识；
- 掌握Android平台对BaiduMap操作的相关知识；
- 掌握Android地图位置服务开发App应用的技能。

本领域主要介绍Android中使用BaiduMap来开发基于位置服务的相应App应用，具体来看，包括如下两点。

（1）什么是百度地图Android SDK

百度地图Android SDK是一套基于Android 2.1及以上版本设备的应用程序接口，可以通过该接口实现丰富的LBS功能：

地图：提供地图（2D、3D）的展示和缩放、平移、旋转、改变视角等地图操作；

POI检索：Point of Interest——兴趣点可根据关键字，对POI数据进行周边、区域和城市内三种检索；

地理编码：提供地理坐标和地址之间相互转换的能力；

线路规划：支持公交信息查询、公交换乘查询、驾车线路规划和步行路径检索；

覆盖物：提供多种地图覆盖物（自定义标注、几何图形、文字绘制、地形图图层、热力图图层等），满足开发者的各种需求；

定位：采用多种定位模式，使用定位SDK获取位置信息，使用地图SDK我的位置图层进行位置展示；

离线地图：支持使用离线地图，节省用户流量，同时为用户带来更好的地图体验；

调启百度地图：利用SDK接口，直接在本地打开百度地图客户端或WebApp，实现地图功能；

周边雷达：利用周边雷达功能，开发者可在App内低成本、快速实现查找周边使用相同App的用户位置的功能；

LBS云检索：支持用户检索存储在LBS云内的自有POI数据，并展示；

特色功能：提供短串分享、Place详情检索、热力图等特色功能，帮助开发者搭建功能更加强大的应用。

（2）什么是百度地图的Key

在使用百度地图SDK为您提供的各种LBS能力之前，您需要获取百度地图移动版的开发密钥，该密钥与你的百度账户相关联。因此，您必须先有百度账号，才能获得开发密钥，并且，该密钥与您创建的过程名称有关，具体流程请参考如下介绍。

Key的申请地址为：http://lbsyun.baidu.com/apiconsole/key

注意：

①为了给用户提供更安全的服务，Android SDK自v2.1.3版本开始采用了全新的Key验证体系。因此，当选择使用v2.1.3及之后版本的SDK时，需要到新的Key申请页面进行全新Key的申请（新旧key不可通用）。

②新Key机制，每个Key仅对于1个应用验证有效，即对该Key配置环节中使用的包名匹配的应用有效。因此，多个应用【包括多个包名】需申请多个Key，或者对1个Key进行多次配置。

③在新Key机制下，若你需要在同一个工程中同时使用百度地图、定位、导航SDK可以共用同一个Key。

④如果您在Android SDK开发过程中使用了LBS云服务则需要为该服务单独申请一个for server类型的密钥。

5.1 任务描述与目标

宇洁今天出差到外地办事，一路上听着自己编写的音乐播放器播放的音乐，一边打开了手机百度地图App查看了一下到达目的地还有多远，玩的真是不亦乐乎！宇洁突然想到，现在很多App都在使用基于百度地图的位置服务，比如大家熟悉的优步App，那么，也就是说百度地图给我们提供的是一种位置服务，我们只要按照百度的要求与标准，在我们自己的App应用中也是可以使用百度地图的。

所以，宇洁决定使用百度地图提供的接口开发一个基于百度地图位置服务的App软件。

位置服务（LBS，Location Based Services）又称定位服务，LBS是由移动通信网络和卫星定位系统结合在一起提供的一种增值业务，通过一组定位技术获得移动终端的位置信息（如经纬度坐标数据），提供给移动用户本人或他人以及通信系统，实现各种与位置相关的业务。实质上是一种概念较为宽泛的与空间位置有关的新型服务业务。

宇洁给自己的导航App制定了以下的功能：

（1）定位我的位置

在这个功能模块中，可以在定位我当前所在的位置，并在地图上显示。

（2）公交路线查询

在这个功能模块中，可以实现输入起点与终点查询相应的公交线路，并在地图上详细显示公交路线轨迹及换乘信息。

（3）搜索周边

在这个功能模块中，可以当前定位点搜索周边某些信息，并在地图上显示。

该导航App最终实现的效果如下图5.1、5.2、5.3、5.4所示。

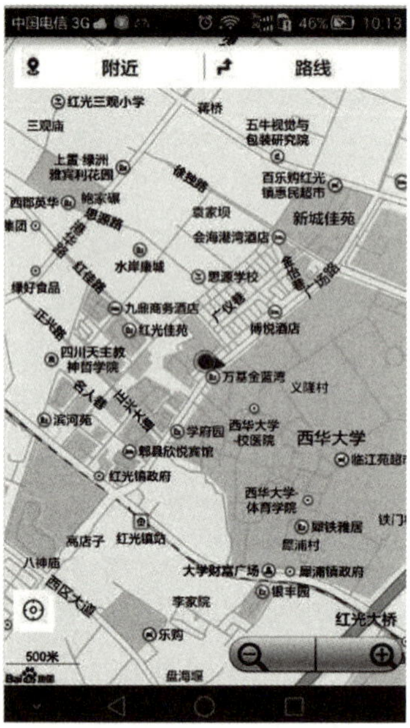

图5.1　获取我的位置功能界面

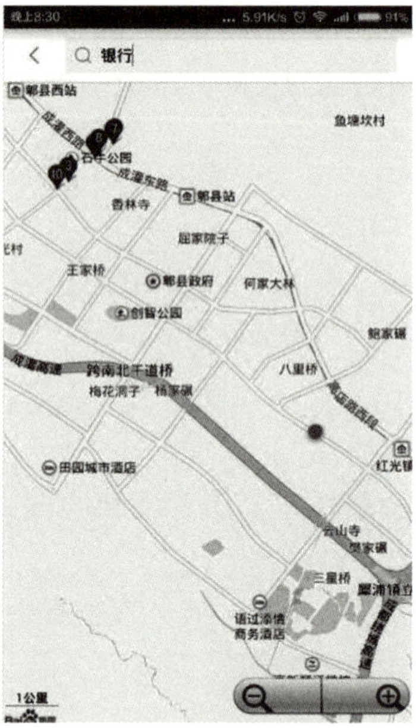

图5.2　查询周边功能界面

图5.3　公交查询功能界面

图5.4　公交线路轨迹功能界面

5.2 任务分析

宇洁查阅百度地图官网后，知道了在Android系统上也是可以使用百度地图API接口进行开发基于位置服务功能的。然后，他明白了要使用百度地图API应该按以下的步骤来操作：

第一，从百度地图官网下载相应的地图SDK包；

第二，将下载来的地图SDK包加载到自己的项目中；

第三，在项目中实现相应的配置；

第四，按照百度地图API技术文档就可以实现相应的功能了。

以下是宇洁按软件工程流程对该导航App进行的分析与设计。那么，你是否也可以对该导航App以你的理解按软件工程流程做出你自己的设计呢？

（具体可以参考附录C、D、E给出的相关文档）

> Tips
>
> 什么是jar包？
>
> jar包就是别人已经写好的一些类，然后将这些类进行打包，你可以将这些jar包引入你的项目中，然后就可以直接使用这些jar包中的类和属性以及方法。别人已经帮你写好了很多代码，你只负责调用，是不是很开心？

5.2.1 导航实现方案和系统模块划分

1. 设计思想

本App应用即使用百度地图API实现定义、公交查询、周边查找功能。

将本导航App按照不同的功能，将不同的业务逻辑编写在不同的层中，以真正实现UI与业务逻辑分层的思想。

2. 结构设计

为了更方便、清晰地展示该导航App具备什么样的功能，我们按照软件工程的流程，画出该导航App的功能结构图，具体如图5.5所示。

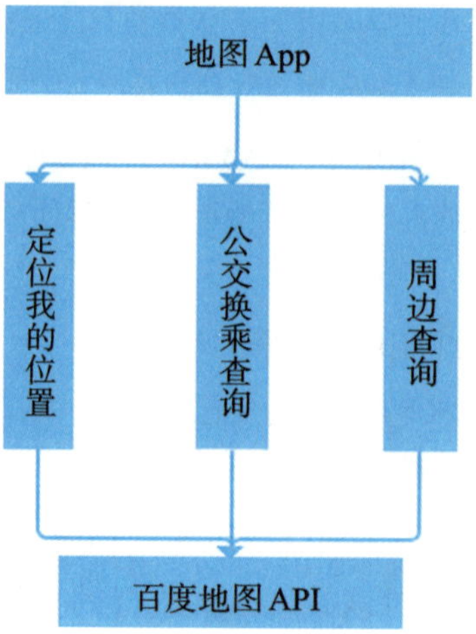

图5.5　地图App系统结构示意图

5.2.2　导航App详细设计

在前面的分析说明中，已解决了实现该系统需求的程序模块设计问题，包括如何把该系统划分成若干个模块、决定各个模块之间的接口、模块之间传递的信息，以及数据表结构、模块结构的设计等，以下将介绍系统的详细设计。

在详细设计阶段，我们将确定应该如何具体地实现所要求的功能，以流程图的方式展示各个功能工作流，从而在编码阶段可以把这个描述直接使用具体的程序语言进行业务功能的实现。

5.2.2.1　定位我的位置流程图

地图App启动后将直接进入地图界面，并同时获取我目前的位置坐标，并在地图上标注出来。定位我的位置模块的操作流程图如图5.6所示。

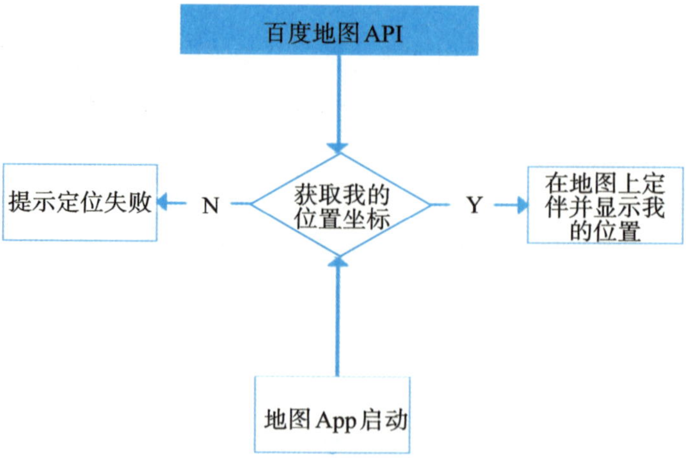

图5.6　定位我的位置模块的操作流程图

5.2.3 公交换乘查询流程图

在地图主界面中，单击顶部的路线按钮，将会进入公交路线查询界面。在公交路线查询界面中，输入起点与终点，点击查询即可列出公交换乘列表，选择某一条路线后，可以在地图上将该路径的轨迹显示出来。公交换乘模块的流程如图5.7所示。

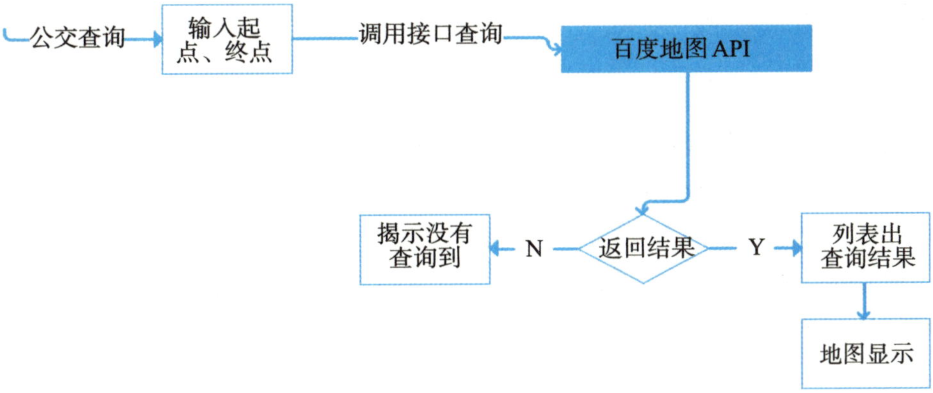

图5.7 公交查询模块的流程图

5.2.3.4 周边查询流程图

在地图主界面中，单击顶部的“附近”按钮，将会进入附近查询界面。在查询界面中，输入要查找的关键字，点击查询即可在地图上标注显示所有查找到的结果。周边查询模块的流程如图5.8所示。

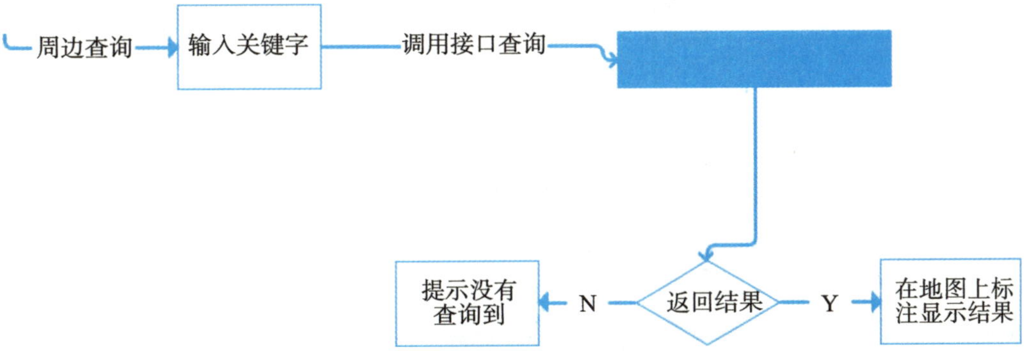

图5.8 周边查询模块的流程图

5.3 任务实施

5.3.1 总体步骤

本任务是使用百度地图提供的接口实现一个基于位置服务方面的App，当我们在正式开发之前，得严格按照软件工程的思路来分析设计。

第一，理清楚App应该具备哪些功能（需求分析）。

第二，如何获取百度地图的SDK。

第三，画出每一个功能模块的业务流程图（详细设计，指导后期的代码实现）。

第四，创建项目（设置项目结构）。

第五，配置百度地图SDK。

第六，编写具体的功能。

第七，调试。

5.3.2　系统编码及实现

根据前面的分析与设计，导航App应用编码前的工作已经完成，接下来就是根据前面的设计进行详细的编码开发了。

5.3.2.1　创建项目

采用Eclipse创建一个Android项目，导航App项目名为：BaiduMap。然后实现如图5.9所示的文件结构。

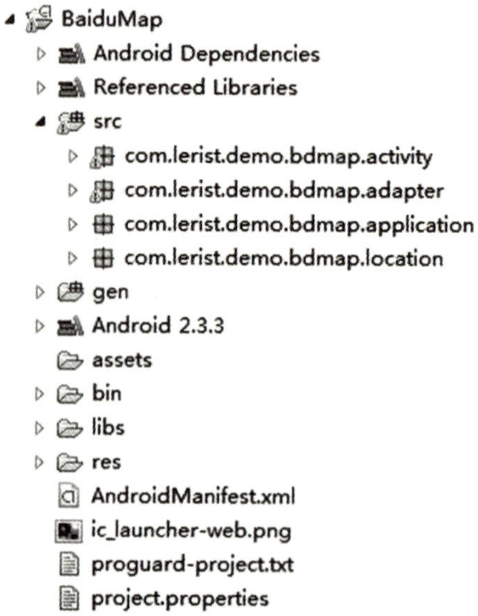

图5.9　地图App系统的文件结构

其中src目录的结构说明如下表5.1所示。

表5.1　src目录的结构说明

目录/文件	说 明
com.lerist.demo.bdmap.activity	存放系统的所有Activity文件
com.lerist.demo.bdmap.adapter	存放数据适配器
com.lerist.demo.bdmap.application	存放实体类
com.lerist.demo.bdmap.location	实现定位的功能

5.3.2.2 创建界面布局文档

1. 地图App主界面布局

地图App主界面主要用于显示百度地图，并可以获取自己的位置显示在地图上的功能。具体效果如图5.10所示。

图5.10 主界面布局图

操作步骤：展示res目录，在layout目录上点击右键创建android xml布局文档activity_main.xml。具体代码如下所示。

代码清单5-1 activity_main.xml

```
<RelativeLayout xmlns:android="http://schemas.android.com/apk/res/android"
  xmlns:tools="http://schemas.android.com/tools"
  android:layout_width="match_parent"
  android:layout_height="match_parent"
  tools:context=".MainActivity">
  <com.baidu.mapapi.map.MapView
    android:id="@+id/main_mapView"
    android:layout_width="match_parent"
    android:layout_height="match_parent"
    android:clickable="true" />
  <LinearLayout
    android:layout_width="match_parent"
    android:layout_height="wrap_content"
    android:layout_alignParentTop="true"
```

```
        android:layout_margin="8dp"
        android:background="#ffffffff"
        android:orientation="horizontal">
        <TextView
            android:id="@+id/main_btn_nearby"
            android:layout_width="0dp"
            android:layout_height="wrap_content"
            android:layout_weight="1"
            android:gravity="center"
            android:padding="8dp"
            android:background="@drawable/btn_bg"
            android:textSize="16sp"
            android:drawableLeft="@mipmap/main_icon_nearby"
            android:text="附近" />
        <LinearLayout                    请补全此处代码
            android:layout_width=
            android:layout_height=
            android:layout_marginBottom=
            android:layout_marginTop=
            android:background=
            android:orientation= />
        <TextView
            android:id="@+id/main_btn_path"
            android:layout_width="0dp"
            android:layout_height="wrap_content"
            android:gravity="center"
            android:layout_weight="1"
            android:background="@drawable/btn_bg"
            android:padding="8dp"
            android:text="路线"
            android:drawableLeft="@mipmap/main_icon_route"
            android:textSize="16sp"/>
    </LinearLayout>
    <ImageView
```

```
        android:id="@+id/main_btn_myloc"
        android:layout_width=
        android:layout_height=                    请补全此处代码
        android:layout_alignParentBottom=
        android:layout_marginBottom=
        android:layout_marginLeft=
        android:background=
        android:src=/>
</RelativeLayout>
```

com.baidu.mapapi.map.MapView，百度地图是通过MapView来进行显示的，一个显示地图的视图（View），它负责从服务端获取地图数据。

小试牛刀

将工程在eclipse里打开，去掉activity_main.xml中要求代码补全部分的代码，然后补全，使其和效果图一致。

2. 查询周边的布局

本布局用于查询周边信息时使用的布局文件，具体如下图5.11所示 。

图5.11　查询周边界面布局图

操作步骤：展示 res 目录，在 layout 目录上点击右键创建 android xml 布局文档 activity_nearby.xml。具体代码如下所示。

代码清单 5-2 activity_nearby.xml

```
<LinearLayout xmlns:android="http://schemas.android.com/apk/res/android"
  xmlns:tools="http://schemas.android.com/tools"
  android:orientation="vertical"
  android:layout_width="match_parent"
  android:layout_height="match_parent"
  android:background="#f5f5f5"
  tools:context="com.lerist.demo.bdmap.activity.NearbyActivity">
  <LinearLayout
    android:layout_width="match_parent"
    android:layout_height="48dp"
    android:background="#ffffffff"
    android:orientation="horizontal">
    <ImageView
      android:id="@+id/nearby_btn_back"
      android:layout_width="wrap_content"
      android:layout_height="match_parent"
      android:src="@mipmap/common_icon_back_btn_normal" />
    <AutoCompleteTextView
      android:id="@+id/nearby_et_search"
      android:layout_width="0dp"
      android:layout_height="match_parent"
      android:layout_marginBottom="8dp"
      android:layout_marginRight="16dp"
      android:layout_marginTop="8dp"
      android:layout_weight="1"
      android:background="#f9f9f9"
      android:drawableLeft="@mipmap/nearby_icon_search"
      android:drawablePadding="8dp"
      android:hint="搜索附近"
      android:imeOptions="actionSearch"
```

```
            android:paddingLeft="8dp"
            android:paddingRight="8dp"
            android:singleLine="true"
            android:textSize="14sp" />
    </LinearLayout>
    <include layout="@layout/line_horizontal" />
    <com.baidu.mapapi.map.MapView
        android:id="@+id/nearby_mapView"
        android:layout_width="match_parent"
        android:layout_height="0dp"
        android:visibility="gone"
        android:layout_weight="1"
        android:clickable="true" />
    </LinearLayout>
```

➢ AutoCompleteTextView控件，在输入框中输入我们想要输入的信息就会出现其他与其相关的提示信息。

➢ android:hint="搜索附近"属性，没有输入内容之前的提示内容。

Tips

更多关于AutoCompleteTextView控件的知识，请扫描以下二维码。

3. 公交查询界面布局

公交查询界面主要实现起点与终点的输入，并将查询到的结果列表显示出来。具体效果如下图5.12所示。

图5.12 公交查询界面布局图

操作步骤：展示res目录，在layout目录上点击右键创建android xml布局文档activity_path.xml。具体代码如下所示。

代码清单5-3 activity_path.xml

```
<LinearLayout xmlns:android="http://schemas.android.com/apk/res/android"
  xmlns:tools="http://schemas.android.com/tools"
  android:layout_width="match_parent"
  android:layout_height="match_parent"
  android:orientation="vertical"
  android:background="#f5f5f5"
  tools:context="com.lerist.demo.bdmap.activity.PathActivity">
  <RelativeLayout
    android:layout_width="match_parent"
    android:layout_height="48dp"
    android:background="#ffffffff">
  <ImageView
      android:id="@+id/path_btn_back"
      android:layout_width="wrap_content"
```

```
            android:layout_height="match_parent"
            android:src="@mipmap/common_icon_back_btn_normal" />
        <TextView
            android:layout_width="wrap_content"
            android:layout_height="match_parent"
            android:layout_centerInParent="true"
            android:gravity="center"
            android:text="公交路线查询"
            android:textColor="#ff222222"
            android:textSize="18sp" />
    </RelativeLayout>
    <include layout="@layout/line_horizontal" />
    <LinearLayout
        android:layout_width="match_parent"
        android:layout_height="wrap_content"
        android:background="#ffffffff"
        android:orientation="horizontal"
        android:layout_marginTop="16dp">
        <ImageView
            android:layout_width="48dp"
            android:layout_height="48dp"
            android:layout_margin="16dp"
            android:layout_gravity="center"
            android:src="@mipmap/route_crosscity_detail_bus" />
        <LinearLayout
            android:layout_width="0dp"
            android:layout_height="wrap_content"
            android:layout_weight="1"
            android:orientation="vertical"
            android:paddingRight="16dp">
            <EditText
             android:id="@+id/path_et_start"
             android:layout_width="match_parent"
             android:layout_height="wrap_content"
             android:background="#00000000"
```

```
            android:drawableLeft="@mipmap/route_crosscity_detail_startpoint"
            android:drawablePadding="8dp"
            android:hint="起点"
            android:padding="8dp"
            android:textColorHint="#44222222"
            android:textSize="16sp" />
        <include layout="@layout/line_horizontal" />
        <EditText
            android:id="@+id/path_et_end"
            android:layout_width=                    请补全此处代码
            android:layout_height=
            android:background=
            android:drawableLeft=
            android:drawablePadding=
            android:hint=
            android:padding=
            android:textColorHint=
            android:textSize= />
    </LinearLayout>
    <TextView
            android:id="@+id/path_btn_search"
            android:layout_width="wrap_content"
            android:layout_height="match_parent"
            android:layout_margin="8dp"
            android:gravity="center"
            android:padding="8dp"
            android:text="搜索"
            android:textSize="18sp" />
    </LinearLayout>
    <ListView
        android:id="@+id/path_lv_result"           请补全此处代码
        android:layout_width=
        android:layout_height=
        android:layout_marginLeft=
```

```
        android:layout_marginRight=
        android:layout_marginTop=
        android:background=
        android:divider=
        android:dividerHeight= />
</LinearLayout>
```

小试牛刀

将工程在eclipse里打开，去掉activity_main.xml中要求代码补全部分的代码，然后补全，使其和效果图一致。

4. 公交线路轨迹界面布局

在公交查询界面点击某一查询到的公交线路后，点击即可进入地图轨迹展示，其界面如下所示。具体效果如图5.13所示。

图5.13　公交线路轨迹界面布局图

操作步骤：展示res目录，在layout目录上点击右键创建android xml布局文档activity_route_line.xml。具体代码如下所示。

代码清单5-4 activity_route_line.xml

```
<LinearLayout xmlns:android="http://schemas.android.com/apk/res/android"
  xmlns:tools="http://schemas.android.com/tools"
```

```
    android:layout_width="match_parent"
    android:layout_height="match_parent"
    android:orientation="vertical"
    tools:context="com.lerist.demo.bdmap.activity.RouteLineActivity">
    <RelativeLayout
        android:layout_width="match_parent"
        android:layout_height="48dp"
        android:background="#ffffffff">
        <ImageView
            android:id="@+id/routeline_btn_back"
            android:layout_width="wrap_content"
            android:layout_height="match_parent"
            android:src="@mipmap/common_icon_back_btn_normal" />
        <TextView
            android:layout_width="wrap_content"
            android:layout_height="match_parent"
            android:layout_centerInParent="true"
            android:gravity="center"
            android:text="公交路线"
            android:textColor="#ff222222"
            android:textSize="18sp" />
</RelativeLayout>
<include layout="@layout/line_horizontal" />
<com.baidu.mapapi.map.MapView
        android:id="@+id/routeline_mapView"
        android:layout_width="match_parent"
        android:layout_height="match_parent"
        android:clickable="true" />
</LinearLayout>
```

本项目中多次用到了line_horizontal.xml来实现一根横线，如果每次在这里写实现代码，就会有大量的重复代码，且可读性也很差，所以我们可以把相同布局的代码单独写成一个模块，然后用到的时候可以通过<include />标签来重用layout代码。

5. 其他布局

操作步骤：展示res目录，在layout目录上点击右键创建android xml布局文档

line_horizontal.xml。本布局实现了一根横线，具体代码如下所示。

代码清单5-5 line_horizontal.xml

```
<?xml version="1.0" encoding="utf-8"?>
<LinearLayout xmlns:android="http://schemas.android.com/apk/res/android"
    android:orientation="horizontal" android:layout_width="match_parent"
    android:layout_height="1px"
    android:background="#d4d4d4">
</LinearLayout>
```

操作步骤：展示res目录，在layout目录上点击右键创建android xml布局文档routeline_item.xml。具体代码如下所示。

代码清单5-6 routeline_item.xml

```
<?xml version="1.0" encoding="utf-8"?>
<LinearLayout xmlns:android="http://schemas.android.com/apk/res/android"
    android:layout_width="match_parent"
    android:layout_height="wrap_content"
    android:orientation="vertical">
    <TextView
        android:id="@+id/routeline_item_vehicleInfo"
        android:layout_width="match_parent"
        android:layout_height="wrap_content"
        android:background="#ffffffff"
        android:paddingLeft="16dp"
        android:paddingRight="16dp"
        android:paddingTop="8dp"
        android:textColor="#ee000000"
        android:textSize="18sp" />
    <LinearLayout
        android:layout_width="match_parent"
        android:layout_height="wrap_content"
        android:background="#ffffffff"
        android:orientation="horizontal"
```

```
        android:padding="8dp">
        <TextView
            android:id="@+id/routeline_item_duration"
            android:layout_width="wrap_content"
            android:layout_height="wrap_content"
            android:paddingLeft="8dp"
            android:paddingRight="8dp"
            android:textSize="14sp" />
        <LinearLayout
            android:layout_width="1dp"
            android:layout_height="match_parent"
            android:background="#66222222"
            android:orientation="horizontal" />
        <TextView
            android:id="@+id/routeline_item_passstationnum"
            android:layout_width="wrap_content"
            android:layout_height="wrap_content"
            android:paddingLeft="8dp"
            android:paddingRight="8dp"
            android:textSize="14sp" />
    </LinearLayout>
</LinearLayout>
```

5.3.2.3 地图App相关类的实现

在上面我们已经创建好Android项目，并在layout中创建好系统所有用到的布局文档了，那接下来就是将地图App的相应功能单独以操作类的形式编写好，以方便在开发时，直接调用该类的相应方法即可实现相应的功能。

1. 数据适配器类

公交查询的结果将以列表的形式展示，这里我们只有通过将获取到的所有结果信息以数据适配器的形式才可以绑定到ListView控件上，所以我们第一步实现的就是数据适配器类。

操作步骤：展开 src 目录，创建一个包，名称为com.lerist.demo.bdmap.adapter，然后在该包下创建一个数据适配器类RouteLineAdapter.java。具体参考代码如下所示。

代码清单5-7 RouteLineAdapter.java

```
package com.lerist.demo.bdmap.adapter;
// 使用快捷键Ctrl+Shift+O快速生成需要的import代码段
public class RouteLineAdapter extends BaseAdapter {
    private final Context context;
    private final List<TransitRouteLine> transitRouteLines;
    private final LayoutInflater inflater;
public RouteLineAdapter(Context context,
List<TransitRouteLine> transitRouteLines) {
        this.context = context;
        this.transitRouteLines = transitRouteLines;
        inflater = LayoutInflater.from(context);
    }
    @Override
    public int getCount() {
        return transitRouteLines.size();
    }
    @Override
    public Object getItem(int position) {
        return transitRouteLines.get(position);
    }
    @Override
    public long getItemId(int position) {
        return position;
    }
    @Override
    public View getView(int position, View convertView, ViewGroup parent) {
        View view = null;
        if (convertView == null) {
            view = inflater.inflate(R.layout.routeline_item, null);
        } else {
            view = convertView;
        }
        TextView tv_vehicleInfo = (TextView) view.findViewById(R.id.
                                        routeline_item_vehicleInfo);
```

```
        TextView tv_duration = (TextView) view.findViewById(R.id.
                                    routeline_ item_duration);
        TextView tv_passstationnum = (TextView) view.findViewById(R.id.
                                    routeline_ item_passstationnum);
        TransitRouteLine transitRouteLine = transitRouteLines.get(position);
        String routeTitle = "";
        int passstationnum = 0;
        for (TransitRouteLine.TransitStep transitStep : transitRouteLine.getAllStep()) {
            VehicleInfo vehicleInfo = transitStep.getVehicleInfo();
            if (vehicleInfo != null) {
                String s = "→";
                if (routeTitle.isEmpty()) {
                    s = "";
                }
                routeTitle += s + vehicleInfo.getTitle();
                passstationnum += vehicleInfo.getPassStationNum();
            }
        }
        tv_duration.setText("约" + transitRouteLine.getDuration() / 60 + "分钟");
        tv_vehicleInfo.setText(routeTitle);
        tv_passstationnum.setText(passstationnum + "站");
        return view;
    }
}
```

➢ 对于BaseAdapter的继承，请参看前面章节，主要是要复写getView()方法。

➢ TransitRouteLine类，表示一个换乘路线，换乘路线将根据既定策略调配多种交通工具。换乘路线可能包含城市公交路段、地铁路段、步行路段。

➢ TransitRouteLine.TransitStep类，表示一个换乘路段。

➢ transitRouteLine.getAllStep()方法，获取路线中的所有路段。

➢ VehicleInfo类，路线换乘方案里的交通工具信息交通工具包括公交、地铁。

➢ vehicleInfo.getTitle()方法获取该交通路线的名称。

➢ vehicleInfo.getPassStationNum()方法获取该交通路线的所乘站数。

➢ transitStep.getVehicleInfo()方法，当路段为公交路段或地铁路段时，可以获取交通工具信息。

2. AppApplication类

AppApplication类继承于Application类的应用，实现对百度地图接口的初始化作用。

操作步骤：展开src目录，创建一个包，名称为：com.lerist.demo.bdmap.application，然后在该包下创建一个类：AppApplication.java。具体参考代码如下所示。

代码清单5-8 AppApplication.java

```
package com.lerist.demo.bdmap.application;
// 使用快捷键Ctrl+Shift+O快速生成需要的import代码段
public class AppApplication extends Application {
    @Override
    public void onCreate() {
        super.onCreate();
        //初始化百度SDK
        SDKInitializer.initialize(this);
    }
}
```

在平时的开发中，有时候可能会需要一些全局数据，来让应用中的所有Activity和View都能访问到，在遇到这种情况时，初学者可能首先会想到自己定义一个类，然后创建很多静态成员。但是这种方法不符合Android的框架架构，不过Andorid已经为我们提供了这种情况的解决方案：在Android中，有一个名为Application的类，开发者可以在Activity中使用getApplication()方法来获得，它是代表开发者的应用程序的类，使用它可以获得当前应用的主题、资源文件中的内容等，这个类更灵活的一个特性就是可以被继承，用来来添加全局属性。就可以让整个App的Activity和View都能访问到。

3. 定位我的位置类

实现获取当前我的位置坐标信息的类。

操作步骤：展开src目录，创建一个包，名称为com.lerist.demo.bdmap.location，然后在该包下创建一个类LocationApp.java。具体参考代码如下所示。

代码清单5-9 LocationApp.java

```
package com.lerist.demo.bdmap.location;
// 使用快捷键Ctrl+Shift+O快速生成需要的import代码段
public class LocationApp {
```

```
public static final int FLAG_GETLOCATION_SUCCESS = 100;
public static final int FLAG_GETLOCATION_FAIL = 200;
private Handler handler;
public LocationClient mLocationClient = null;
public BDLocationListener myListener = null;
private String tempcoor = "bd09ll";
public LocationApp(Context context, Handler handler) {
    mLocationClient = new LocationClient(context);
    myListener = new LocationListener();
    mLocationClient.registerLocationListener(myListener);
    this.handler = handler;
}
private void initLocation() {
    LocationClientOption option = new LocationClientOption();//设置定位模式
    option.setLocationMode(LocationClientOption.
                          LocationMode.Hight_Accuracy);
//返回的定位结果是百度经纬度，默认值gcj02
    option.setCoorType(tempcoor);
    option.setScanSpan(1000);//设置发起定位请求的间隔时间为1000ms
    option.setIsNeedAddress(true);
    option.setOpenGps(true);//可选，默认false,设置是否使用GPS
    //可选，默认false，设置是否当GPS有效时按照1S1次频率输出GPS结果
    option.setLocationNotify(true);
    mLocationClient.setLocOption(option);
}

// 获取当前位置信息(省份-城市-街道-经度-纬度)
public void getCurrentLocation() {

    //开始定位
    start();
    //发起定位请求
    if (mLocationClient != null && mLocationClient.isStarted()) {
        Log.i("", mLocationClient.requestLocation() + "");
```

```
        } else {
            Log.d("LocSDK5", "locClient is null or not started");
        }
    }
    public class LocationListener implements BDLocationListener {
        @Override
        public void onReceiveLocation(BDLocation location) {
            if (location == null)
                return;
            StringBuffer sb = new StringBuffer(256);
            sb.append("time : ");
            sb.append(location.getTime());
            sb.append("\nerror code : ");
            sb.append(location.getLocType());
            sb.append("\nlatitude : ");
            sb.append(location.getLatitude());
            sb.append("\nlontitude : ");
            sb.append(location.getLongitude());
            sb.append("\nradius : ");
            sb.append(location.getRadius());
            if (location.getLocType() == BDLocation.TypeGpsLocation) {
                sb.append("\nspeed : ");
                sb.append(location.getSpeed());
                sb.append("\nsatellite : ");
                sb.append(location.getSatelliteNumber());
            }
            else if (location.getLocType() == BDLocation.TypeNetWorkLocation) {
                sb.append("\naddr : ");
                sb.append(location.getAddrStr());
                Message msg = new Message();
                Bundle data = new Bundle();
                data.putString("Addr", location.getAddrStr());
                data.putFloat("Radius", location.getRadius());
                data.putString("Province", location.getProvince());//获取省份信息
                data.putString("City", location.getCity());
```

```
            data.putString("District", location.getDistrict());//获取区县信息
            data.putString("Street", location.getStreet());//获取街道信息
         //获取街道编号信息
            data.putString("HouseNum", location.getStreetNumber());
            data.putDouble("Latitude", location.getLatitude());
            data.putDouble("Longitude", location.getLongitude());
            msg.setData(data);
            msg.what = FLAG_GETLOCATION_SUCCESS;
            if (location.getLatitude() == 0d && location.getLatitude() == 0d) {
               msg.what = FLAG_GETLOCATION_FAIL;
            }
            handler.sendMessage(msg);
         }
         Log.i("", sb.toString());
         mLocationClient.stop();
      }
   }
   //开始定位
   public void start() {
      //初始化参数
      initLocation();
      if (mLocationClient != null && mLocationClient.isStarted() == false) {
         mLocationClient.start();
         Log.i("", "started:" + mLocationClient.isStarted());
      }
   }
   // 停止定位
   public void stop() {
      if (mLocationClient != null) {
         mLocationClient.stop();
      }
   }
}
```

➢ LocationClient类，定位服务的客户端。宿主程序在客户端声明此类，并调用。

➢ LocationClientOption类，用来设置定位SDK的定位方式。

➢ option.setLocationMode(LocationClientOption.LocationMode.Hight_Accuracy) 方法，设置定位模式为高精度定位模式，在这种定位模式下，会同时使用网络定位和 GPS 定位，优先返回最高精度的定位结果。

➢ option.setCoorType(tempcoor)方法，设置坐标类型。coorType - 取值有 3 个：返回国测局经纬度坐标系：gcj02；返回百度墨卡托坐标系 bd09；返回百度经纬度坐标系 bd09ll。此处返回的 bd09ll，采用的是百度经纬度坐标系。

➢ option.setScanSpan(1000)方法，设置扫描间隔为 1000 毫秒。

➢ option.setIsNeedAddress(true)方法，设置是否需要地址信息。

➢ option.setLocationNotify(true)方法，设置是否当 GPS 有效时按照 1 秒 1 次的频率输出 GPS 结果。

➢ location.getTime()方法，返回当前定位时间。

➢ location.getLocType()方法，获取定位类型。

➢ location. getLatitude ()方法，获取纬度坐标。

➢ location. getLongitude ()方法，获取经度坐标。

➢ location. getRadius ()方法，获取定位精度。

➢ BDLocation.TypeGpsLocation，定位结果描述：GPS 定位结果。TypeGpsLocation 是常量。

➢ location.getSpeed() 方法，获取速度，仅 GPS 定位结果时有速度信息。

➢ location.getSatelliteNumber() 方法，GPS 定位结果时，获取 GPS 锁定用的卫星数。

➢ BDLocation.TypeNetWorkLocation 定位结果描述：网络定位结果。TypeNetWorkLocation 是常量。

➢ location.getAddrStr() 方法，获取详细地址信息。

➢ bundle 类用作携带数据，它类似于 Map，用于存放键值对形式的值，多应用于 Activity 之间相互传递值，它的 putString() 方法即是压入键值对。

5.3.2.4 获取我的位置 Activity 实现

获取我的位置功能，是本系统的主界面。将我的位置坐标获取后在地图上定位并标注显示。具体实现后的界面如图 5.14 所示。

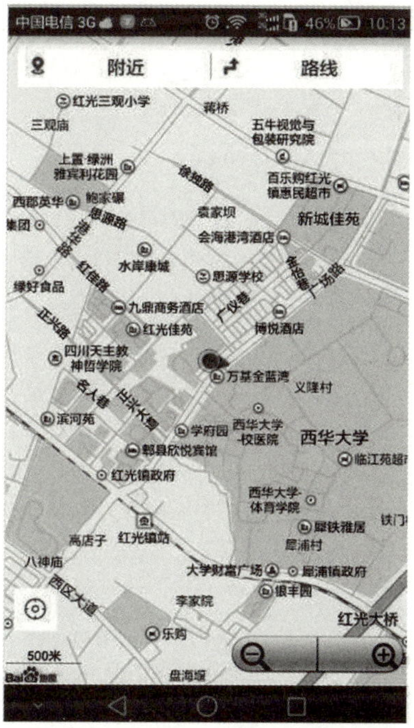

图 5.14 获取我的位置功能界面

实现思路如下：

（1）创建主界面 Activity；

（2）给 Activity 指定界面布局文件；

（3）调用定位类的方法获取定位信息，加载地图并在地图上显示；

（4）给相关控件编写点击事件等。

具体的实现参考代码如下。

代码清单 5-10 MainActivity.java

```
package com.lerist.demo.bdmap.activity;
// 使用快捷键 Ctrl+Shift+O 快速生成需要的 import 代码段
public class MainActivity extends Activity {
    private MapView mapView;
    private MyLocationConfiguration.LocationMode mCurrentMode;
    private BaiduMap mBaiduMap;
    private LocationApp locationApp;
    private boolean isFirstLoc = true; //是否首次定位
    @Override
    protected void onCreate(Bundle savedInstanceState) {
        super.onCreate(savedInstanceState);
        setContentView(R.layout.activity_main);
        initData();
        initView();
    }
    private void initData() {
        //获取位置信息
        locationApp = new LocationApp(this, handler);
        locationApp.getCurrentLocation();
    }
    // 初始化视图
    private void initView() {
        mapView = (MapView) findViewById(R.id.main_mapView);
        TextView btn_nearby = (TextView) findViewById(R.id.main_btn_nearby);
        TextView btn_path = (TextView) findViewById(R.id.main_btn_path);
        ImageView btn_myloc = (ImageView) findViewById(R.id.main_btn_myloc);
        btn_nearby.setOnClickListener(onClickListener);
```

```
    btn_path.setOnClickListener(onClickListener);
    btn_myloc.setOnClickListener(onClickListener);
    mCurrentMode = MyLocationConfiguration.LocationMode.NORMAL;
    mBaiduMap = mapView.getMap();
    MapStatusUpdate msu = MapStatusUpdateFactory.zoomTo(15.0f);
    mBaiduMap.setMapStatus(msu);
        mBaiduMap.setMyLocationConfigeration(new     MyLocationConfiguration
        (mCurrentMode, true, null));
}
// 显示当前位置图层
private void showMap(double latitude, double longtitude, float radius) {
    // 开启定位图层
    mBaiduMap.setMyLocationEnabled(true);
    MyLocationData locData = new MyLocationData.Builder().
                                        accuracy(radius)
            // 此处设置开发者获取到的方向信息，顺时针0-360
            .direction(100).latitude(latitude)
            .longitude(longtitude).build();
    mBaiduMap.setMyLocationData(locData);
    if (isFirstLoc) {
        LatLng ll = new LatLng(latitude,longtitude);
        MapStatusUpdate u = MapStatusUpdateFactory.newLatLng(ll);
        mBaiduMap.animateMapStatus(u);
    }
}
private View.OnClickListener onClickListener = new View.OnClickListener() {
    @Override
    public void onClick(View v) {
        switch (v.getId()) {
            case R.id.main_btn_nearby:
                Intent intent = new Intent(MainActivity.this, NearbyActivity.class);
                intent.putExtra("City",city);
                intent.putExtra("Latitude",latitude);
                intent.putExtra("Longitude",longitude);
                intent.putExtra("Radius",radius);
```

```
                startActivity(intent);
                break;
            case R.id.main_btn_path:
                Intent intent1 = new Intent(MainActivity.this, PathActivity.class);
                intent1.putExtra("City",city);
                startActivity(intent1);
                break;
            case R.id.main_btn_myloc:
                //获取当前位置并切换到
                locationApp.getCurrentLocation();
                break;
        }
    }
};
private String city = "";
private double latitude;
private double longitude;
private float radius;
private Handler handler = new Handler() {
    @Override
    public void handleMessage(Message msg) {
        switch (msg.what) {
            case LocationApp.FLAG_GETLOCATION_SUCCESS:
                city = msg.getData().getString("City");
                latitude = msg.getData().getDouble("Latitude");
                longitude = msg.getData().getDouble("Longitude");
                radius = msg.getData().getFloat("Radius");
                showMap(latitude, longitude, radius);
                break;
        }
    }
};
@Override
protected void onDestroy() {
    super.onDestroy();
```

```
        //关闭定位图层
        mBaiduMap.setMyLocationEnabled(false);
        //在activity执行onDestroy时执行mapView.onDestroy()，实现地图生命周
        //期管理
        mapView.onDestroy();
        //停止获取位置
        locationApp.stop();
    }
    @Override
    protected void onResume() {
        super.onResume();
        //在activity执行onResume时执行mapView. onResume ()，实现地图生命
        //周期管理
        mapView.onResume();
    }
    @Override
    protected void onPause() {
        super.onPause();
        //在activity执行onPause时执行mapView. onPause ()，实现地图生命周期管理
        mapView.onPause();
    }
}
```

➢ MyLocationConfiguration.LocationMode.NORMAL，更新定位数据时不对地图做任何操作。

➢ MapStatusUpdateFactory.zoomTo（15.0f），设置地图缩放级别。

➢ mBaiduMap.setMapStatus（msu），改变地图状态。

➢ mBaiduMap.setMyLocationEnabled（true），打开定位图层，地图可以包含一个或多个图层，每个图层在每个级别都是由若干个图块组成的，它们覆盖了地图的整个表面。例如用户看到的包括街道、兴趣点（POI）、学校、公园等内容的地图展现就是一个图层，另外交通流向的展现也是通过图层来实现的。

➢ mBaiduMap.setMyLocationData（locData）方法，设置定位数据，只有先允许定位图层后设置数据才会生效。

➢ LatLng（latitude，longtitude）类，地理坐标基本数据结构。

➢ MapStatusUpdateFactory.newLatLng（ll）方法，设置地图新中心点。

➢ mBaiduMap.animateMapStatus（u）方法，以动画方式更新地图状态，动画耗时 300 ms。

➢ Handler 主要用于异步消息的处理：当发出一个消息之后，首先进入一个消息队列，发送消息的函数即刻返回，而另外一个部分在消息队列中逐一将消息取出，然后对消息进行处理，也就是发送消息和接收消息不是同步的处理。这种机制通常用来处理相对耗时比较长的操作。

5.3.2.5　查询周边 Activity 实现

在主界面上点击顶部的“附近”按钮，即进入查询周边附近的界面，只要输入相关的关键字，即可将查询的结果在地图上标注出来。具体实现后的界面如图 5.15 所示。

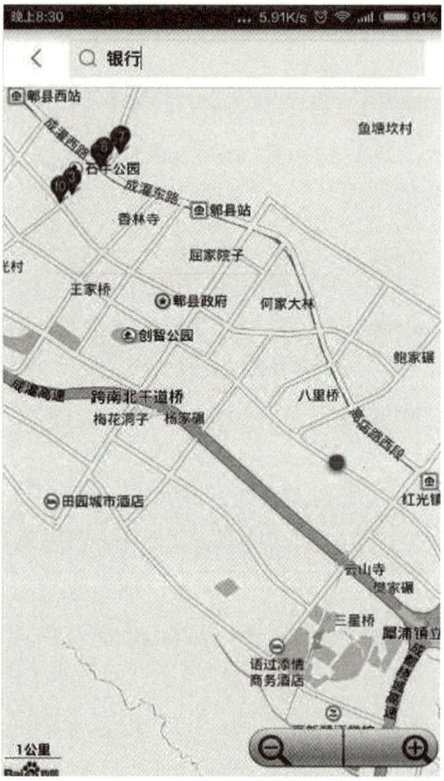

图 5.15　查询周边功能界面

实现思路如下：

1. 创建查找周边的 Activity；
2. 给 Activity 指定界面布局文件；
3. 初始化地图视图；
4. 获取输入的关键字调用百度 API 查找；
5. 将查询到的结果在地图上标注显示出来。

具体的实现参考代码如下。

代码清单5-11 NearbyActivity.java

```
package com.lerist.demo.bdmap.activity;
// 使用快捷键 Ctrl+Shift+O 快速生成需要的 import 代码段
public class NearbyActivity extends Activity implements
        OnGetPoiSearchResultListener, OnGetSuggestionResultListener {
    private PoiSearch mPoiSearch;
    private double latitude;
    private double longitude;
    private int radius;
    private MapView mapView;
    private BaiduMap baiduMap;
    private ArrayAdapter<String> sugAdapter;
    private SuggestionSearch mSuggestionSearch;
    private String city;
    @Override
    protected void onCreate(Bundle savedInstanceState) {
        super.onCreate(savedInstanceState);
        setContentView(R.layout.activity_nearby);
        initData();
        initView();
    }
    private void initData() {
        Intent intent = getIntent();
        city = intent.getStringExtra("City");
        latitude = intent.getDoubleExtra("Latitude", 0);
        longitude = intent.getDoubleExtra("Longitude", 0);
        radius = (int) intent.getFloatExtra("Radius", 0);
    }
    private void initView() {
        ImageView btn_back = (ImageView) findViewById(R.id.nearby_btn_back);
        final AutoCompleteTextView et_search = (AutoCompleteTextView)
                                        findViewById(R.id.nearby_et_search);
        mapView = (MapView) findViewById(R.id.nearby_mapView);
        baiduMap = mapView.getMap();
```

```
//开启定位图层
baiduMap.setMyLocationEnabled(true);
MyLocationData locData = new MyLocationData.Builder()
      .accuracy(radius)
      // 此处设置开发者获取到的方向信息，顺时针0-360
      .direction(100).latitude(latitude)
      .longitude(longitude).build();
baiduMap.setMyLocationData(locData);
  LatLng ll = new LatLng(latitude,longitude);
  MapStatusUpdate u = MapStatusUpdateFactory.newLatLng(ll);
  baiduMap.animateMapStatus(u);
mSuggestionSearch = SuggestionSearch.newInstance();
mSuggestionSearch.setOnGetSuggestionResultListener(this);
sugAdapter = new ArrayAdapter<String>(this,android.R.
            layout.simple_dropdown_item_1line);
et_search.setAdapter(sugAdapter);
// 当输入关键字变化时，动态更新建议列表
et_search.addTextChangedListener(new TextWatcher() {
  @Override
  public void afterTextChanged(Editable arg0) {
  }
  @Override
  public void beforeTextChanged(CharSequence arg0, int arg1,int arg2,
        int arg3) {
  }
  @Override
  public void onTextChanged(CharSequence cs, int arg1, int arg2,int arg3) {
    if (cs.length() <= 0) {
      return;
    }
    //使用建议搜索服务获取建议列表，结果在onSuggestionResult()中更新
    mSuggestionSearch
        .requestSuggestion((new SuggestionSearchOption())
        .keyword(cs.toString()).city(city));
  }
```

```
        });
        btn_back.setOnClickListener(new View.OnClickListener() {
            @Override
            public void onClick(View v) {
                finish();
            }
        });
        et_search.setOnEditorActionListener(new TextView.OnEditorActionListener() {
            @Override
            public boolean onEditorAction(TextView v, int actionId,KeyEvent event) {
                switch (actionId) {
                    case EditorInfo.IME_ACTION_SEARCH:
                        String key = et_search.getText().toString().trim();
                        if (key.isEmpty()) {
                            return false;
                        }
                        //开始搜索附近
                        search(latitude, longitude, radius, key);
                        break;
                }
                return true;
            }
        });
    }
    //搜索周边
    private void search(double latitude, double longitude, int radius, String key) {
        mPoiSearch = PoiSearch.newInstance();
        mPoiSearch.setOnGetPoiSearchResultListener(this);
        Log.e("+++++",latitude+","+longitude+","+city);
        mPoiSearch.searchNearby(new PoiNearbySearchOption()
                .location(new LatLng(latitude, longitude))
                .radius(radius*100)
                .keyword(city + key)
                .pageNum(20));
    }
```

```
@Override
protected void onDestroy() {
    super.onDestroy();
    //在 activity 执行 onDestroy 时执行 mapView.onDestroy()，实现地图生命周
    期管理
    mapView.onDestroy();
}
@Override
protected void onResume() {
    super.onResume();
    //在 activity 执行 onResume 时执行 mapView. onResume ()，实现地图生命周
    期管理
    mapView.onResume();
}
@Override
protected void onPause() {
    super.onPause();
    //在 activity 执行 onPause 时执行 mapView. onPause ()，实现地图生命周期管理
    mapView.onPause();
}
public void onGetPoiResult(PoiResult result) {
    if (result == null|| result.error == SearchResult.ERRORNO.
        RESULT_NOT_FOUND) {
        Toast.makeText(NearbyActivity.this, "未找到结果", Toast.
        LENGTH_LONG).show();
        return;
    }
    if (result.error == SearchResult.ERRORNO.NO_ERROR) {
        mapView.setVisibility(View.VISIBLE);
        baiduMap.clear();
        PoiOverlay overlay = new MyPoiOverlay(baiduMap);
        baiduMap.setOnMarkerClickListener(overlay);
        overlay.setData(result);
        overlay.addToMap();
        overlay.zoomToSpan();
```

```
            return;
        }
        if (result.error == SearchResult.ERRORNO.AMBIGUOUS_KEYWORD) {
            // 当输入关键字在本市没有找到，但在其他城市找到时，返回包含该关
            键字信息的城市列表
            String strInfo = "在";
            for (CityInfo cityInfo : result.getSuggestCityList()) {
                strInfo += cityInfo.city;
                strInfo += ",";
            }
            strInfo += "找到结果";
            Toast.makeText(NearbyActivity.this, strInfo, Toast.LENGTH_LONG).show();
        }
    }
    public void onGetPoiDetailResult(PoiDetailResult result) {
        if (result.error != SearchResult.ERRORNO.NO_ERROR) {
            Toast.makeText(NearbyActivity.this, "抱歉，未找到结果", Toast.
            LENGTH_SHORT).show();
        } else {
            Toast.makeText(NearbyActivity.this, result.getName() + ": " + result.
            getAddress(), Toast.LENGTH_SHORT).show();
        }
    }
    @Override
    public void onGetSuggestionResult(SuggestionResult res) {
        if (res == null || res.getAllSuggestions() == null) {
            return;
        }
        sugAdapter.clear();
        for (SuggestionResult.SuggestionInfo info : res.getAllSuggestions()) {
            if (info.key != null)
                sugAdapter.add(info.key);
        }
        sugAdapter.notifyDataSetChanged();
    }
```

```
    private class MyPoiOverlay extends PoiOverlay {
        public MyPoiOverlay(BaiduMap baiduMap) {
                super(baiduMap);
        }
        @Override
        public boolean onPoiClick(int index) {
            super.onPoiClick(index);
            PoiInfo poi = getPoiResult().getAllPoi().get(index);
              mPoiSearch.searchPoiDetail((new    PoiDetailSearchOption()).poiUid(poi.
              uid));
            return true;
        }
    }
}
```

➢ SuggestionSearch.newInstance()获取建议检索实例。

➢ mSuggestionSearch.setOnGetSuggestionResultListener(this)设置建议请求结果监听器。

➢ PoiSearch.newInstance()创建PoiSearch实例。POI（Point of Interest），翻译过来就是“兴趣点”。用户在使用地图的时候，搜索周边的KTV、饭店，或者宾馆的时候，输入关键字，地图会展示给用户很多个点，这些点就是用户需要的信息，这就是所谓的兴趣点，也就是一个普通的查询，然后是结果的反馈。百度地图SDK提供了三种类型的POI检索：周边检索、区域检索和城市内检索。

➢ mPoiSearch.setOnGetPoiSearchResultListener(this) 设置poi检索监听者。

➢ mPoiSearch.searchNearby()方法搜索周边。

➢ PoiNearbySearchOption()类，表示附近检索参数。

5.3.2.6 公交换乘查询Activity实现

在主界面上点击顶部的路线按钮，即进入查询公交换乘的界面，只要输入起点与终点，点击查找即可将查找到的数据列表显示出来。具体实现后的界面如图5.16所示。

图 5.16　公交查询功能界面

实现思路如下：

(1) 创建查找公交路线的 Activity；

(2) 给 Activity 指定界面布局文件；

(3) 初始化地图视图；

(4) 获取输入的关键字调用百度 API 查找；

(5) 将查询到的结果列表显示出来。

具体的实现参考代码如下。

代码清单 5-12　PathActivity.java

```
package com.lerist.demo.bdmap.activity;
// 使用快捷键 Ctrl+Shift+O 快速生成需要的 import 代码段
public class PathActivity extends Activity {
    private RoutePlanSearch mSearch;
    private List<TransitRouteLine> transitRouteLines;
    private RouteLineAdapter routeLineAdapter;
    private String start;
    private String end;
    private String city;
    @Override
    protected void onCreate(Bundle savedInstanceState) {
```

```
        super.onCreate(savedInstanceState);
        setContentView(R.layout.activity_path);
        initData();
        initView();
    }
    private void initData() {
        Intent intent = getIntent();
        //拿到当前的城市名
        city = intent.getStringExtra("City");
    }
    private void initView() {
        ImageView btn_back = (ImageView) findViewById(R.id.path_btn_back);
        final EditText et_start = (EditText) findViewById(R.id.path_et_start);
        final EditText et_end = (EditText) findViewById(R.id.path_et_end);
        final TextView btn_search = (TextView) findViewById(R.id.path_btn_search);
        ListView lv_result = (ListView) findViewById(R.id.path_lv_result);
        //绑定路线信息适配器
        transitRouteLines = new ArrayList<>();
        routeLineAdapter = new RouteLineAdapter(this, transitRouteLines);
        lv_result.setAdapter(routeLineAdapter);
        lv_result.setOnItemClickListener(new AdapterView.OnItemClickListener() {
            @Override
            public void onItemClick(AdapterView<?> parent, View view,
                int position, long id) {Intent intent = new Intent(PathActivity.this,
                                                RouteLineActivity.class);
                TransitRouteLine transitRouteLine = transitRouteLines.get(position);
                intent.putExtra("City", city);
                intent.putExtra("Start", start);
                intent.putExtra("End", end);
                intent.putExtra("Position", position);
                startActivity(intent);
            }
        });
        btn_back.setOnClickListener(new View.OnClickListener() {
            @Override
            public void onClick(View v) {
```

```
                finish();
            }
        });
        btn_search.setOnClickListener(new View.OnClickListener() {
            @Override
            public void onClick(View v) {
                start = et_start.getText().toString().trim();
                end = et_end.getText().toString().trim();
                if (start.isEmpty() || end.isEmpty()) {
                    return;
                }
                //开始搜索
                search(city, start, end);
            }
        });
    }
    // 搜索公交路线
    private void search(String city, String start, String end) {
        //清除上次搜索结果
        transitRouteLines.clear();
        mSearch = RoutePlanSearch.newInstance();
        mSearch.setOnGetRoutePlanResultListener(listener);
        PlanNodestNode=PlanNode.withCityNameAndPlaceName(city,start);
        PlanNode enNode = PlanNode.withCityNameAndPlaceName(city, end);
        mSearch.transitSearch((new TransitRoutePlanOption())
                .from(stNode)
                .city(city)
                .to(enNode));
    }
    OnGetRoutePlanResultListener listener=new OnGetRoutePlanResultListener() {
        public void onGetWalkingRouteResult(WalkingRouteResult result) {
            }
        public void onGetTransitRouteResult(TransitRouteResult result) {
            if (result == null || result.error != SearchResult.ERRORNO.NO_ERROR) {
```

```
            Toast.makeText(PathActivity.this, "抱歉，未找到结果", Toast.
            LENGTH_SHORT).show();
        }
        if (result.error == SearchResult.ERRORNO.AMBIGUOUS_ OURE_ADDR) {
            return;
        }
        if (result.error == SearchResult.ERRORNO.NO_ERROR) {
        }
        List<TransitRouteLine> routeLines = result.getRouteLines();
        if (routeLines!=null) {
            transitRouteLines.addAll(routeLines);
            routeLineAdapter.notifyDataSetChanged();
        }else{
            Toast.makeText(PathActivity.this, "抱歉，未找到结果", Toast.
            LENGTH_SHORT).show();
        }
    }
    public void onGetDrivingRouteResult(DrivingRouteResult result) {
    }
  };
}
```

➢ RoutePlanSearch.newInstance()获取获取RoutePlan检索实例。

➢ mSearch.setOnGetRoutePlanResultListener(listener)方法，设置路线检索监听者。

➢ PlanNode.withCityNameAndPlaceName(city, start)方法，设置路径规划中的出行节点信息，出行节点包括：起点、终点、途经点，出行节点信息可以通过两种方式确定：给定出行节点经纬度坐标和给定出行节点地名和城市名，此处选择的是通过地名和城市名确定出行节点信息。

➢ OnGetRoutePlanResultListener路线规划结果回调。

➢ WalkingRouteResult类，表示步行路线结果。

➢ SearchResult.ERRORNO.NO_ERROR，检索结果正常返回。

➢ SearchResult.ERRORNO.AMBIGUOUS_ROURE_ADDR，检索地址有岐义。

5.3.2.7 公交路线轨迹显示Activity实现

在公交换乘中，点击查找到的路线数据列表中某一个路线，即可在地图上将该路径的轨迹显示出来。具体实现后的界面如图5.17所示。

图5.17　公交线路轨迹功能界面

实现思路如下：

1. 创建Activity；
2. 给Activity指定界面布局文件；
3. 初始化地图视图；
4. 获取输入的关键字调用百度API查找；
5. 将查询到的结果在地图上标注显示。

具体的实现参考代码如下：

代码清单5-13 RouteLineActivity.java

```
package com.lerist.demo.bdmap.activity;
// 使用快捷键Ctrl+Shift+O快速生成需要的import代码段
public class RouteLineActivity extends Activity implements BaiduMap.
        OnMapClickListener,OnGetRoutePlanResultListener {
    //浏览路线节点相关
    Button mBtnPre = null;//上一个节点
    Button mBtnNext = null;//下一个节点
    int nodeIndex = -1;//节点索引,供浏览节点时使用
```

```
RouteLine route = null;
OverlayManager routeOverlay = null;
boolean useDefaultIcon = false;
private MapView mMapView;
private BaiduMap mBaiduMap;
private RoutePlanSearch mSearch;
private int position = 0;
@Override
protected void onCreate(Bundle savedInstanceState) {
    super.onCreate(savedInstanceState);
    setContentView(R.layout.activity_route_line);
    initData();
    initView();
}
private void initData() {
    Intent intent = getIntent();
    String city = intent.getStringExtra("City");
    String start = intent.getStringExtra("Start");
    String end = intent.getStringExtra("End");
    position = intent.getIntExtra("Position", 0); //用于显示第几条路线
    //开始搜索路线
    search(city,start,end);
}
private void initView() {
    ImageView btn_back = (ImageView) findViewById(R.id.routeline_btn_back);
    mMapView = (MapView) findViewById(R.id.routeline_mapView);
    mBaiduMap = mMapView.getMap();
    btn_back.setOnClickListener(new View.OnClickListener() {
        @Override
        public void onClick(View v) {
            finish();
        }
    });
}
//搜索公交路线
```

```
private void search(String city, String start, String end) {
    mSearch = RoutePlanSearch.newInstance();
    mSearch.setOnGetRoutePlanResultListener(this);
    PlanNode stNode = PlanNode.withCityNameAndPlaceName(city, start);
    PlanNode enNode = PlanNode.withCityNameAndPlaceName(city, end);
    mSearch.transitSearch((new TransitRoutePlanOption())
            .from(stNode)
            .city(city)
            .to(enNode));
}
@Override
public void onGetWalkingRouteResult(WalkingRouteResult result) {
    if (result == null || result.error != SearchResult.ERRORNO.NO_ERROR) {
        Toast.makeText(RouteLineActivity.this, "抱歉，未找到结果", Toast.
        LENGTH_SHORT).show();
    }
    if (result.error == SearchResult.ERRORNO.AMBIGUOUS_ROURE_ADDR) {
        return;
    }
    if (result.error == SearchResult.ERRORNO.NO_ERROR) {
        nodeIndex = -1;
        mBtnPre.setVisibility(View.VISIBLE);
        mBtnNext.setVisibility(View.VISIBLE);
        route = result.getRouteLines().get(0);
        WalkingRouteOverlay overlay = new MyWalkingRouteOverlay
        (mBaiduMap);
        mBaiduMap.setOnMarkerClickListener(overlay);
        routeOverlay = overlay;
        overlay.setData(result.getRouteLines().get(0));
        overlay.addToMap();
        overlay.zoomToSpan();
    }
}
@Override
public void onGetTransitRouteResult(TransitRouteResult result) {
```

```
    if (result == null || result.error != SearchResult.ERRORNO.NO_ERROR) {
        Toast.makeText(RouteLineActivity.this, "抱歉，未找到结果", Toast.
        LENGTH_SHORT).show();
    }
    if(result.error == SearchResult.ERRORNO.AMBIGUOUS_ROURE_ADDR) {
        return;
    }
    if (result.error == SearchResult.ERRORNO.NO_ERROR) {
        nodeIndex = -1;
        route = result.getRouteLines().get(position);
        TransitRouteOverlay overlay = new MyTransitRouteOverlay(mBaiduMap);
        mBaiduMap.setOnMarkerClickListener(overlay);
        routeOverlay = overlay;
        overlay.setData(result.getRouteLines().get(position));
        overlay.addToMap();
        overlay.zoomToSpan();
    }
}
@Override
public void onGetDrivingRouteResult(DrivingRouteResult result) {
    if (result == null || result.error != SearchResult.ERRORNO.NO_ERROR) {
        Toast.makeText(RouteLineActivity.this, "抱歉，未找到结果", Toast.
        LENGTH_SHORT).show();
    }
    if(result.error == SearchResult.ERRORNO.AMBIGUOUS_ROURE_ADDR) {
        return;
    }
    if (result.error == SearchResult.ERRORNO.NO_ERROR) {
        nodeIndex = -1;
        mBtnPre.setVisibility(View.VISIBLE);
        mBtnNext.setVisibility(View.VISIBLE);
        route = result.getRouteLines().get(position);
        DrivingRouteOverlay overlay = new MyDrivingRouteOverlay(mBaiduMap);
        routeOverlay = overlay;
```

```
            mBaiduMap.setOnMarkerClickListener(overlay);
            overlay.setData(result.getRouteLines().get(position));
            overlay.addToMap();
            overlay.zoomToSpan();
        }
    }
    //定制 RouteOverly
    private class MyDrivingRouteOverlay extends DrivingRouteOverlay {
        public MyDrivingRouteOverlay(BaiduMap baiduMap) {
            super(baiduMap);
        }
        @Override
        public BitmapDescriptor getStartMarker() {
            if (useDefaultIcon) {
                returnBitmapDescriptorFactory.fromResource(R.mipmap.icon_st);
            }
            return null;
        }
        @Override
        public BitmapDescriptor getTerminalMarker() {
            if (useDefaultIcon) {
                return BitmapDescriptorFactory.fromResource(R.mipmap.icon_en);
            }
            return null;
        }
    }
    private class MyWalkingRouteOverlay extends WalkingRouteOverlay {
        public MyWalkingRouteOverlay(BaiduMap baiduMap) {
            super(baiduMap);
        }
        @Override
        public BitmapDescriptor getStartMarker() {
            if (useDefaultIcon) {
                return BitmapDescriptorFactory.fromResource(R.mipmap.icon_st);
            }
```

```
            return null;
        }
        @Override
        public BitmapDescriptor getTerminalMarker() {
            if (useDefaultIcon) {
                return BitmapDescriptorFactory.fromResource(R.mipmap.icon_en);
            }
            return null;
        }
    }
    private class MyTransitRouteOverlay extends TransitRouteOverlay {
        public MyTransitRouteOverlay(BaiduMap baiduMap) {
            super(baiduMap);
        }
        @Override
        public BitmapDescriptor getStartMarker() {
            if (useDefaultIcon) {
                return BitmapDescriptorFactory.fromResource(R.mipmap.icon_st);
            }
            return null;
        }
        @Override
        public BitmapDescriptor getTerminalMarker() {
            if (useDefaultIcon) {
                return BitmapDescriptorFactory.fromResource(R.mipmap.icon_en);
            }
            return null;
        }
    }
    @Override
    public void onMapClick(LatLng point) {
        mBaiduMap.hideInfoWindow();
    }
    @Override
    public boolean onMapPoiClick(MapPoi poi) {
```

```
            return false;
        }
        @Override
        protected void onPause() {
            mMapView.onPause();
            super.onPause();
        }
        @Override
        protected void onResume() {
            mMapView.onResume();
            super.onResume();
        }
        @Override
        protected void onDestroy() {
            mSearch.destroy();
            mMapView.onDestroy();
            super.onDestroy();
        }
    }
```

➢ mBaiduMap.setOnMarkerClickListener(overlay)，设置地图 Marker 覆盖物点击事件监听者。

➢ overlay.setData(result.getRouteLines().get(position))方法，设置路线数据。

➢ overlay.addToMap()方法，将所有 Overlay 添加到地图上。

➢ overlay.zoomToSpan()方法，缩放地图，使所有Overlay都在合适的视野内。

➢ Walking Route Overlay类，用于显示步行路线的overlay。

➢ Transit Route Overlay类，用于显示换乘路线的overlay。

5.3.2.8 AndroidManifest.xml设置

因为该App使用到了百度地图包，所以需要对Android的配置文件进行相关的设置。具体的实现参考代码如下。

代码清单 5-14 AndroidManifest.xml

```
<?xml version="1.0" encoding="utf-8"?>
<manifest xmlns:android="http://schemas.android.com/apk/res/android"
```

```
    package="com.lerist.demo.bdmap" >
    <uses-permission
android:name="android.permission.ACCESS_NETWORK_STATE" />
    <uses-permission android:name="android.permission.INTERNET" />
    <uses-permission android:name="com.android.launcher.permission.
                                                        READ_SETTINGS" />
    <uses-permission android:name="android.permission.WAKE_LOCK" />
<uses-permission
android:name="android.permission.CHANGE_WIFI_STATE" />
<uses-permission
android:name="android.permission.ACCESS_WIFI_STATE" />
    <uses-permission android:name="android.permission.GET_TASKS" />
    <uses-permission
android:name="android.permission.WRITE_EXTERNAL_STORAGE" />
    <uses-permission android:name="android.permission.WRITE_SETTINGS" />
     <uses-sdk
        android:minSdkVersion="9"
        android:targetSdkVersion="21" />
    <application
        android:name=".application.AppApplication"
        android:allowBackup="true"
        android:icon="@mipmap/ic_launcher"
        android:label="@string/app_name"
        android:theme="@style/AppTheme" >
        <meta-data
            android:name="com.baidu.lbsapi.API_KEY"
            android:value="3ecea51f560650b1ed8a4b99808f52e8" />
        <service
            android:name="com.baidu.location.f"
            android:enabled="true"
            android:process=":remote" />
        <activity
            android:name=".activity.MainActivity"
            android:label="@string/app_name" >
            <intent-filter>
                <action android:name="android.intent.action.MAIN" />
```

```
                <category android:name="android.intent.category.LAUNCHER" />
            </intent-filter>
        </activity>
        <activity
            android:name=".activity.NearbyActivity"
            android:label="@string/title_activity_nearby" />
        <activity android:name=".activity.PathActivity" />
        <activity
            android:name=".activity.RouteLineActivity"
            android:label="@string/title_activity_route_line" >
        </activity>
    </application>
</manifest>
```

在Android系统中，系统需要知道每个应用需要用到哪些硬件资源，这样就需要在代码中声明权限，表示需要用到这个功能。

➢ 允许访问网络上的信息

<uses-permission android:name="android.permission.ACCESS_NETWORK_STATE" />

➢ 允许应用打开网络套接口

<uses-permission android:name="android.permission.INTERNET" />

➢ 允许使用电源锁定管理以使进程休眠或屏幕变暗

<uses-permission android:name="android.permission.WAKE_LOCK" />

➢ 允许应用改变WIFI的连接状态

<uses-permission android:name="android.permission.CHANGE_WIFI_STATE" />

➢ 允许应用访问关于WIFI网络的信息

<uses-permission android:name="android.permission.ACCESS_WIFI_STATE" />

➢ 允许应用找到关于当前或最近运行的任务在哪些activities里运行

<uses-permission android:name="android.permission.GET_TASKS" />

➢ 允许应用写（非读）用户的外部存储器

<uses-permission android:name="android.permission.WRITE_EXTERNAL_STOR-AGE" />

➢ 允许应用写或读系统设置

<uses-permission android:name="android.permission.WRITE_SETTINGS" />

5.4 习题

在本任务的基础上，加入以下功能。

1. 地点搜索功能；

2. 实时交通功能，当点击实时交通按钮后，可以用不同的颜色来标注各条道路的交通拥堵情况（完成效果如图5.18所示）。

图5.18　任务完成效果图

5.5　评价

本导航App任务的目的在于培养学生使用第三方百度地图SDK实现基于位置服务类App软件的开发能力。为了达到预期的效果，现给出对本任务的相关评定。

1. 知识点掌握情况评价

表5.2　知识点掌握情况评价表

编号	知识点	得分	评分标准
1	Eclipse的使用		1. 每一项得分值分别百分制，综合得分为相应指标的算术平均构成； 2. 大于90分：能够清楚描述知识点内容； 3. 80到90分：能够相对清楚描述知识点内容； 4. 60到80分：能够大致描述知识点内容； 5. 低于60分：不能描述知识点内容； 6. 最终成绩=每项得分的算术平均。大于90分得A，80到90分得B，60到80分得C，低于60分得D
2	Java语言的使用		
3	MapView		
4	AutoCompleteTextView		
5	BaiduMap		
6	LocationApp		
7	ArrayAdapter		
8	RouteLineAdapter		
9	BaseAdapter		
10	LocationClient		
11	BDLocationListener		
总得分			

2. 成果评价

表 5.3　成果评价与测试用例

<table>
<tr><th>功能模块</th><th>功能指标</th><th>得分</th><th>综合得分</th><th>权值</th><th>评分标准</th></tr>
<tr><td rowspan="2">定位</td><td>1. 界面布局合理，包含需求规定的信息元素</td><td></td><td rowspan="2"></td><td rowspan="2">25%</td><td rowspan="9">1. 每一项得分值分别百分制，综合得分为相应指标的算术平均构成；
2. 大于90分：满足功能要求，没有任何Bug；
3. 80到90分：满足功能功能，存在少量Bug。
4. 60到80分：基本满足功能要求，有大量Bug；
5. 低于60分：不满足功能要求；
6. 最终成绩=每大项综合得分*权值之和。大于90分得A，80到90分得B，60到80分得C，低于60分得D</td></tr>
<tr><td>2. 能正确获取自己当前所在的位置，并在地图上定位显示</td><td></td></tr>
<tr><td rowspan="2">查找周边</td><td>1. 界面布局合理，包含相应的信息</td><td></td><td rowspan="2"></td><td rowspan="2">25%</td></tr>
<tr><td>2. 利用地图API查找周边功能</td><td></td></tr>
<tr><td rowspan="2">路线</td><td>1. 界面布局合理，包含相应的信息</td><td></td><td rowspan="2"></td><td rowspan="2">10%</td></tr>
<tr><td>2. 根据输入起点与终点，获取路线方案，并能将不同的路线在地图上显示</td><td></td></tr>
<tr><td rowspan="3">导航</td><td>1. 布局合理</td><td></td><td></td><td></td></tr>
<tr><td>2. 可以地图上实时给出自己的运行轨迹</td><td></td><td></td><td></td></tr>
<tr><td>3. 利用BaiduMap接口实现导航功能</td><td></td><td></td><td></td></tr>
<tr><td colspan="3">最终成绩：</td><td colspan="3"></td></tr>
</table>

3. 能力评价

表 5.4　能力评价表

<table>
<tr><th>功能模块</th><th>功能指标</th><th>得分</th><th>综合得分</th><th>权值</th><th>评分标准</th></tr>
<tr><td rowspan="4">设计思路</td><td>对需求理解的掌握</td><td></td><td rowspan="4"></td><td rowspan="4">40%</td><td rowspan="8">1. 每一项得分值分别百分制，综合得分为相应指标的算术平均构成；
2. 大于90分：满足功能要求，没有任何Bug；
3. 80到90分：满足功能功能，存在少量Bug；
4. 60到80分：基本满足功能要求，有大量Bug；</td></tr>
<tr><td>需求文档编写</td><td></td></tr>
<tr><td>概要设计文档的编写</td><td></td></tr>
<tr><td>详细设计文档的编写</td><td></td></tr>
<tr><td rowspan="4">知识掌握</td><td>熟悉软件工程开发流程</td><td></td><td rowspan="4"></td><td rowspan="4">40%</td></tr>
<tr><td>掌握Android位置服务的相关知识</td><td></td></tr>
<tr><td>掌握Android对BaiduMap的应用</td><td></td></tr>
<tr><td>掌握Android对BaiduMap相关接口的应用能力</td><td></td></tr>
</table>

续表

功能模块	功能指标	得分	综合得分	权值	评分标准
通用能力	熟悉相关法律法规，法制观念强，熟悉相关政策，对知识产权有一定的意识			20%	5. 低于60分：不满足功能要求； 6. 最终成绩=每大项综合得分*权值之和。大于90分得A，80到90分得B，60到80分得C，低于60分得D
	具有良好职业道德、沟通技巧、语言表达和写作能力				
	具有良好合作能力				
	具有熟练的文档编写能力				
最终成绩：					

5.6 小结

本任务使用了百度提供的地图SDK接口实现了一个导航软件。在这过程中一定要注意使用百度地图前一定要对地图进行初始化。AppApplication类主要这对Application类的应用实现对百度地图接口的初始化作用。

```
public class AppApplication extends Application {

    @Override
    public void onCreate() {
        super.onCreate();
        //初始化百度SDK
        SDKInitializer.initialize(this);
    }
}
```

在定位手机位置时，百度地图是采用异步线程的方式进行的，并以Handler的方式将操作返回给主界面。

```
public LocationApp(Context context, Handler handler) {
        mLocationClient = new LocationClient(context);
        myListener = new LocationListener();
        mLocationClient.registerLocationListener(myListener);

        this.handler = handler;

    }
```

另外，在定位时需要设置相应的一些位置参数，一般常设置如下：

```
LocationClientOption option = new LocationClientOption();
option.setLocationMode(tempMode);//设置定位模式 bd09ll
option.setCoorType(tempcoor);//返回的定位结果是百度经纬度，默认值gcj02
option.setScanSpan(1000);//设置发起定位请求的间隔时间为1000ms
option.setIsNeedAddress(true);
mLocationClient.setLocOption(option);
```

5.7 教学策略讨论

本任务使用了第三方的SDK，所以在本任务中，首先是要掌握如何将百度地图的SDK整合到自己的项目来，其次是如何在布局文件中使用百度的地图控件，最后是怎么样来使用百度地图及使用百度地图提供的相应功能。难点在于对地图控件上描绘新元素。

1. 要完成本任务需要在百度官方申请KEY，学生可能会不明白，为什么这里需要一个KEY，需要教师解释一下。

2. 让学生在课堂内完成代码补全任务，可以激发学生的兴趣和帮助他们回忆知识。

3.虽然本任务只用到了百度地图的几项简单功能，但是可以以百度地图App为线索，讲解一下百度地图的强大之处，为课后的发散练习做准备。

4. 第一次需要引入jar文件，需要解释一下什么是jar文件，去哪里下载，怎么导入到eclipse里面，怎么来使用。

5. ListView是本任务再次出现，也是一个比较常用的控件，这里要讲清楚怎么用适配器来往ListView里面填充数据。

6. 对BaseAdapter的继承以及getView()方法的复写是一个难点。

7. 需要用到的授权比较多，在讲授权的同时，可以讲解一下AndroidManifest.xml文件结构。

8. 对学生的评价可以采用学生之间互评的方式，要求学生要从功能实现，代码效率，知识点掌握等方面来评价。

9. 学生可能看得懂代码，但是关上书可能写不出来，这个时候可以使用一个与教材上项目类似的项目来测试学生，对学生的基本要求是要知道在哪里改代码。

10. 提醒学生可以用手机扫描书上的二维码来获取相关补充知识。

任务六：学生评教App制作——Volley框架

目标：

通过专题学习，你应该能够：
- ◆ 理解软件工程的开发过程；
- ◆ 掌握Google的Volley框架的应用知识；
- ◆ 掌握Android平台对JSON数据操作的相关知识；
- ◆ 掌握Android基于网络服务器接口开发的应用。

本领域主要介绍Android中使用Google的Volley网络框架来开发基于网络服务接口的App应用，以下是对Volley的简单介绍。

我们平时在开发Android应用的时候不可避免地都需要用到网络技术，而多数情况下应用程序都会使用HTTP协议来发送和接收网络数据。Android系统中主要提供了两种方式来进行HTTP通信，HttpURLConnection和HttpClient。在很多项目的代码中我们都能看到这两个类的身影，使用率非常高。

不过HttpURLConnection和HttpClient的用法还是稍微有些复杂的，如果不进行适当封装的话，很容易就会写出不少重复代码。于是，一些Android网络通信框架也就应运而生，比如说AsyncHttpClient，它把HTTP所有的通信细节全部封装在了内部，我们只需要简单调用几行代码就可以完成通信操作了。再比如Universal-Image-Loader，它使得在界面上显示网络图片的操作变得极度简单，开发者不用关心如何从网络上获取图片，也不用关心开启线程、回收图片资源等细节，Universal-Image-Loader已经把一切都做好了。

Android开发团队也意识到了有必要将HTTP的通信操作进行简单化，于是在2013年Google I/O大会上推出了一个新的网络通信框架——Volley。Volley可以说是把AsyncHttpClient和Universal-Image- Loader的优点集于了一身，既可以像AsyncHttpClient一样非常简单地进行HTTP通信，也可以像Universal-Image-Loader一样轻松加载网络上的图片。除了简单易用之外，Volley在性能方面也进行了大幅度的调整，它的设计目标就是非常适合去进行数据量不大，但通信频繁的网络操作。

6.1 任务描述与目标

宇洁基本属于一个技术宅男，经常使用京东之类的电商App在网上购买东西，今天又在网上买了一个鼠标，在购买鼠标的时候他发现产品所有相关的数据都是从网络上获取回来后再显示的，于是他就想如果按照以前开发天气预报的方法来做的话就显得有点力不从心了，因为这里所有的图片之类的数据都是异步加载刷新的，在那么大的数据量下，如何来处理呢？

这下宇洁按捺不住了，他开始在网上查找有没有什么比较成熟的网络框架之类的东西，功夫不负有心人，他终于找到了一个行业中大量使用的网络框架Volley。它是由Google公司开发的，专门提供给Android网络操作的一个成熟健壮的网络框架。

于是，宇洁决定学习Volley，看看Volley是怎么样来开发基于Web服务器的App应用的，他打算做一个用于学生对上课老师进行评教的App应用。

学生评教App是基于网络服务器实现的一个互联网应用App，学生可以通过手机端评教App对上课老师的某一次课进行评价，服务器后台可以查看、统计相应的信息。这样有助于学生与老师更好地交流，以提高相应的教学效果。

同时本App应用也是基于Google的Volley网络框架进行开发，详细介绍了如何使用网络框架进行手机端与服务器接口编程开发。

宇洁设计的这个学生评教App具有以下的功能。

（1）用户登录

在这个功能模块中，通过网络接口对用户合法性进行验证。

（2）获取我的待评教信息

在这个功能模块中，通过网络接口实现获取我的待评教信息。

（3）提交评教信息

在这个功能模块中，通过网络接口提交我的评教结果。

（4）修改密码

在这个功能模块中，通过网络接口实现修改用户密码的功能。

学生评教App最终实现后的效果如图6.1、6.2、6.3、6.4、6.5、6.6所示。

图6.1 学生评教App启动界面

图 6.2　用户登录功能界面

图 6.3　待评教列表功能界面

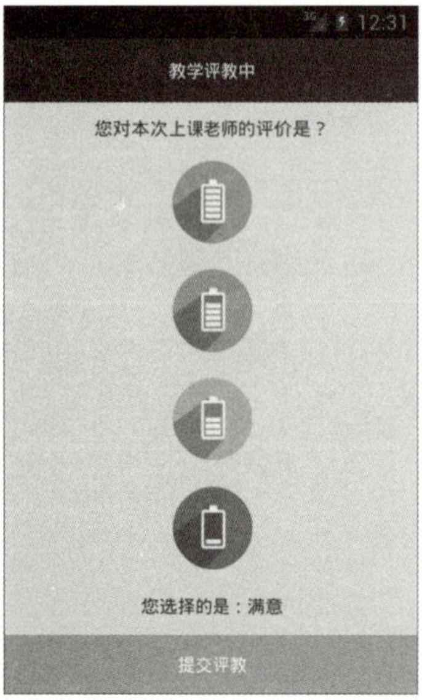

图 6.4　评教功能界面

图 6.5　用户中心功能界面

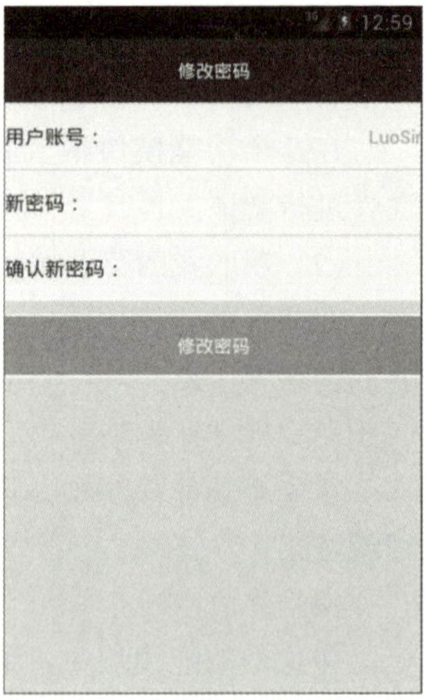

图 6.6　修改密码功能界面

6.2 任务分析

学生评教App是一个基于Web服务器采用Volley网络框架进行开发的Android手机App。

手机上的所有数据都是来至于Web服务器，所以宇洁决定先设计出Web服务器应该大致具有以下的功能。

（1）基础信息的管理

主要实现学生信息、老师信息、班级信息、学生信息、课表信息等的管理。

（2）统计管理

主要实现对相应数据的统计与分析功能。

（3）实现对系统配置及系统功能、用户等的管理

然后就得考虑Web服务器与手机之间交互的接口问题了，宇洁经过分析得知，现在行业里基本上使用的都是JSON格式的数据进行交互。宇洁根据功能需求制定出了该学生评教App的相关接口说明文档，具体可参见6.2.3小节。

最后，就是手机端App软件的开发了。因为使用了Volley框架，所以首先应该在项目中引入Volley框架相关的文档，然后再进行相应功能的开发。

宇洁是一个非常重视分析与设计的人，因为他觉得必须分析清楚要做什么后再动手实现，这是一个软件工程师必须具备的基本素质，所以他本着从业人员的职业素质，觉得不管这个App软件有多复杂或者多简单，都应该按软件工程的流程进行分析设计，这样方便以后的扩展与改进。

不管是复杂的软件还是简单的软件，都应该从需求分析入手，然后进行概要设计，详细设计，编码实现，最后是测试与交付。其中需求分析核心在于明确要开发一个具有什么功能的软件；概述设计在于通过对需求分析的理解后给出软件大概的设计思路；详细设计在于细化概要设计，给出实现软件功能的详细思路；代码实现在于将详细的软件设计使用某一种开发语言将其实现；最后的测试在于验证软件功能的正确性、健壮性等。

以下是宇洁按软件工程流程对该学生评教App进行的分析与设计。那么，你是否也可以对该学生评教App以你的理解按软件工程流程做出自己的设计呢?

（具体可以参考附录C、D、E给出的相关文档）

6.2.1 学生评教App实现方案和功能模块划分

1. 设计思想

学生评教系统采用B/S模式开发，前端通过手机App进行访问，后台服务器实现相应管理功能及与手机端对接的相应网络接口。具体如图6.7所示。

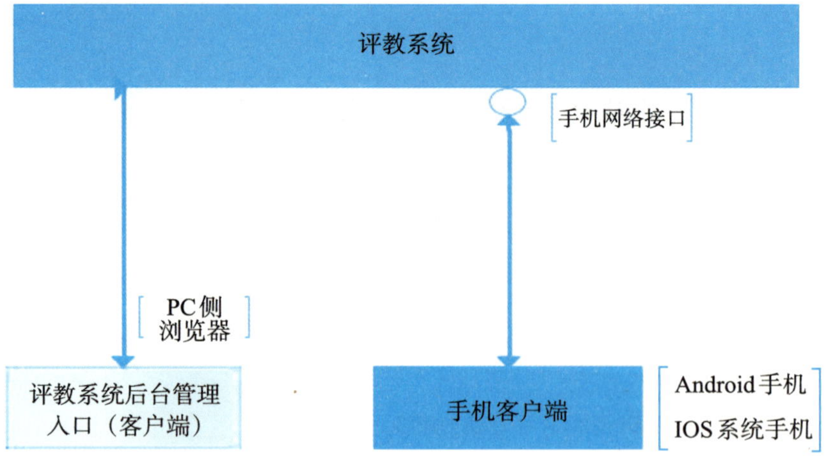

图 6.7　评教 App 设计示意图

2. 评教系统开发设计流程

该学生评教系统是基于 Web 服务器共同实现的一个学生对老师授课评教的一个 App 功能，为了更好地了解业务，以下给出服务器相关的设计说明。

服务器主要进行学生、老师、班级、课程、课表等基础信息的管理。具体流程是：老师获取自己的课表，根据课表获取某班的学生信息进行点名，从而生成学生待评教信息，学生就可以对本次课进行评教，没有到课的学生是没有资格进行评教的。最后可以通过这些数据进行相应的统计，比如学生的到课率，学生对老师的评教结果等统计数据。

评教 App 系统开发设计流程如图 6.8 所示。

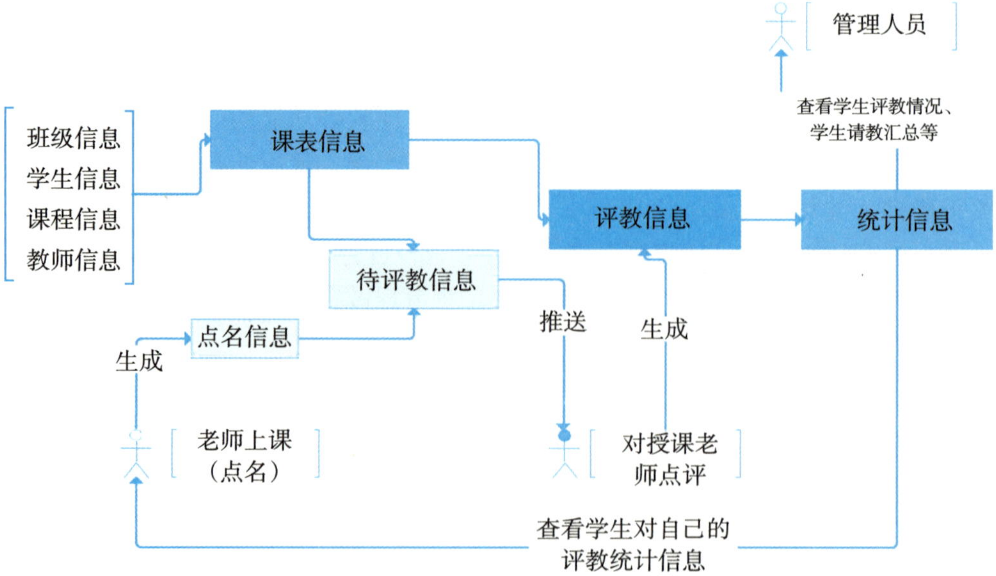

图 6.8　评教系统开发设计流程示意图

6.2.2 评教App详细设计

在前面的分析说明中，已解决了实现该系统需求的程序模块设计问题，包括如何把该系统划分成若干个模块、决定各个模块之间的接口、模块之间传递的信息，以及数据表结构、模块结构的设计等，以下将介绍系统的详细设计。

在详细设计阶段，我们将确定应该如何具体地实现所要求的功能，以流程图的方式展示各个功能工作流，从而在编码阶段可以把这个描述直接使用具体的程序语言进行业务功能的实现。

6.2.2.1 用户登录流程图

评教App要求用户登录后才可进行相应的操作，用户登录后会将用户信息保存在手机中，在下一次系统启动后将根据用户登录的情况进行判断，如果用户已经登录了，则直接进入主界面，否则进入用户登录界面，要求用户输入用户名和密码，用户登录模块的操作流程如图6.9所示。

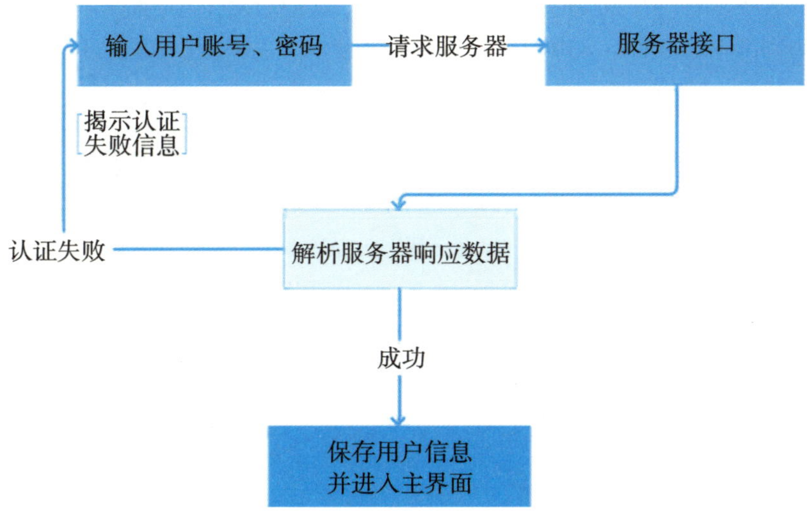

图6.9 用户登录模块的操作流程图

6.2.2.2 获取我的待评教信息列表流程图

当用户成功登录后，则会通过网络接口从服务器获取自己所有待评教的信息，并显示于手机上，从而可进行评教操作。获取我的待评教信息模块的流程如图6.10所示。

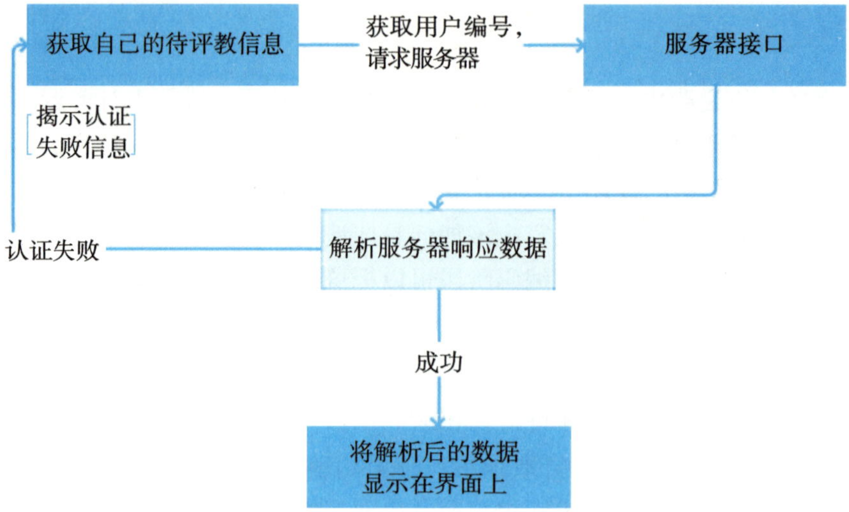

图6.10　获取我的待评教信息模块的流程图

6.2.2.3　提交评教流程图

在待评教列表界面中单击某一项，将可进入评教界面，在这里学生可以选择自己对本次课的评价结果，然后点击提交到服务器。提交评教模块的流程如图6.11所示。

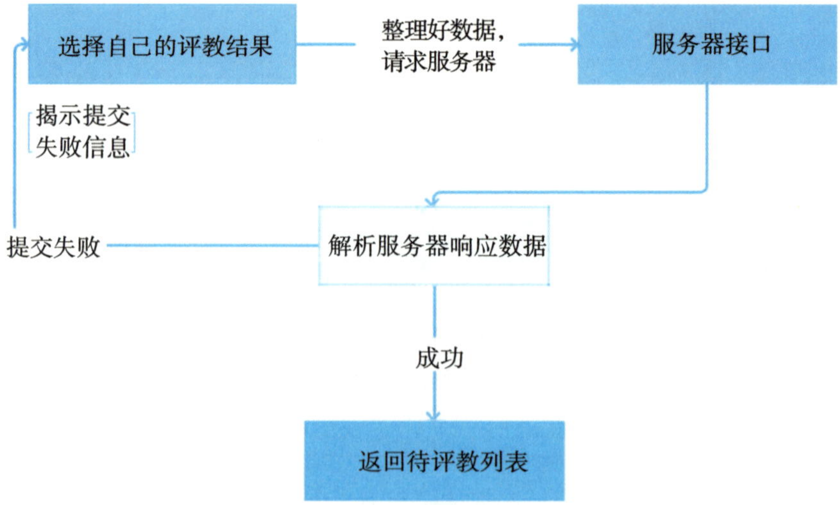

图6.11　提交评教模块的流程图

6.2.2.4　修改密码流程图

基于本系统用户的特殊性，该系统不提供用户注册，用户信息都是在服务器进行导入，每一个学生用户的密码都是默认设置的，所以在手机端提供了修改密码的功能。修改密码模块的流程如图6.12所示。

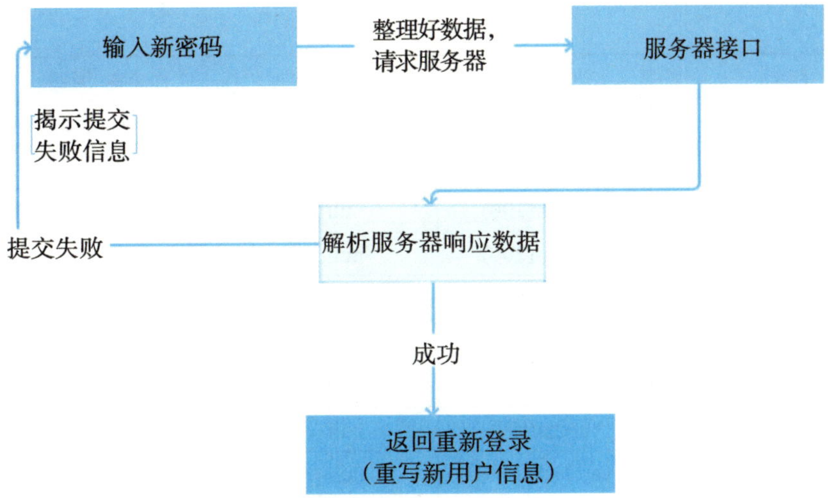

图6.12　修改密码模块的流程图

6.2.3　评教系统服务器数据库设计说明

因为这里主要介绍的是手机端的开发设计，所以关于服务器端软件是怎么开发的不做说明，只是提供相应的数据库设计说明，以待读者理解与分析，但希望读者根据功能需求去实现服务器端程序。

表6.1　班级表TE_ClassInfo

字段名	数据类型	是否允许为空	描述
ClassID	decimal(24,0)	not null	班级编号
ClassName	varchar(200)	not null	班级名称

表6.2　课程表TE_CourseInfo

字段名	数据类型	是否允许为空	描述
CourseID	decimal(24, 0)	not null	课程编号
CourseName	varchar(150)	null	课程名称

表6.3　学生表TE_StudentInfos

字段名	数据类型	是否允许为空	描述
StuID	decimal(24,0)	not null	学生编号
StuName	varchar(100)	null	姓名
Sex	varchar(4)	null	性别
StuXH	varchar(50)	null	真实学号
Tel	varchar(50)	null	电话

续表

字段名	数据类型	是否允许为空	描述
CardID	varchar(50)	null	身份证编号
Parent	varchar(50)	null	父母亲姓名
ParentTel	varchar(100)	null	父母亲电话
QQEmail	varchar(200)	null	QQ
Address	varchar(500)	null	地址
Education	varchar(100)	null	学历
College	varchar(300)	null	学校
GraduationDate	varchar(50)	null	毕业时间
Awards	varchar(1000)	null	获奖情况
SchoolCadres	varchar(500)	null	学生干部
ClassID	decimal(24,0)	null	班级编号

表 6.4　老师表 TE_TeacherInfo

字段名	数据类型	是否允许为空	描述
TeacherID	decimal(24,0)	Unchecked	老师编号
TName	varchar(50)	Checked	姓名
Sex	varchar(4)	Checked	性别
NativePlace	varchar(150)	Checked	籍贯
Tel	varchar(50)	Checked	电话
Email	varchar(100)	Checked	电子邮箱
QQ	varchar(50)	Checked	QQ
IDCard	varchar(50)	Checked	身份证号
Address	varchar(500)	Checked	地址
ProfessionalLevel	varchar(200)	Checked	等级
TeachingCourse	varchar(1000)	Checked	担任课程
Type	varchar(50)	Checked	类型

表 6.5　课表表 TE_SchoolTimetable

字段名	数据类型	是否允许为空	描述
TimetableID	decimal(24,0)	Unchecked	课表编号
Semester	varchar(100)	Checked	学期
ClassID	decimal(24, 0)	Checked	班级编号
CourseID	decimal(24,0)	Checked	课程编号

续表

字段名	数据类型	是否允许为空	描述
TeacherID	decimal(24,0)	Checked	老师编号
Week	varchar(10)	Checked	星期几
JieChi	varchar(20)	Checked	上课节次
ZhouChi	varchar(20)	Checked	上课周次
SKAddress	varchar(50)	Checked	上课地点

表6.6　老师点名表TE_TeachingEvaluationList

字段名	数据类型	是否允许为空	描述
TEID	decimal(24,0)	Unchecked	点名编号
TimetableID	decimal(24,0)	Checked	课表编号
PubDate	datetime	Checked	点名时间

表6.7　点名考勤表TE_StudentAttendance

字段名	数据类型	是否允许为空	描述
AttendanceID	decimal(24, 0)	Unchecked	考勤编号
TEID	decimal(24, 0)	Checked	点名编号
StuID	decimal(24, 0)	Checked	学生编号
Attendance	int	Checked	考勤
TEState	int	Checked	评教状态
AttendanceNotes	varchar(50)	Checked	考勤说明

表6.8　学生评教表TE_StudentAppraise

字段名	数据类型	是否允许为空	描述
AppraiseID	decimal(24, 0)	Unchecked	评教编号
AttendanceID	decimal(24, 0)	Checked	考勤编号
AppraiseGrade	varchar(50)	Checked	评教结果
CommitDate	datetime	Checked	提交时间
Notes	varchar(255)	Checked	评教说明

表 6.9 用户表 TE_SystemUsers

字段名	数据类型	是否允许为空	描述
UserID	decimal(24, 0)	Unchecked	用户编号（与学生的编号、老师的编号一致）
UserAccount	varchar(100)	Checked	用户账号
UserPassword	varchar(32)	Checked	用户密码
UserType	varchar(50)	Checked	用户类型
HeadImage	varchar(500)	Checked	用户头像
UserName	varchar(150)	Checked	用户姓名
HeadImageState	varchar(50)	Checked	头像状态

6.2.4 评教系统服务器网络接口设计说明

该学生评教系统是基于Web服务器共同实现的一个学生对老师评教的一个App功能，所有数据都保存在服务器的数据库中，所以服务器必须为手机端提供相应功能的接口。本任务的服务器返回的服务器接口都是采用JSON的数据格式，为了更清晰地描述接口，现将各接口描述说明如下。

6.2.4.1 用户登录接口

表 6.10 实现手机用户登录验证的服务器接口

接口地址	http://192.168.1.10/netinteface.ashx?do=login&account=LiTianXiang&password=123456
功能说明	实现用户的登录功能 Url 地址中参数说明： Do=功能类型，这里的 login 说明是登录； Account=用户的账号； Password=用户的密码（密码是转换后的 MD5 字节码）

接口返回数据格式	验证成功：
	{
	"status": "success",
	"results": [{
	"UserID": "1507202307301281000039",
	"UserAccount": "LiTianXiang",
	"UserType": "学生",
	"UserName": "李天祥"
	}]
	}
	验证失败：
	{
	"status": "error",
	"des": "用户合法性验证失败，可能是用户名或者密码错误！"
	}

续表

返回数据说明	"UserID": 代表用户的编号, "UserAccount": 代表用户的账号, "UserType": 代表当前用户的类型, "UserName": 当前用户的姓名

出错说明	{
	"status": "error",
	"des": "解析出错"
	}

6.2.4.2 获取待评教信息网络接口

表 6.11 实现手机用户获取自己所有的待评教信息的服务器接口

接口地址	http://192.168.1.10/netinteface.ashx?do=getStuAppraise&stuid= 15072023073012810000039
功能说明	实现用户的登录功能 Url地址中参数说明: Do=功能类型，这里的getStuAppraise说明是获取待评教数据; stuid=学生的编号

接口返回数据格式	{
	"status": "success",
	"results": [
	{
	"AttendanceID": "15072122001360510000042",
	"CourseName": "Android应用开发",
	"TName": "罗勇",
	"Week": "星期二",
	"JieChi": "7-8"
	}
	]
	}

返回数据说明	"AttendanceID": 代表评教的编号, "CourseName": 课程名称, "TName": 上课老师, "Week": 星期几, "JieChi": 第几节课

出错说明	{
	"status": "error",
	"des": "解析出错"
	}

6.2.4.3 提交评教的网络接口

表 6.12　实现手机用户提交自己评教结果的服务器接口

接口地址	http://192.168.1.10/netinteface.ashx?do=comitStuAppraise&content={"AttendanceID":"15072121562110210000002","AppraiseGrade":"满意"}

功能说明	实现用户的登录功能
	Url 地址中参数说明：
	Do=功能类型，这里的 comitStuAppraise 说明是提交评教数据；
	content=提交的评教结果，注意，这里是以 JSON 的格式进行提交：
	{
	"AttendanceID": "15072121562110210000002",
	"AppraiseGrade": "满意"
	}
	其中：
	AttendanceID＝评教编号，也就是接口 3 中返回的编号；
	AppraiseGrade＝评教结果，分别有：非常满意，满意，一般，差四种

接口返回数据格式	提交成功：
	{
	"status": "success",
	"des": "提交成功"
	}
	提交失败：
	{
	"status": "error",
	"des": "提交失败"
	}

返回数据说明	如果提交成功，返回提交成功的结果，否则返回提交失败的结果

出错说明	{
	"status": "error",
	"des": "解析出错"
	}

6.2.4.4 修改密码网络接口

表 6.13　实现手机用户修改自己的密码的服务器接口

接口地址	http://192.168.1.10/netinteface.ashx?do=edit&userid=15072023073012810000039&password=111111
功能说明	实现用户的登录功能 Url 地址中参数说明： Do=功能类型，这里的 edit 说明是修改； userid=用户的编号； Password=用户的新密码（密码是转换后的 MD5 字节码）

续表

接口返回数据格式	修改成功:
	{
	"status": "success",
	"des": "修改成功"
	}
	修改失败:
	{
	"status": "error",
	"des": "修改失败"
	}

返回数据说明	如果修改成功,返回修改成功的结果,否则返回修改失败的结果

出错说明	{
	"status": "error",
	"des": "解析出错"
	}

6.3 任务实施

6.3.1 总体步骤

本任务是要完成一个基于Web服务器接口实现的手机评教App。为了更有效地执行项目开发,必须严格按照软件工程的思路来分析设计。

第一,梳理清楚这个App应该具备哪些功能(需求分析);

第二,搞清楚App的数据来源(数据分析);

第三,画出每一个功能模块的业务流程图(详细设计,指导后期的代码实现);

第四,创建项目(设置项目文档结构);

第五,整合Volley网络框架;

第六,整合第三方下拉刷新框架;

第七,设计界面布局,开发业务功能;

第八,对接调试。

6.3.2 系统编码及实现

根据前面的分析与设计,评教App应用软件编码前的工作已经完成,接下来就是根据前面的设计进行详细的编码开发了。

6.3.2.1 创建项目

采用Eclipse创建一个Android项目,评教App项目名为:TE.System。然后实现如图6.13所示的文件结构。

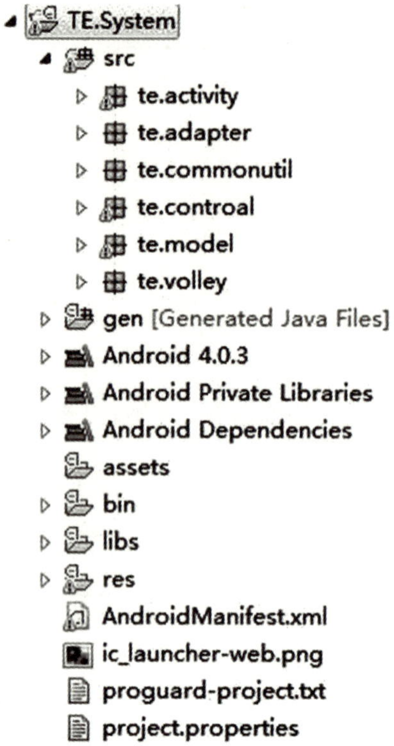

图 6.13　评教 App 的文件结构

其中 src 目录的结构说明如表 6.14 所示。

表 6.14　src 目录的结构说明

目录/文件	说 明
te.activity	存放系统的所有 Activity 文件
te.adapter	存放数据适配器
te.commonutil	存放通用功能类
te.controal	存放自定义控件、第三方控件
te.model	存放实体封装类
te.volley	存放 Volley 框架操作类

6.3.2.2　准备工作

本学生评教 App 将使用到 Google 的 Volley 网络框架及第三方的下拉刷新控件，所以在正式开发前，我们得把相应的准备工作做好。

一、Volley 框架的准备

首先，在项目中创建 libs 目录，将图 6.14 所示的三个 jar 文件复制到 libs 目录下。

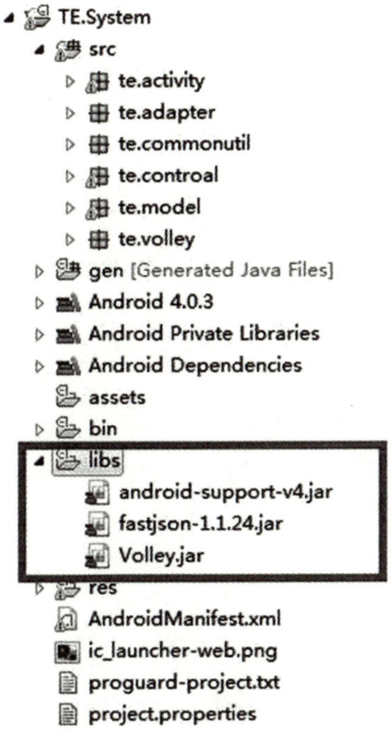

图6.14　Volley框架jar包示意图

其次，在项目的src目录下创建te.volley包，并在该包下创建如下图所示的四个java类。

图6.15　Volley框架核心操作类示意图

其中这四个类的相应代码具体如下所示。

1. BitmapLruCache.java类

代码清单6-1 BitmapLruCache.java

```
package te.volley;
// 使用快捷键Ctrl+Shift+O快速生成需要的import代码段
// 图片缓存器
public class BitmapLruCache extends LruCache<String, Bitmap> implements
        ImageLoader.ImageCache {
    public BitmapLruCache(int maxSize) {
        super(maxSize);
    }
    @Override
    protected int sizeOf(String key, Bitmap bitmap) {
        return bitmap.getRowBytes() * bitmap.getHeight();
    }
    @Override
    public Bitmap getBitmap(String url) {
        return get(url);
    }
    @Override
    public void putBitmap(String url, Bitmap bitmap) {
        put(url, bitmap);
    }
}
```

有一些只用请求一次就过时的消息，如某些新闻信息，如果我们每次进入新闻界面就重新从网络上获取，势必会给用户带来不好的体验，所以我们需要缓存技术来帮我们解决这一问题。在Android中，LruCache类(此类在android-support-v4的包中提供)专门用来做图片缓存处理的。它有一个特点，当缓存的图片达到了预先设定的值的时候，那么近期使用次数最少的图片就会被回收掉。

代码bitmap.getRowBytes() * bitmap.getHeight()获取bitmap的大小。

Tips

更多关于LruCache的知识请扫描以下二维码。

2. GetVolleyHttp.java类

代码清单6-2 GetVolleyHttp.java

```
package te.volley;
// 使用快捷键Ctrl+Shift+O快速生成需要的import代码段
// 获取网络数据
public class GetVolleyHttp {
    private static GetVolleyHttp getjsonvollery = null;
    private Activity activity;
    private RequestQueue request;
    // 构造函数
    private GetVolleyHttp(Activity activity) {
        this.activity = activity;
        request = Volley.newRequestQueue(activity);
    }
    // 获取实例 单列模式
    public static GetVolleyHttp getInstance(Activity activity) {
        if (getjsonvollery == null) {
            getjsonvollery = new GetVolleyHttp(activity);
        }
        return getjsonvollery;
    }
    // 获取StringJson数据 Get方式
    public void getStringGETJsonData(final String url,
            Listener<String> listener, ErrorListener errorlistener) {
        StringRequest stringrequest = new StringRequest(Method.GET, url,
                                listener, errorlistener);
        stringrequest.setShouldCache(Boolean.TRUE);
```

```
            request.add(stringrequest);
        }
        // 获取 StringJson 数据 POST 方式
        public void getStringPOSTJsonData(final String url,
                    final HashMap<String, String> map, Listener<String> listener,
                    ErrorListener errorlistener) {StringRequest stringrequest
                        = new StringRequest(Method.POST, url,listener, errorlistener) {
                    @Override
                    protected Map<String, String> getParams() throws AuthFailureError {
                        return map;
                    }
            };
            stringrequest.setShouldCache(Boolean.TRUE);
            request.add(stringrequest);
        }
        // 网络图片获取
        @SuppressWarnings("static-access")
        public void setImageLoader(ImageView imageview, int defaultImageResId,
                int errorImageResId, String url) {
            ImageLoader imageloder = RequestManager.getInstance(request, activity).
                                        getImageLoader();
            imageloder.get(url, imageloder.getImageListener(imageview,
                        defaultImageResId, errorImageResId));
        }
    }
```

➢ Volley.newRequestQueue(activity)，获取 RequestQueue 对象。RequestQueue 是请求队列对象，它可以缓存所有的HTTP网络请求，然后按照其内部算法发送这些网络请求，它能够很好地支撑并发请求，不要每个请求都创建RequestQueue对象，创建多个RequestQueue会耗费资源。

➢ StringRequest(Method.GET, url,listener, errorlistener)，第一个参数表示用GET方式进行请求，第二个参数表示请求的地址，第三个参数表示响应成功的监听器，第四个参数表示出错时的监听器。

Tips

更多imageloder的知识，请扫描以下二维码。

3. RequestManager.java类

代码清单6-3 RequestManager.java

```
package te.volley;
// 使用快捷键Ctrl+Shift+O快速生成需要的import代码段
// 网络图片异步
public class RequestManager {
    private RequestQueue mRequestQueue;
    private static ImageLoader mImageLoader;
    private static RequestManager requestmanager = null;
    // constant
    public RequestManager(RequestQueue request, Activity activity) {
        this.mRequestQueue = request;
        init(activity);
    }
    // 单列
    public static RequestManager getInstance(RequestQueue request,Activity activity) {
        if (requestmanager == null) {
            requestmanager = new RequestManager(request, activity);
        }
        return requestmanager;
    }
    //初始化
    @TargetApi(Build.VERSION_CODES.ECLAIR)
    public void init(Context context) {
        int memClass = ((ActivityManager) context.getSystemService(Context.
                    ACTIVITY_SERVICE)).getMemoryClass();
```

```
            int cacheSize = 1024 * 1024 * memClass / 8;
            mImageLoader = new ImageLoader(mRequestQueue,
new BitmapLruCache(cacheSize));
    }
    // 获取异步队列
    public RequestQueue getRequestQueue() {
            if (mRequestQueue != null) {
                    return mRequestQueue;
            } else {
                    throw new IllegalStateException("RequestQueue not initialized");
            }
    }
    // 添加进异步队列
    public void addRequest(Request<?> request, Object tag) {
            if (tag != null) {
                    request.setTag(tag);
            }
            mRequestQueue.add(request);
    }
    public void cancelAll(Object tag) {
            mRequestQueue.cancelAll(tag);
    }
    //返回单列的 imageloader
    public ImageLoader getImageLoader() {
            if (mImageLoader != null) {
                    return mImageLoader;
            } else {
                    throw new IllegalStateException("imageloader 没有实例化");
            }
    }
}
```

➢ 使用@TargetApi，使高版本 API 的代码在低版本 SDK 不报错。比如某个静态变量是 API11 才有的，设置 project build target 为 2.1。这个时候 eclipse 会提示找不到这个变量。只要在方法前面加一个@TargetApi(11),这样就不会报错了，程序已经可以跑在低版本SDK上了。

➢ context.getSystemService(Context.ACTIVITY_SERVICE))方法，Android的后台运行在很多service，它们在系统启动时被SystemServer开启，支持系统的正常工作，应用程序可以通过系统提供的Manager接口来访问这些Service提供的数据。GetSystemService是Activity的一个方法，根据传入的NAME来取得对应的Object，然后转换成相应的服务对象。这里我们传入了ACTIVITY_SERVICE，返回的对象就是ActivityManager。

➢ activitymanager.getMemoryClass()方法，获取内存信息。

Tips

更多关于getSystemService()方法和activitymanager的知识请扫描以下二维码。

4. SharePreferce.java类

代码清单6-4 SharePreferce.java

```
package te.volley;
// 使用快捷键Ctrl+Shift+O快速生成需要的import代码段
//保存数据到内存中
@SuppressLint("WorldReadableFiles")
public class SharePreferce {
    private static SharePreferce tool = null;
    private SharedPreferences shareprefece;
    private SharedPreferences.Editor editor;
    // Construct
    @SuppressLint("WorldWriteableFiles")
    private SharePreferce(Context context) {
        // Preferences对象
        shareprefece = context.getSharedPreferences("SharePrefece",
```

```
                    Context.MODE_AppEND+Context.MODE_WORLD_READABLE
                            + Context.MODE_WORLD_WRITEABLE);
        editor = shareprefece.edit();
    }
    public static SharePreferce getInstance(Context context) {
        if (tool == null) {
            tool = new SharePreferce(context);
        }
        return tool;
    }
    public boolean isEmpty(String key) {
        return shareprefece.contains(key);
    }

    // 清理缓存
    public void clearCache() {
        editor.clear();
        editor.commit();
    }
    //设置 SharedPrefere 缓存
    public void setCache(String key, Object value) {
        if (value instanceof Boolean)// 布尔对象
            editor.putBoolean(key, (Boolean) value);
        else if (value instanceof String)// 字符串
            editor.putString(key, (String) value);
        else if (value instanceof Integer)// 整型数
            editor.putInt(key, (Integer) value);
        else if (value instanceof Long)// 长整型
            editor.putLong(key, (Long) value);
        else if (value instanceof Float)// 浮点数
            editor.putFloat(key, (Float) value);
        editor.commit();
    }
    // 读取缓存中的字符串
```

```
    public String getString(String key) {
        return shareprefece.getString(key, "");
    }
    //读取缓存中的布尔型缓存
    public boolean getBoolean(String key) {
        return shareprefece.getBoolean(key, false);
    }
    // 读取缓存中的整型数
    public int getInt(String key) {
        return shareprefece.getInt(key, 0);
    }
    // 读取缓存中的长整型数
    public long getLong(String key) {
        return shareprefece.getLong(key, 0);
    }
    //读取缓存中的浮点数
    public float getFloat(String key) {
        return shareprefece.getFloat(key, 0.0f);
    }
    // 判断是否有缓存
    public boolean ifHaveShare(String string) {
        return shareprefece.contains(string);
    }
}
```

➢ context.getSharedPreferences()方法，获取SharedPreferences对象，参数分别为存储的文件名和存储模式。

➢ shareprefece.contains()方法，判断是否包含该键值。

➢ editor.clear()方法，清空SharedPreferences里所有数据。

➢ SharedPreferences.Editor.putxxx(String key ,xxx value):向SharedPreferences存入指定key对应的数据。其中xxx可以是boolean、float、int、long、String等各种基本类型的值。

二、第三方控件准备

本系统将实现目前非常流行的下拉刷新功能，所以在本系统中使用了第三方下拉刷新控件。因此，在正式开发前，我们应该做好准备。

首先，在布局layout目录下复制如图6.16所示的两个布局文件。

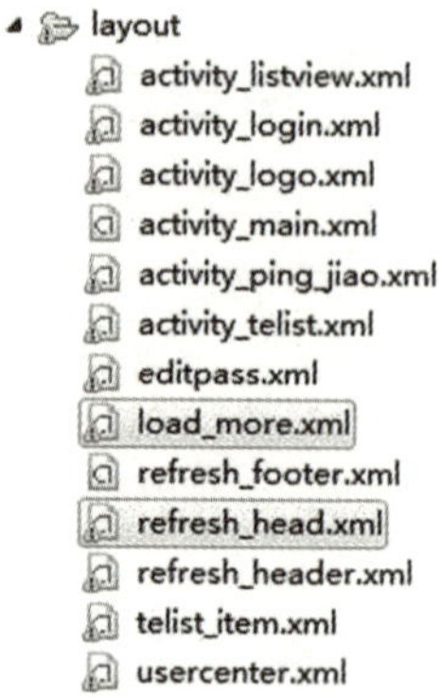

图6.16　下拉刷新控件布局文件示意图

其次，在项目的res目录下创建一个anim目标，并将如图6.17所示的两个xml文件复制到anim目标下。

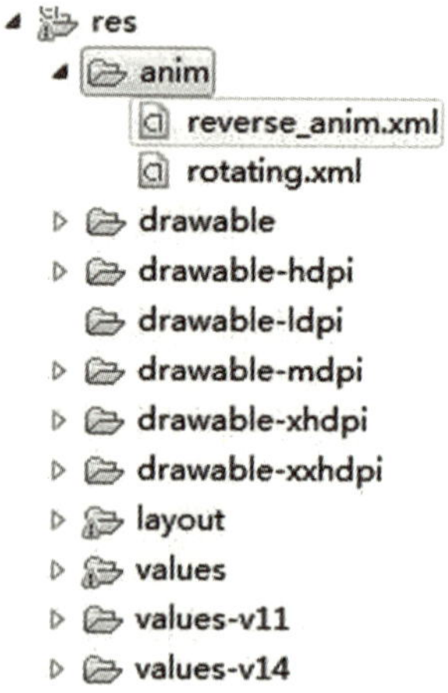

图6.17　下拉刷新控件布局文件示意图

然后，在项目的src目录下创建一个叫te.controal的包，并在该包下创建如图6.18所示的三个java操作类。

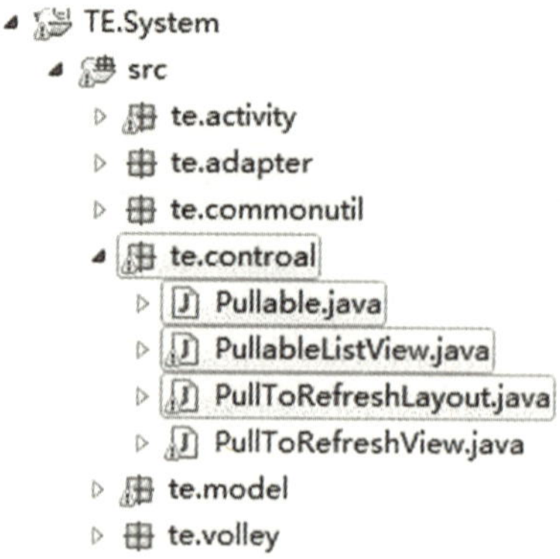

图6.18　下拉刷新控件类示意图

其中，这三个java类的代码如下所示。

1. Pullable.java类

代码清单6-5 Pullable.java

```
package te.controal;
public interface Pullable
{
        /** 判断是否可以下拉，如果不需要下拉功能可以直接return false
      @return true 如果可以下拉否则返回 false */
       boolean canPullDown();
        /**判断是否可以上拉，如果不需要上拉功能可以直接return false
      @return true 如果可以上拉否则返回 false */
       boolean canPullUp();
}
```

2. PullableListView.java类

代码清单6-6 PullableListView.java

```
package te.controal;
// 使用快捷键Ctrl+Shift+O快速生成需要的import代码段
public class PullableListView extends ListView implements Pullable
{
    public PullableListView(Context context)
    {
        super(context);
    }
    public PullableListView(Context context, AttributeSet attrs)
    {
        super(context, attrs);
    }
    public PullableListView(Context context, AttributeSet attrs, int defStyle)
    {
        super(context, attrs, defStyle);
```

```
    }
    @Override
    public boolean canPullDown()
    {
        if (getCount() == 0)
        {
            // 没有item的时候也可以下拉刷新
            return true;
        } else if (getFirstVisiblePosition() == 0&& getChildAt(0).getTop() >= 0)
        {
            // 滑到ListView的顶部了
            return true;
        } else
            return false;
    }
    @Override
    public boolean canPullUp()
    {
        if (getCount() == 0)
        {
            // 没有item的时候也可以上拉加载
            return true;
        } else if (getLastVisiblePosition() == (getCount() - 1))
        {
            // 滑到底部了
            if (getChildAt(getLastVisiblePosition() - getFirstVisiblePosition()) != null
                    && getChildAt(getLastVisiblePosition()
                    - getFirstVisiblePosition()).getBottom() <= getMeasuredHeight())
                    return true;
        }
        return false;
    }
}
```

➢ getFirstVisiblePosition()方法，获取当前可见的第一个Item的position并记录。

➢ getChildAt(0).getTop()方法，getChildAt(0)返回指定第0位置的view对象，然后使用getTop()方法返回该view对象相对其父控件的顶部位置；

3. PullToRefreshLayout.java类

代码清单6-7 PullToRefreshLayout.java

```
package  te.controal;
// 使用快捷键Ctrl+Shift+O快速生成需要的import代码段
public class PullToRefreshLayout extends RelativeLayout
{
    public static final String TAG = "PullToRefreshLayout";
    // 初始状态
    public static final int INIT = 0;
    // 释放刷新
    public static final int RELEASE_TO_REFRESH = 1;
    // 正在刷新
    public static final int REFRESHING = 2;
    // 释放加载
    public static final int RELEASE_TO_LOAD = 3;
    // 正在加载
    public static final int LOADING = 4;
    // 操作完毕
    public static final int DONE = 5;
    // 当前状态
    private int state = INIT;
    // 刷新回调接口
    private OnRefreshListener mListener;
    // 刷新成功
    public static final int SUCCEED = 0;
    // 刷新失败
    public static final int FAIL = 1;
    // 按下Y坐标，上一个事件点Y坐标
    private float downY, lastY;
    // 下拉的距离。注意：pullDownY和pullUpY不可能同时不为0
```

```
public float pullDownY = 0;
// 上拉的距离
private float pullUpY = 0;
// 释放刷新的距离
private float refreshDist = 200;
// 释放加载的距离
private float loadmoreDist = 200;
private MyTimer timer;
// 回滚速度
public float MOVE_SPEED = 8;
// 第一次执行布局
private boolean isLayout = false;
// 在刷新过程中滑动操作
private boolean isTouch = false;
// 手指滑动距离与下拉头的滑动距离比，中间会随正切函数变化
private float radio = 2;
// 下拉箭头的转 180°动画
private RotateAnimation rotateAnimation;
// 均匀旋转动画
private RotateAnimation refreshingAnimation;
// 下拉头
private View refreshView;
// 下拉的箭头
private View pullView;
// 正在刷新的图标
private View refreshingView;
// 刷新结果图标
private View refreshStateImageView;
// 刷新结果：成功或失败
private TextView refreshStateTextView;
// 上拉头
private View loadmoreView;
// 上拉的箭头
private View pullUpView;
// 正在加载的图标
```

```
private View loadingView;
// 加载结果图标
private View loadStateImageView;
// 加载结果：成功或失败
private TextView loadStateTextView;
// 实现了 Pullable 接口的 View
private View pullableView;
// 过滤多点触碰
private int mEvents;
// 这两个变量用来控制pull的方向，如果不加控制，当情况满足可上拉又可下拉
//时没法下拉
private boolean canPullDown = true;
private boolean canPullUp = true;
private Context mContext;
// 执行自动回滚的handler
Handler updateHandler = new Handler()
{
    @Override
    public void handleMessage(Message msg)
    {
        // 回弹速度随下拉距离moveDeltaY增大而增大
        MOVE_SPEED = (float) (8 + 5 * Math.tan(Math.PI / 2
                    / getMeasuredHeight() * (pullDownY + Math.abs
                    (pullUpY))));
        if (!isTouch)
        {
            // 正在刷新，且没有往上推的话则悬停，显示"正在刷新..."
            if (state == REFRESHING && pullDownY <= refreshDist)
            {
                pullDownY = refreshDist;
                timer.cancel();
            } else if (state == LOADING && -pullUpY <= loadmoreDist)
            {
                pullUpY = -loadmoreDist;
                timer.cancel();
```

```
                }
            }
            if (pullDownY > 0)
                pullDownY -= MOVE_SPEED;
            else if (pullUpY < 0)
                pullUpY += MOVE_SPEED;
            if (pullDownY < 0)
            {
                // 已完成回弹
                pullDownY = 0;
                pullView.clearAnimation();
// 隐藏下拉头时有可能还在刷新，只有当前状态不是正在刷新时才改// 变状态
                if (state != REFRESHING && state != LOADING)
                    changeState(INIT);
                timer.cancel();
                requestLayout();
            }
            if (pullUpY > 0)
            {
                // 已完成回弹
                pullUpY = 0;
                pullUpView.clearAnimation();
// 隐藏上拉头时有可能还在刷新，只有当前状态不是正在刷新时才改// 变状态
                if (state != REFRESHING && state != LOADING)
                    changeState(INIT);
                timer.cancel();
                requestLayout();
            }
            Log.d("handle", "handle");
            // 刷新布局,会自动调用 onLayout
            requestLayout();
            // 没有拖拉或者回弹完成
            if (pullDownY + Math.abs(pullUpY) == 0)
                timer.cancel();
        }
```

```
};
public void setOnRefreshListener(OnRefreshListener listener)
{
        mListener = listener;
}
public PullToRefreshLayout(Context context)
{
        super(context);
        initView(context);
}
public PullToRefreshLayout(Context context, AttributeSet attrs)
{
        super(context, attrs);
        initView(context);
}
public PullToRefreshLayout(Context context, AttributeSet attrs, int defStyle)
{
        super(context, attrs, defStyle);
        initView(context);
}
private void initView(Context context)
{
        mContext = context;
        timer = new MyTimer(updateHandler);
        rotateAnimation = (RotateAnimation) AnimationUtils.
                        loadAnimation(context, R.anim.reverse_anim);
        refreshingAnimation = (RotateAnimation) AnimationUtils.
                                loadAnimation(context, R.anim.rotating);
        // 添加匀速转动动画
        LinearInterpolator lir = new LinearInterpolator();
        rotateAnimation.setInterpolator(lir);
        refreshingAnimation.setInterpolator(lir);
}
private void hide()
{
```

```
            timer.schedule(5);
        }
        // 完成刷新操作，显示刷新结果。注意：刷新完成后一定要调用这个方法
        /**
        * @param refreshResult
         *  PullToRefreshLayout.SUCCEED 代表成功，
     *  PullToRefreshLayout.FAIL 代表失败
         */
        public void refreshFinish(int refreshResult)
        {
            refreshingView.clearAnimation();
            refreshingView.setVisibility(View.GONE);
            switch (refreshResult)
            {
            case SUCCEED:
                // 刷新成功
                refreshStateImageView.setVisibility(View.VISIBLE);
                refreshStateTextView.setText(R.string.refresh_succeed);
                refreshStateImageView.setBackgroundResource(R.drawable.
                                refresh_succeed);
                break;
            case FAIL:
            default:
                // 刷新失败
                refreshStateImageView.setVisibility(View.VISIBLE);
                refreshStateTextView.setText(R.string.refresh_fail);
                refreshStateImageView.setBackgroundResource(R.drawable.
                                refresh_failed);
                break;
            }
            if (pullDownY > 0)
            {
                // 刷新结果停留 1 秒
                new Handler()
                {
```

```
                    @Override
                    public void handleMessage(Message msg)
                    {
                        changeState(DONE);
                        hide();
                    }
                }.sendEmptyMessageDelayed(0, 1000);
            } else
            {
                changeState(DONE);
                hide();
            }
        }
        /**
         * 加载完毕，显示加载结果。注意：加载完成后一定要调用这个方法
         *
         * @param refreshResult
         *  PullToRefreshLayout.SUCCEED代表成功，PullToRefreshLayout.FAIL代
            表失败
         */
        public void loadmoreFinish(int refreshResult)
        {
            loadingView.clearAnimation();
            loadingView.setVisibility(View.GONE);
            switch (refreshResult)
            {
            case SUCCEED:
                // 加载成功
                loadStateImageView.setVisibility(View.VISIBLE);
                loadStateTextView.setText(R.string.load_succeed);
                loadStateImageView.setBackgroundResource(R.drawable.load_succeed);
                break;
            case FAIL:
            default:
                // 加载失败
```

```
            loadStateImageView.setVisibility(View.VISIBLE);
            loadStateTextView.setText(R.string.load_fail);
            loadStateImageView.setBackgroundResource(R.drawable.
            load_failed);
            break;
        }
        if (pullUpY < 0)
        {
            // 刷新结果停留1秒
            new Handler()
            {
                @Override
                public void handleMessage(Message msg)
                {
                    changeState(DONE);
                    hide();
                }
            }.sendEmptyMessageDelayed(0, 1000);
        } else
        {
            changeState(DONE);
            hide();
        }
    }
    private void changeState(int to)
    {
        state = to;
        switch (state)
        {
        case INIT:
            // 下拉布局初始状态
            refreshStateImageView.setVisibility(View.GONE);
            refreshStateTextView.setText(R.string.pull_to_refresh);
            pullView.clearAnimation();
            pullView.setVisibility(View.VISIBLE);
```

```
        //上拉布局初始状态
        loadStateImageView.setVisibility(View.GONE);
        loadStateTextView.setText(R.string.pullup_to_load);
        pullUpView.clearAnimation();
        pullUpView.setVisibility(View.VISIBLE);
        break;
    case RELEASE_TO_REFRESH:
        //释放刷新状态
        refreshStateTextView.setText(R.string.release_to_refresh);
        pullView.startAnimation(rotateAnimation);
        break;
    case REFRESHING:
        //正在刷新状态
        pullView.clearAnimation();
        refreshingView.setVisibility(View.VISIBLE);
        pullView.setVisibility(View.INVISIBLE);
        refreshingView.startAnimation(refreshingAnimation);
        refreshStateTextView.setText(R.string.refreshing);
        break;
    case RELEASE_TO_LOAD:
        //释放加载状态
        loadStateTextView.setText(R.string.release_to_load);
        pullUpView.startAnimation(rotateAnimation);
        break;
    case LOADING:
        //正在加载状态
        pullUpView.clearAnimation();
        loadingView.setVisibility(View.VISIBLE);
        pullUpView.setVisibility(View.INVISIBLE);
        loadingView.startAnimation(refreshingAnimation);
        loadStateTextView.setText(R.string.loading);
        break;
    case DONE:
        //刷新或加载完毕，啥都不做
        break;
```

```
        }
    }
    // 不限制上拉或下拉
    private void releasePull()
    {
        canPullDown = true;
        canPullUp = true;
    }

    // 由父控件决定是否分发事件，防止事件冲突
    @Override
    public boolean dispatchTouchEvent(MotionEvent ev)
    {
        switch (ev.getActionMasked())
        {
        case MotionEvent.ACTION_DOWN:
            downY = ev.getY();
            lastY = downY;
            timer.cancel();
            mEvents = 0;
            releasePull();
            break;
        case MotionEvent.ACTION_POINTER_DOWN:
        case MotionEvent.ACTION_POINTER_UP:
            // 过滤多点触碰
            mEvents = -1;
            break;
        case MotionEvent.ACTION_MOVE:
            if (mEvents == 0)
            {
                if (pullDownY > 0
                        || (((Pullable) pullableView).canPullDown()
                                && canPullDown && state != LOADING))
                {
                    // 可以下拉，正在加载时不能下拉
```

```
        // 对实际滑动距离做缩小，造成用力拉的感觉
        pullDownY = pullDownY + (ev.getY() - lastY) / radio;
        if (pullDownY < 0)
        {
            pullDownY = 0;
            canPullDown = false;
            canPullUp = true;
        }
        if (pullDownY > getMeasuredHeight())
            pullDownY = getMeasuredHeight();
        if (state == REFRESHING)
        {
            // 正在刷新的时候触摸移动
            isTouch = true;
        }
    } else if (pullUpY < 0|| (((Pullable) pullableView).canPullUp()
        && canPullUp && state != REFRESHING))
    {
        // 可以上拉，正在刷新时不能上拉
        pullUpY = pullUpY + (ev.getY() - lastY) / radio;
        if (pullUpY > 0)
        {
            pullUpY = 0;
            canPullDown = true;
            canPullUp = false;
        }
        if (pullUpY < -getMeasuredHeight())
            pullUpY = -getMeasuredHeight();
        if (state == LOADING)
        {
            // 正在加载的时候触摸移动
            isTouch = true;
        }
    } else
        releasePull();
```

```
} else
    mEvents = 0;
lastY = ev.getY();
// 根据下拉距离改变比例
radio = (float) (2 + 2 * Math.tan(Math.PI / 2 / getMeasuredHeight()
        * (pullDownY + Math.abs(pullUpY))));
if (pullDownY > 0 || pullUpY < 0)
    requestLayout();
if (pullDownY > 0)
{
    if (pullDownY <= refreshDist
            && (state == RELEASE_TO_REFRESH || state ==
            DONE))
    {
    // 如果下拉距离没达到刷新的距离且当前状态是释放刷新，
      改变状态为下拉刷新
        changeState(INIT);
    }
    if (pullDownY >= refreshDist && state == INIT)
    {
    // 如果下拉距离达到刷新的距离且当前状态是初始状态刷
      新，改变状态为释放刷新
        changeState(RELEASE_TO_REFRESH);
    }
} else if (pullUpY < 0)
{
    // 下面是判断上拉加载的，同上，注意pullUpY是负值
    if (-pullUpY <= loadmoreDist
          && (state == RELEASE_TO_ LOAD || state ==
          DONE))
    {
        changeState(INIT);
    }
    // 上拉操作
    if (-pullUpY >= loadmoreDist && state == INIT)
    {
```

```
                    changeState(RELEASE_TO_LOAD);
                }

            }
            // 因为刷新和加载操作不能同时进行，所以pullDownY和pullUpY
            // 不会同时不为0，因此这里用(pullDownY +Math.abs(pullUpY))
            就可以// 不对当前状态作区分了
            if ((pullDownY + Math.abs(pullUpY)) > 8)
            {
                // 防止下拉过程中误触发长按事件和点击事件
                ev.setAction(MotionEvent.ACTION_CANCEL);
            }
            break;
        case MotionEvent.ACTION_UP:
            if (pullDownY > refreshDist || -pullUpY > loadmoreDist)
            // 正在刷新时往下拉（正在加载时往上拉），释放后下拉头（上拉
              头）不隐藏
            {
                isTouch = false;
            }
            if (state == RELEASE_TO_REFRESH)
            {
                changeState(REFRESHING);
                // 刷新操作
                if (mListener != null)
                    mListener.onRefresh(this);
            } else if (state == RELEASE_TO_LOAD)
            {
                changeState(LOADING);
                // 加载操作
                if (mListener != null)
                    mListener.onLoadMore(this);
            }
            hide();
        default:
```

```
                break;
            }
            //事件分发交给父类
            super.dispatchTouchEvent(ev);
            return true;
        }

        //自动模拟手指滑动的task
            private class AutoRefreshAndLoadTask extendsAsyncTask<Integer, Float,
            String>
        {
            @Override
            protected String doInBackground(Integer... params)
            {
                while (pullDownY < 4 / 3 * refreshDist)
                {
                    pullDownY += MOVE_SPEED;
                    publishProgress(pullDownY);
                    try
                    {
                        Thread.sleep(params[0]);
                    } catch (InterruptedException e)
                    {
                        e.printStackTrace();
                    }
                }
                return null;
            }
            @Override
            protected void onPostExecute(String result)
            {
                changeState(REFRESHING);
                //刷新操作
                if (mListener != null)
                    mListener.onRefresh(PullToRefreshLayout.this);
```

```
            hide();
        }
        @Override
        protected void onProgressUpdate(Float... values)
        {
            if (pullDownY > refreshDist)
                changeState(RELEASE_TO_REFRESH);
            requestLayout();
        }
    }
    //自动刷新
    public void autoRefresh()
    {
        AutoRefreshAndLoadTask task = new AutoRefreshAndLoadTask();
        task.execute(20);
    }
    // 自动加载
    public void autoLoad()
    {
        pullUpY = -loadmoreDist;
        requestLayout();
        changeState(LOADING);
        // 加载操作
        if (mListener != null)
            mListener.onLoadMore(this);
    }
    private void initView()
    {
        // 初始化下拉布局
        pullView = refreshView.findViewById(R.id.pull_icon);
        refreshStateTextView = (TextView) refreshView.findViewById(R.id.
                                state_tv);
        refreshingView = refreshView.findViewById(R.id.refreshing_icon);
        refreshStateImageView = refreshView.findViewById(R.id.state_iv);
        // 初始化上拉布局
```

```
        pullUpView = loadmoreView.findViewById(R.id.pullup_icon);
        loadStateTextView = (TextView) loadmoreView.findViewById(R.id.
                            loadstate_tv);
        loadingView = loadmoreView.findViewById(R.id.loading_icon);
        loadStateImageView = loadmoreView.findViewById(R.id.loadstate_iv);
}
@Override
protected void onLayout(boolean changed, int l, int t, int r, int b)
{
        Log.d("Test", "Test");
        if (!isLayout)
        {
                // 这里是第一次进来的时候做一些初始化
                refreshView = getChildAt(0);
                pullableView = getChildAt(1);
                loadmoreView = getChildAt(2);
                isLayout = true;
                initView();
                refreshDist = ((ViewGroup) refreshView).getChildAt(0).
                            getMeasuredHeight();
                loadmoreDist = ((ViewGroup) loadmoreView).getChildAt(0).
                            getMeasuredHeight();
        }
        // 改变子控件的布局，这里直接用(pullDownY + pullUpY)作为偏移
        量，这样就可以不对当前状态作区分
        refreshView.layout(0,(int) (pullDownY + pullUpY) - refreshView.
                getMeasuredHeight(),refreshView.getMeasuredWidth(),(int)
                (pullDownY + pullUpY));
        pullableView.layout(0, (int) (pullDownY + pullUpY),
                pullableView.getMeasuredWidth(), (int) (pullDownY + pullUpY)
                        + pullableView.getMeasuredHeight());
        loadmoreView.layout(0,(int) (pullDownY + pullUpY) + pullableView.
                getMeasuredHeight(),loadmoreView.getMeasuredWidth(),
```

```
                    (int) (pullDownY + pullUpY) + pullableView.
                            getMeasuredHeight()+ loadmoreView.getMeasuredHeight());
}

class MyTimer
{
        private Handler handler;
        private Timer timer;
        private MyTask mTask;
        public MyTimer(Handler handler)
        {
                this.handler = handler;
                timer = new Timer();
        }
        public void schedule(long period)
        {
                if (mTask != null)
                {
                        mTask.cancel();
                        mTask = null;
                }
                mTask = new MyTask(handler);
                timer.schedule(mTask, 0, period);
        }
        public void cancel()
        {
                if (mTask != null)
                {
                        mTask.cancel();
                        mTask = null;
                }
        }
        class MyTask extends TimerTask
        {
```

```
                private Handler handler;
                public MyTask(Handler handler)
                {
                    this.handler = handler;
                }
                @Override
                public void run()
                {
                    handler.obtainMessage().sendToTarget();
                }
            }
        }
        //刷新加载回调接口
        public interface OnRefreshListener
        {
            //刷新操作
            void onRefresh(PullToRefreshLayout pullToRefreshLayout);
            //加载操作
            void onLoadMore(PullToRefreshLayout pullToRefreshLayout);
        }
    }
```

三、其他项

1. String.xml 文件

在 values 目录下的 string.xml 文件中我们加入如下的代码，以方便开发中使用。

代码清单6-8 string.xml

```
<?xml version="1.0" encoding="utf-8"?>
<resources>
  <!-- 网络访问的URL地址，定义在这里，在程序代码中直接获取即可 -->
  <string name="neturl">http://182.151.230.11/testjs/netinteface.ashx</string>
  <string name="hello">Ultrawise TE System</string>
  <string name="app_name">TE.System</string>
  <string name="copyright">Ultrawise Teaching Evaluation System</string>
```

```
    <!-- 上拉下拉刷新 -->
    <string name="pull_to_refresh_pull_label">下拉刷新</string>
    <string name="pull_to_refresh_release_label">松开后刷新</string>
    <string name="pull_to_refresh_refreshing_label">正在刷新\u2026</string>
    <string name="pull_to_refresh_footer_release_label">松开后加载</string>
    <string name="pull_to_refresh_footer_pull_label">上拉加载更多</string>
    <string name="pull_to_refresh_footer_refreshing_label">正在加载中\u2026</
            string>
    <!-- 刷新结束 -->
    <!-- 另一种刷新 -->
    <string name="pull_to_refresh">下拉刷新</string>
    <string name="release_to_refresh">释放立即刷新</string>
    <string name="refreshing">正在刷新...</string>
    <string name="refresh_succeed">刷新成功</string>
    <string name="refresh_fail">刷新失败</string>
    <string name="pullup_to_load">上拉加载更多</string>
    <string name="release_to_load">释放立即加载</string>
    <string name="loading">正在加载...</string>
    <string name="load_succeed">加载成功</string>
    <string name="load_fail">加载失败</string>
    <string name="title_activity_logo">LogoActivity</string>
    <string name="hello_world">Hello world!</string>
    <string name="action_settings">Settings</string>
    <string name="title_activity_login">LoginActivity</string>
    <string name="title_activity_telist">TEListActivity</string>
    <string name="title_activity_ping_jiao">PingJiaoActivity</string>
</resources>
```

把应用中出现的文字单独存放在string.xml文中，可以方便地实现文字的国际化，Android建议将在屏幕上显示的文字定义在strings.xml中，如果今后需要进行国际化，比如我们开发的应用最初版本是面向国内用户的，会首选在屏幕上使用中文，随着应用的推广，我们要让应用走向世界，打入日本市场，就需要在界面上显示日语，如果没有把文字信息定义在string.xml中，就需要修改程序的内容了，不利于软件的扩张。我们只需要把屏幕上出现的文字信息都集中存放在string.xml文件中，需要文字显示的扩展时，把里面的汉字信息都修改为日语，再运行程序时，Android操作系统会根据用户手机的语言环境和国家来自动选择相应的string.xml文件，这时手机界面就会显示出日语。

2. color.xml文件

在values目录下的color.xml文件中我们加入如下的代码，以方便在开发中使用。

代码清单6-9 color.xml

```
<?xml version="1.0" encoding="utf-8"?>
<resources>
    <color name="white">#FFFFFF</color>
    <color name="black">#000000</color>
    <color name="gray">#ebebeb</color>
    <color name="light_blue">#ebebeb</color>
</resources>
```

在安卓编程中，各种颜色都是用一串16进制数来表示的。比如“FFFFFF”代表的是白色，“000000”代表的是黑色，其他的各种颜色都有相应的数来表示。那么我们写代码的时候，如果想调用白色，就需要去查一下白色是用什么数来表示的，这样就降低了我们编写代码的效率。我们可以编写一个color.xml文件，把需要用到的颜色全部存放在这里，这样，在需要的时候就可以根据name直接使用自定义的颜色。

6.3.2.3 创建界面布局文档

根据我们对需求的分析，我将为本系统设计以下界面布局。

1.系统启动布局

评教App启动界面主要用显示Logo，3秒以后进入主界面。具体效果如图6.19所示。

图6.19 启动界面布局图

操作步骤：展示 res 目录，在 layout 目录上点击右键创建 android xml 布局文档 activity_logo.xml。具体代码如下所示。

代码清单 6-10 activity_logo.xml

```
<?xml version="1.0" encoding="utf-8"?>
<RelativeLayout xmlns:android="http://schemas.android.com/apk/res/android"
    android:layout_width="match_parent"
    android:layout_height="match_parent"
    android:background="#ffffff">
    <LinearLayout
        android:layout_width="match_parent"
        android:layout_height="match_parent"
        android:gravity="center"
        android:layout_above="@+id/layout_bottom"
        android:orientation="vertical" >
        <ImageView
        请补全此处代码
        <LinearLayout
            android:layout_width="match_parent"
            android:layout_height="120dp"
            android:gravity="center"
            android:orientation="vertical" >
        </LinearLayout>
    </LinearLayout>
    <LinearLayout
        android:id="@+id/layout_bottom"
        android:layout_width="match_parent"
        android:layout_height="40dp"
        android:gravity="center"
        android:layout_alignParentBottom="true">
        <TextView
        请补全此处代码
    </LinearLayout>
</RelativeLayout>
```

本段代码的结构如下：

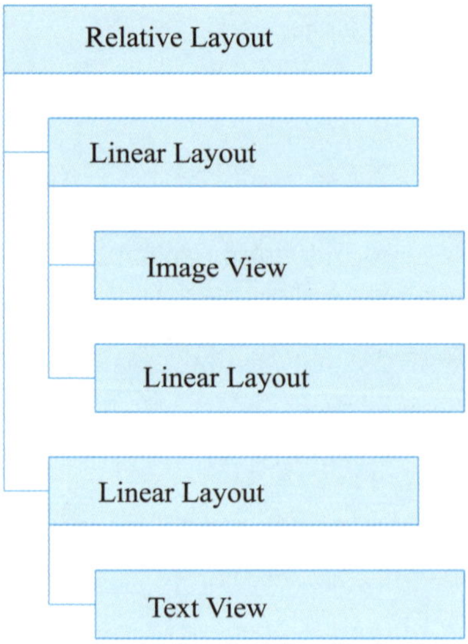

图6.20　activity logo.xml代码结构

> **小试牛刀**
>
> 将工程在eclipse里打开，打开activity_logo.xml文件，将多余的代码删除，然后补全，要求做出来的效果和前面的图一样。

2. 用户登录的布局

本布局用于用户验证布局文件。

图6.21　用户登录界面布局图

操作步骤：展示res目录，在layout目录上点击右键创建android xml布局文档activity_login.xml。具体代码如下所示。

代码清单6-11 activity_login.xml

```
<RelativeLayout xmlns:android="http://schemas.android.com/apk/res/android"
  xmlns:tools="http://schemas.android.com/tools"
  android:layout_width="match_parent"
  android:layout_height="match_parent"
  android:background="#2d343a"
  tools:context=".LoginActivity" >
  <ImageView
    android:id="@+id/headerimage"
    android:layout_width="81dp"
    android:layout_height="81dp"
    android:layout_centerHorizontal="true"
    android:layout_marginTop="30dp"
    android:src="@drawable/loginhead" />
  <LinearLayout
    android:id="@+id/linearLayout1"
    android:layout_width="match_parent"
    android:layout_height="wrap_content"
    android:layout_below="@+id/headerimage"
    android:background="@drawable/loginbj"
    android:layout_marginLeft="15dp"
    android:layout_marginRight="15dp"
    android:layout_marginTop="70dp"
    android:layout_marginBottom="20dp"
    android:orientation="vertical" >
    <EditText
      android:id="@+id/tx_account"
      android:layout_width="match_parent"
      android:layout_height="wrap_content"
      android:hint="请输入你的账号"
      android:layout_marginLeft="50dp"
```

```
            android:layout_marginTop="12dp"
            android:background="@null"
            android:text="LuoSir"
            android:ems="10" >
            <requestFocus />
        </EditText>
        <EditText
            android:id="@+id/tx_password"
            android:layout_width="match_parent"
            android:layout_height="wrap_content"
            android:background="@null"
            android:hint="请输入密码"
            android:ems="10"
            android:layout_marginLeft="50dp"
            android:layout_marginTop="24dp"
            android:text="123456"
            android:inputType="textPassword" />
    </LinearLayout>
    <Button
        android:id="@+id/bt_login"
        android:layout_width="match_parent"
        android:layout_height="45dp"
        android:layout_alignLeft="@+id/linearLayout1"
        android:layout_below="@+id/linearLayout1"
        android:layout_marginRight="15dp"
        android:background="#ffc000"
        android:textColor="#ffffff"
        android:text="登录" />
</RelativeLayout>
```

3. 评教列表界面布局

用户登录成功后，将会直接进入评教列表界面。具体效果如图6.22所示。

图6.22　评教列表界面布局图

操作步骤：展示res目录，在layout目录上点击右键创建android xml布局文档activity_listview.xml。具体代码如下所示。

代码清单6-12 activity_listview.xml

```
<RelativeLayout xmlns:android="http://schemas.android.com/apk/res/android"
    xmlns:tools="http://schemas.android.com/tools"
    android:layout_width="match_parent"
    android:layout_height="match_parent" >
    <RelativeLayout
        android:id="@+id/relativeLayout1"
        android:layout_width="match_parent"
        android:layout_height="50dp"
        android:layout_alignParentTop="true"
        android:background="#2d343a"
        android:gravity="center_vertical" >
        <!-- #90c841 -->
        <ImageButton
            android:id="@+id/imgBtSet"
```

```
        android:layout_width="32dp"
        android:layout_height="32dp"
        android:layout_alignParentRight="true"
        android:layout_alignParentTop="true"
        android:layout_marginRight="6dp"
        android:background="#00000000"
        android:src="@drawable/setting_1" />
    <TextView
        android:id="@+id/textView1"
        android:layout_width="wrap_content"
        android:layout_height="wrap_content"
        android:layout_alignParentLeft="true"
        android:layout_marginLeft="10dp"
        android:layout_marginTop="8dp"
        android:text="教学评教列表"
        android:textColor="#ffffff"
        android:textSize="14dp" />
  </RelativeLayout>
  <LinearLayout
      android:layout_width="fill_parent"
      android:layout_height="fill_parent"
      android:layout_below="@+id/relativeLayout1"
      android:background="#ebebeb"
      android:orientation="vertical" >
      <te.controal.PullToRefreshLayout
        xmlns:android="http://schemas.android.com/apk/res/android"
      请补全此处代码

      </te.controal.PullToRefreshLayout>
  </LinearLayout>
</RelativeLayout>
```

本段代码的结构如下：

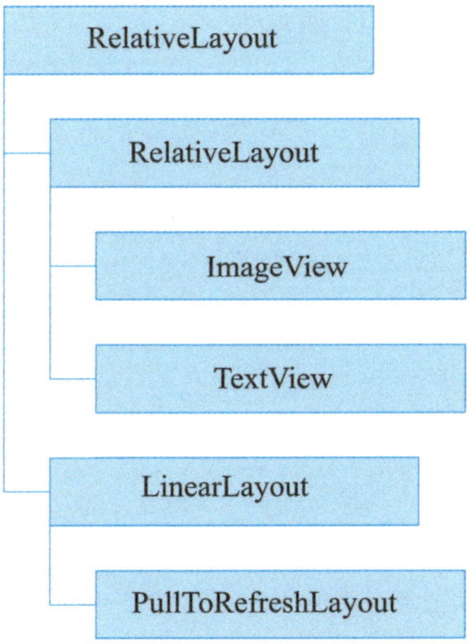

图6.23　activity listview.xml代码结构

小试牛刀

将工程在eclipse里打开，打开activity_listview.xml文件，将多余的代码删除，然后补全，要求做出来的效果和前面的图一样。

4. 提交评教界面布局

在评教列表中点击某一项，即可进入提交评教界面。具体效果如图6.24所示。

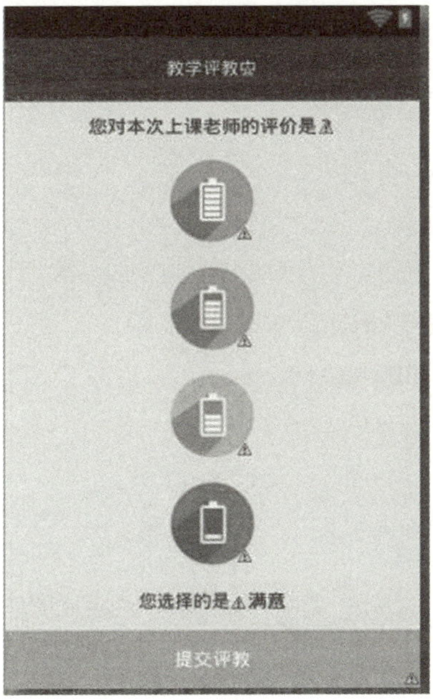

图6.24　提交评教界面布局图

操作步骤：展示res目录，在layout目录上点击右键创建android xml布局文档activity_ping_jiao.xml。具体代码如下所示。

代码清单6-13 activity_ping_jiao.xml

```
<RelativeLayout xmlns:android="http://schemas.android.com/apk/res/android"
  xmlns:tools="http://schemas.android.com/tools"
  android:layout_width="match_parent"
  android:layout_height="match_parent"
  android:background="#ebebeb" >
  <RelativeLayout
    android:id="@+id/relativeLayout1"
    android:layout_width="match_parent"
    android:layout_height="50dp"
    android:layout_alignParentTop="true"
    android:background="#2d343a"
    android:gravity="center" >
    <!-- #90c841 -->
    <TextView
      android:id="@+id/textView1"
      android:layout_width="wrap_content"
      android:layout_height="wrap_content"
      android:text="教学评教中"
      android:textColor="#ffffff"
      android:textSize="14dp" />
</RelativeLayout>
<LinearLayout
    android:id="@+id/relativeLayout2"
    android:layout_width="match_parent"
    android:layout_height="40dp"
    android:layout_below="@+id/relativeLayout1"
    android:gravity="center" >
    <TextView
      android:id="@+id/tx_pj_content"
      android:layout_width="wrap_content"
```

```
        android:layout_height="wrap_content"
        android:text="您对本次上课老师的评价是？"
        android:textColor="#333333"
        android:textSize="14dp"
        android:textStyle="bold" />
</LinearLayout>
<LinearLayout
    android:layout_width="match_parent"
    android:layout_height="match_parent"
    android:layout_above="@+id/LinearLayout2"
    android:layout_below="@+id/relativeLayout2"
    android:gravity="center"
    android:orientation="vertical" >
    <ImageButton
        android:id="@+id/imagebt_fcmy"
        android:layout_width="wrap_content"
        android:layout_height="wrap_content"
        android:background="@null"
        android:src="@drawable/fcmy" />
    <ImageButton
        android:id="@+id/imagebt_my"
        android:layout_width="wrap_content"
        android:layout_height="wrap_content"
        android:layout_marginTop="20dp"
        android:background="@null"
        android:src="@drawable/manyi" />
    <ImageButton
        android:id="@+id/imagebt_yiban"
        android:layout_width="wrap_content"
        android:layout_height="wrap_content"
        android:layout_marginTop="20dp"
        android:background="@null"
        android:src="@drawable/yiban" />
    <ImageButton
        android:id="@+id/imagebt_cha"
        android:layout_width="wrap_content"
```

```
            android:layout_height="wrap_content"
            android:layout_marginTop="20dp"
            android:background="@null"
            android:src="@drawable/cha" />
    </LinearLayout>
    <LinearLayout
        android:id="@+id/LinearLayout2"
        android:layout_width="match_parent"
        android:layout_height="45dp"
        android:layout_above="@+id/bt_commitpj"
        android:gravity="center" >
        <TextView
            android:id="@+id/textView2"
            android:layout_width="wrap_content"
            android:layout_height="wrap_content"
            android:text="您选择的是："
            android:textColor="#333333" />
        <TextView
            android:id="@+id/tx_selecttext"
            android:layout_width="wrap_content"
            android:layout_height="wrap_content"
            android:text="满意"
            android:textColor="#333333"
            android:textStyle="bold" />
    </LinearLayout>
    <Button
        android:id="@+id/bt_commitpj"
        android:layout_width="match_parent"
        android:layout_height="45dp"
        android:layout_alignParentBottom="true"
        android:background="#90c841"
        android:text="提交评教"
        android:textStyle="bold"
        android:textColor="#ffffff" />
    <!-- #ffc000 -->
</RelativeLayout>
```

5. 用户设置界面布局

在评教列表中点击右上角设置按钮，即可进入用户中心界面。具体效果如图6.25所示。

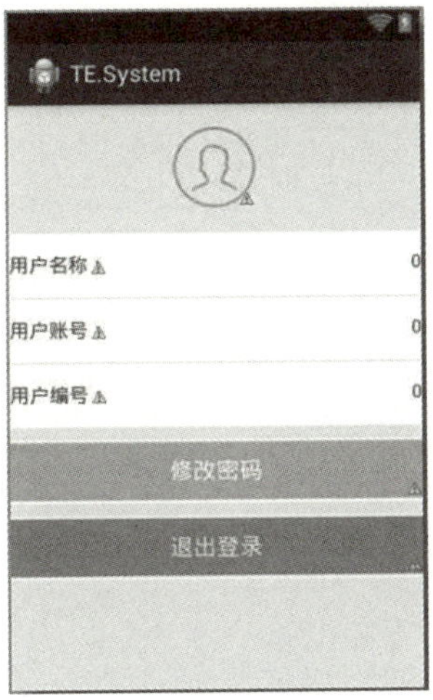

图6.25　用户中心界面布局图

操作步骤：展示res目录，在layout目录上点击右键创建android xml布局文档usercenter.xml。具体代码如下所示。

代码清单6-14 usercenter.xml

```
<?xml version="1.0" encoding="utf-8"?>
<RelativeLayout xmlns:android="http://schemas.android.com/apk/res/android"
   xmlns:tools="http://schemas.android.com/tools"
   android:layout_width="match_parent"
   android:layout_height="match_parent"
   android:background="#ebebeb" >
   <LinearLayout
      android:id="@+id/headlist"
      android:layout_width="match_parent"
      android:layout_height="100dp"
      android:background="#ebebeb"
      android:gravity="center"
      android:orientation="horizontal" >
      <ImageView
         android:id="@+id/imageView1"
         android:layout_width="wrap_content"
```

```
            android:layout_height="wrap_content"
            android:src="@drawable/loginhead" />
    </LinearLayout>
    <LinearLayout
        android:id="@+id/dataitem1"
        android:layout_width="match_parent"
        android:layout_height="50dp"
        android:layout_below="@+id/headlist"
        android:layout_marginTop="1dp"
        android:background="#ffffff"
        android:gravity="center"
        android:orientation="horizontal" >
        <TextView
            android:id="@+id/textView1"
            android:layout_width="wrap_content"
            android:layout_height="wrap_content"
            android:text="用户名称: "
            android:textColor="#333333"
            android:textSize="15dp"
            />
        <LinearLayout
            android:layout_width="match_parent"
            android:layout_height="match_parent"
            android:gravity="right" >
            <TextView
                android:id="@+id/txt_username"
                android:layout_width="wrap_content"
                android:layout_height="wrap_content"
                android:layout_marginTop="15dp"
                android:text="0" />
        </LinearLayout>
    </LinearLayout>
    <LinearLayout
        android:id="@+id/dataitem2"
        android:layout_width="match_parent"
```

```
        android:layout_height="50dp"
        android:layout_below="@+id/dataitem1"
        android:layout_marginTop="1dp"
        android:background="#ffffff"
        android:gravity="center"
        android:orientation="horizontal" >
        <TextView
            android:id="@+id/textView2"
            android:layout_width="wrap_content"
            android:layout_height="wrap_content"
            android:text="用户账号: "
            android:textColor="#333333"
            android:textSize="15dp"
            />
        <LinearLayout
            android:layout_width="match_parent"
            android:layout_height="match_parent"
            android:gravity="right" >
            <TextView
                android:id="@+id/txt_useraccount"
                android:layout_width="wrap_content"
                android:layout_height="wrap_content"
                android:layout_marginTop="15dp"
                android:text="0" />
        </LinearLayout>
    </LinearLayout>
    <LinearLayout
        android:id="@+id/dataitem3"
        android:layout_width="match_parent"
        android:layout_height="50dp"
        android:layout_below="@+id/dataitem2"
        android:layout_marginTop="1dp"
        android:background="#ffffff"
        android:gravity="center"
        android:orientation="horizontal" >
        <TextView
```

```
            android:id="@+id/textView3"
            android:layout_width="wrap_content"
            android:layout_height="wrap_content"
            android:text="用户编号："
            android:textColor="#333333"
            android:textSize="15dp"
            />
        <LinearLayout
            android:layout_width="match_parent"
            android:layout_height="match_parent"
            android:gravity="right" >
            <TextView
                android:id="@+id/txt_userID"
                android:layout_width="wrap_content"
                android:layout_height="wrap_content"
                android:layout_marginTop="15dp"
                android:text="0" />
        </LinearLayout>
    </LinearLayout>
    <LinearLayout
        android:id="@+id/dataitem4"
        android:layout_width="match_parent"
        android:layout_height="50dp"
        android:layout_below="@+id/dataitem3"
        android:layout_marginTop="10dp"
        android:background="#ffffff"
        android:gravity="center"
        android:orientation="horizontal" >
        <Button
            android:id="@+id/bt_editpassword"
            android:layout_width="match_parent"
            android:layout_height="45dp"
            android:background="#a1b963"
            android:text="修改密码"
            android:textColor="#ffffff" />
    </LinearLayout>
```

```
<LinearLayout
    android:id="@+id/dataitem5"
    android:layout_width="match_parent"
    android:layout_height="50dp"
    android:layout_below="@+id/dataitem4"
    android:layout_marginTop="10dp"
    android:background="#ffffff"
    android:gravity="center"
    android:orientation="horizontal" >
    <Button
      android:id="@+id/bt_loginout"
      android:layout_width="match_parent"
      android:layout_height="45dp"
      android:background="#ec5451"
      android:text="退出登录"
      android:textColor="#ffffff" />
    </LinearLayout>
</RelativeLayout>
```

6. 修改密码界面布局

在用户中心点击修改密码，即可进入修改密码界面。具体效果如图6.26所示。

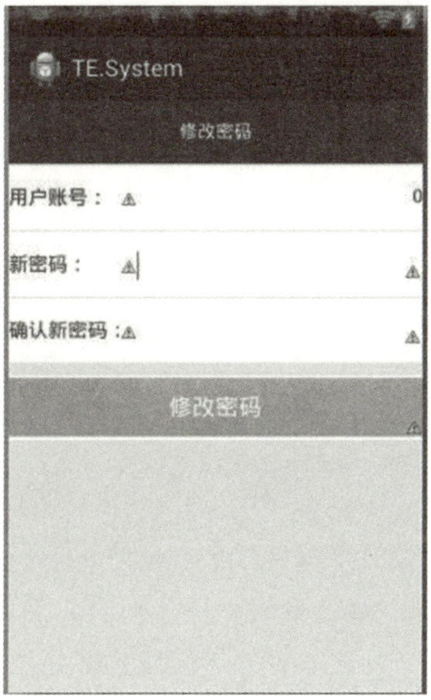

图6.26　修改密码界面布局图

操作步骤：展示res目录，在layout目录上点击右键创建android xml布局文档editpass.xml。具体代码如下所示。

代码清单6-15 editpass.xml

```
<?xml version="1.0" encoding="utf-8"?>
<RelativeLayout xmlns:android="http://schemas.android.com/apk/res/android"
    xmlns:tools="http://schemas.android.com/tools"
    android:layout_width="match_parent"
    android:layout_height="match_parent"
    android:background="#ebebeb" >
    <LinearLayout
        android:id="@+id/headlist"
        android:layout_width="match_parent"
        android:layout_height="50dp"
        android:layout_alignParentTop="true"
        android:background="#2d343a"
        android:gravity="center"
        android:orientation="horizontal" >
        <TextView
            android:id="@+id/tx_title"
            android:layout_width="wrap_content"
            android:layout_height="wrap_content"
            android:layout_alignParentLeft="true"
            android:text="修改密码"
            android:textColor="#ffffff"
            android:textSize="14dp" />
</LinearLayout>
<LinearLayout
        android:id="@+id/dataitem1"
        android:layout_width="match_parent"
        android:layout_height="50dp"
        android:layout_below="@+id/headlist"
        android:layout_marginTop="1dp"
        android:background="#ffffff"
```

```
        android:gravity="center"
        android:orientation="horizontal" >
        <TextView
            android:id="@+id/textView1"
            android:layout_width="100dp"
            android:layout_height="wrap_content"
            android:text="用户账号: "
            android:textColor="#333333"
            android:textSize="15dp" />
        <LinearLayout
            android:layout_width="match_parent"
            android:layout_height="match_parent"
            android:gravity="right" >
            <TextView
                android:id="@+id/tx_account"
                android:layout_width="wrap_content"
                android:layout_height="wrap_content"
                android:layout_marginTop="15dp"
                android:text="0" />
        </LinearLayout>
    </LinearLayout>
    <LinearLayout
        android:id="@+id/dataitem2"
        android:layout_width="match_parent"
        android:layout_height="50dp"
        android:layout_below="@+id/dataitem1"
        android:layout_marginTop="1dp"
        android:background="#ffffff"
        android:gravity="center"
        android:orientation="horizontal" >
        <TextView
            android:id="@+id/textView2"
            android:layout_width="100dp"
            android:layout_height="wrap_content"
            android:text="新密码: "
```

```
            android:textColor="#333333"
            android:textSize="15dp" />
        <LinearLayout
            android:layout_width="match_parent"
            android:layout_height="match_parent"
            android:gravity="right" >
            <EditText
                android:id="@+id/tx_new_pwd"
                android:layout_width="wrap_content"
                android:layout_height="wrap_content"
                android:layout_weight="1"
                android:layout_marginTop="15dp"
                android:ems="10"
                android:background="@null"
                android:inputType="textPassword" >
                <requestFocus />
        </EditText>
      </LinearLayout>
    </LinearLayout>
    <LinearLayout
        android:id="@+id/dataitem3"
        android:layout_width="match_parent"
        android:layout_height="50dp"
        android:layout_below="@+id/dataitem2"
        android:layout_marginTop="1dp"
        android:background="#ffffff"
        android:gravity="center"
        android:orientation="horizontal" >
        <TextView
            android:id="@+id/textView3"
            android:layout_width="100dp"
            android:layout_height="wrap_content"
            android:text="确认新密码："
            android:textColor="#333333"
            android:textSize="15dp" />
```

```
        <LinearLayout
            android:layout_width="match_parent"
            android:layout_height="match_parent"
            android:gravity="right" >
            <EditText
                android:id="@+id/tx_re_pwd"
                android:layout_width="wrap_content"
                android:layout_height="wrap_content"
                android:layout_weight="1"
                android:layout_marginTop="15dp"
                android:background="@null"
                android:ems="10"
                android:inputType="textPassword" >
        </EditText>
      </LinearLayout>
    </LinearLayout>
    <LinearLayout
        android:id="@+id/dataitem4"
        android:layout_width="match_parent"
        android:layout_height="50dp"
        android:layout_below="@+id/dataitem3"
        android:layout_marginTop="10dp"
        android:background="#ffffff"
        android:gravity="center"
        android:orientation="horizontal" >
        <Button
            android:id="@+id/bt_commiteditpassword"
            android:layout_width="match_parent"
            android:layout_height="45dp"
            android:background="#a1b963"
            android:text="修改密码"
            android:textColor="#ffffff" />
        </LinearLayout>
    </RelativeLayout>
```

7. 其他布局

因为评教列表是使用ListView控件进行显示的，所以我们要为展示的数据设计一个显示模板布局，具体如图6.27所示。

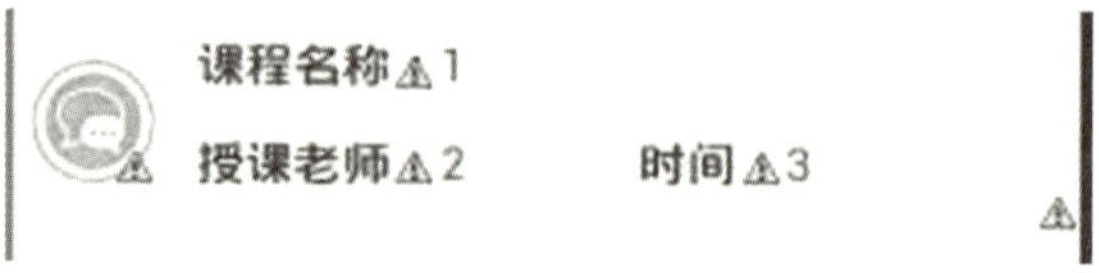

图6.27　评教列表数据模板界面布局图

操作步骤：展示res目录，在layout目录上点击右键创建android xml布局文档telist_item.xml。具体代码如下所示。

代码清单6-16　telist_item.xml

```
<?xml version="1.0" encoding="utf-8"?>
<LinearLayout xmlns:android="http://schemas.android.com/apk/res/android"
  android:layout_width="match_parent"
  android:layout_height="match_parent"
  android:orientation="horizontal" >
  <LinearLayout
    android:layout_width="50dp"
    android:layout_height="72dp"
    android:background="#ffffff"
    android:gravity="center">
    <ImageView
    请补全此处代码
  </LinearLayout>
  <LinearLayout
    android:layout_width="match_parent"
    android:layout_height="72dp"
    android:background="#ffffff"
    android:orientation="vertical" >
    <LinearLayout
      android:layout_width="match_parent"
      android:layout_height="30dp"
      android:layout_marginTop="10dp"
      android:orientation="horizontal"
```

```
        android:paddingLeft="5dp" >
        <TextView
          android:id="@+id/textView1"
          android:layout_width="wrap_content"
          android:layout_height="wrap_content"
          android:text="课程名称："
          android:textColor="#333333"
          android:textStyle="bold" />
        <TextView
      请补全此处代码
</LinearLayout>
<LinearLayout
        android:layout_width="match_parent"
        android:layout_height="30dp"
        android:paddingLeft="5dp" >
        <LinearLayout
          android:layout_width="match_parent"
          android:layout_height="match_parent"
          android:layout_weight="1" >
          <TextView
            android:id="@+id/textView3"
            android:layout_width="wrap_content"
            android:layout_height="wrap_content"
            android:text="授课老师："
            android:textColor="#333333"
            android:textStyle="bold" />
        <TextView
      请补全此处代码
</LinearLayout>
<LinearLayout
          android:layout_width="match_parent"
          android:layout_height="match_parent"
          android:layout_weight="1" >
          <TextView
```

```
                android:id="@+id/textView4"
                android:layout_width="wrap_content"
                android:layout_height="wrap_content"
                android:text="时间："
                android:textColor="#333333"
                android:textStyle="bold" />
            <TextView
        请补全此处代码
        </LinearLayout>
      </LinearLayout>
   </LinearLayout>
</LinearLayout>
```

本段代码的结构如下：

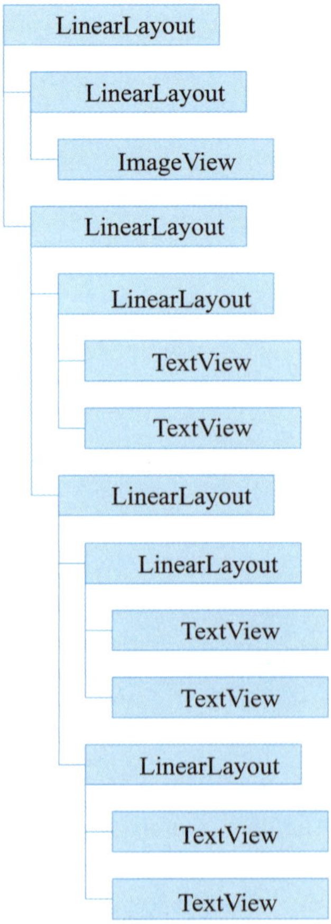

图 6.28　telist_item.xml

小试牛刀

将工程在eclipse里打开，打开telist_item.xml文件，将多余的代码删除，然后补全，要求做出来的效果和前面的图一样。

6.3.2.4 评教App相关类的实现

在上面我们已经创建好Android项目，并在layout中创建好系统所有用到的布局文档了，那接下来就是将评教App的相应功能单独以操作类的形式编写好，以方便在开发时，直接调用该类的相应方法即可实现相应的功能。

1. 数据适配器类

待评教信息将以列表的形式展示，这里我们通过将获取到的所有结果以数据适配器的形式才可以绑定到ListView控件上，所以我们第一步实现的就是数据适配器类。

操作步骤：展开src目录，创建一个包，名称为te.adapter，然后在该包下创建一个数据适配器类TeListAdapter.java。具体参考代码如下所示。

代码清单6-17 TeListAdapter.java

```
package te.adapter;
//使用快捷键Ctrl+Shift+O快速生成需要的import代码段
public class TeListAdapter extends BaseAdapter {
    private Context _Context;
    private List<StudentAppraiseing> _list;
    //构造函数
    public TeListAdapter(Context context,List<StudentAppraiseing> list) {
        _Context=context; //获取上下文
        _list=list; //获取数据源
    }
    @Override
    public int getCount() {
        return _list.size();
    }
    @Override
    public Object getItem(int arg0) {
        //方便以后点击某一行时，获取该的数据对象
        return _list.get(arg0);
    }
```

```
        @Override
        public long getItemId(int arg0) {
            return arg0;
        }
        @Override
        public View getView(int arg0, View arg1, ViewGroup arg2) {
            //1、指定显示模板
            View listView= LayoutInflater.from(_Context).inflate(R.layout.telist_item,
                            null);
            //2、获取该模板布局中相应要操作的控件
            TextViewclassname=(TextView)listView.findViewById(R.id.
                                tx_coursename);
            TextView teachername=(TextView)listView.findViewById(R.id.
                                  tx_teachername);
            TextView classtime=(TextView)listView.findViewById(R.id.
                                tx_classtime);
            //3、将数据源的数据指定的相应的控件上
            StudentAppraiseing item=_list.get(arg0);
            classname.setText(item.CourseName);
            teachername.setText(item.TName);
            classtime.setText(item.Week+","+item.JieChi+"节");
            return listView;
        }
    }
```

继承BaseAdapter最重要的就是重写getView，重写getView的思路请参考第四章。

2. MD5操作类

在用户登录及修改密码时，通过网络接口传递密码时都是将明文密码处理为相应的MD5字节码。

操作步骤：展开src目录，创建一个包，名称为te.commonutil，然后在该包下创建一个类MD5Util.java。具体参考代码如下所示。

代码清单6-18 MD5Util.java

```
package te.commonutil;
//使用快捷键Ctrl+Shift+O快速生成需要的import代码段
```

```
public class MD5Util {
    public final static String MD5(String s) {
        char hexDigits[] = { '0', '1', '2', '3', '4', '5', '6', '7', '8', '9','a', 'b', 'c', 'd', 'e', 'f' };
        try {
            byte[] btInput = s.getBytes();
            // 获得MD5摘要算法的 MessageDigest 对象
            MessageDigest mdInst = MessageDigest.getInstance("MD5");
            // 使用指定的字节更新摘要
            mdInst.update(btInput);
            // 获得密文
            byte[] md = mdInst.digest();
            // 把密文转换成十六进制的字符串形式
            int j = md.length;
            char str[] = new char[j * 2];
            int k = 0;
            for (int i = 0; i < j; i++) {
                byte byte0 = md[i];
                str[k++] = hexDigits[byte0 >>> 4 & 0xf];
                str[k++] = hexDigits[byte0 & 0xf];
            }
            return new String(str);
        } catch (Exception e) {
            e.printStackTrace();
            return null;
        }
    }
}
```

MessageDigest类用于为应用程序提供信息摘要算法的功能，如MD5算法。信息摘要是安全的单向哈希函数，它接收任意大小的数据，输出固定长度的哈希值。MessageDigest通过其getInstance系列静态函数来进行实例化和初始化。MessageDigest对象通过使用update方法处理数据。任何时候都可以调用reset方法重置摘要。一旦所有需要更新的数据都已经被更新了，应该调用digest方法完成哈希计算并返回结果。对于给定数量的更新数据，digest方法只能被调用一次。digest方法被调用后，MessageDigest对象被重新设置成其初始状态。

Tips

更多关于MD5算法，请扫描以下二维码。

3. 用于解析用户登录返回的JSON的用户信息类

用户登录成功后，服务器以JSON格式返回该用户的基础信息，该类主要用于解析用户登录返回的JSON的用户信息类。

操作步骤：展开src目录，创建一个包，名称为te.model，然后在该包下创建一个类UserLoginModel.java。具体参考代码如下所示。

代码清单6-19 UserLoginModel.java

```
package te.model;
// 使用快捷键Ctrl+Shift+O快速生成需要的import代码段
public class UserLoginModel implements Serializable {
    private static final long serialVersionUID = 1L;
    public String status;
    public List<UserInfo> results = new ArrayList<UserInfo>();
    public String des;
    public class UserInfo implements Serializable{
        public String UserID ; // 用户编号
            public String UserAccount ;// 用户账号
            public String UserType ;// 用户类型
            public String UserName ; // 用户名称
    }
}
```

4. 用于解析待评教JSON的类

服务器以JSON格式返回该用户的所有待评教信息，该类主要用于解析服务器返回的待评教JSON类。

操作步骤：展开src目录，创建一个包，名称为te.model，然后在该包下创建一个类TeListModel.java。具体参考代码如下所示。

代码清单6-20 TeListModel.java

```
package te.model;
    //使用快捷键Ctrl+Shift+O快速生成需要的import代码段
    public class TeListModel implements Serializable {
    private static final long serialVersionUID = 1L;
    public String status;
        public List<StudentAppraiseing> results = new
    ArrayList<StudentAppraiseing>();
        public class StudentAppraiseing implements Serializable{
        public String AttendanceID ; //待评教编号
            public String CourseName ;//课程名称
                public String TName ;//上课老师
                public String Week ; //周
                public String JieChi ;//节次
        }
    }
```

6.3.2.5　系统启动Activity实现

系统启动后，首先出现启动界面，启动界面只显示一个logo及一些版权信息，3秒后自动进入其他操作界面。具体实现后的界面如图6.29所示。

图6.29　获取我的位置功能界面

实现思路如下：

1. 创建主界面Activity；

2. 给Activity指定界面布局文件；

3. 开启一个新线程，3秒后判断系统是不是已经登录过了，如果登录过了，则直接进入评教主界面，否则则进入用户登录界面；

4. 给相关控件编写点击事件等。

具体的实现参考代码如下。

代码清单6-21 LogoActivity.java

```
package te.activity;
// 使用快捷键Ctrl+Shift+O快速生成需要的import代码段
public class LogoActivity extends Activity {
    @Override
    protected void onCreate(Bundle savedInstanceState) {
        super.onCreate(savedInstanceState);
        setContentView(R.layout.activity_logo);
        // 开启新线程，3秒后进入
        new Thread() {
            public void run() {
                try {
                    Thread.sleep(3000);
                    // 判断用户是否已经登录过
                    if (SharePreferce.getInstance(LogoActivity.this).
                    getString("UserID") != "")
                    {
                        // 进入主界面
                        Intent it = new Intent(LogoActivity.
                                this,TEListActivity1.class);
                        startActivity(it);
                        // 结束当前Activity
                        LogoActivity.this.finish();
                    } else {
                        // 进入登录界面
                        Intentit=newIntent(LogoActivity.this,LoginActivity.class);
```

```
                        startActivity(it);
                        // 结束当前 Activity
                        LogoActivity.this.finish();
                    }
                } catch (Exception e) {
                }
            }
        }.start();
    }
}
```

➢ SharePreferce.getInstance(LogoActivity.this).getString("UserID") != "", 查看在UserID这一栏用户是否没有填入数据。

➢ Activity的生命周期

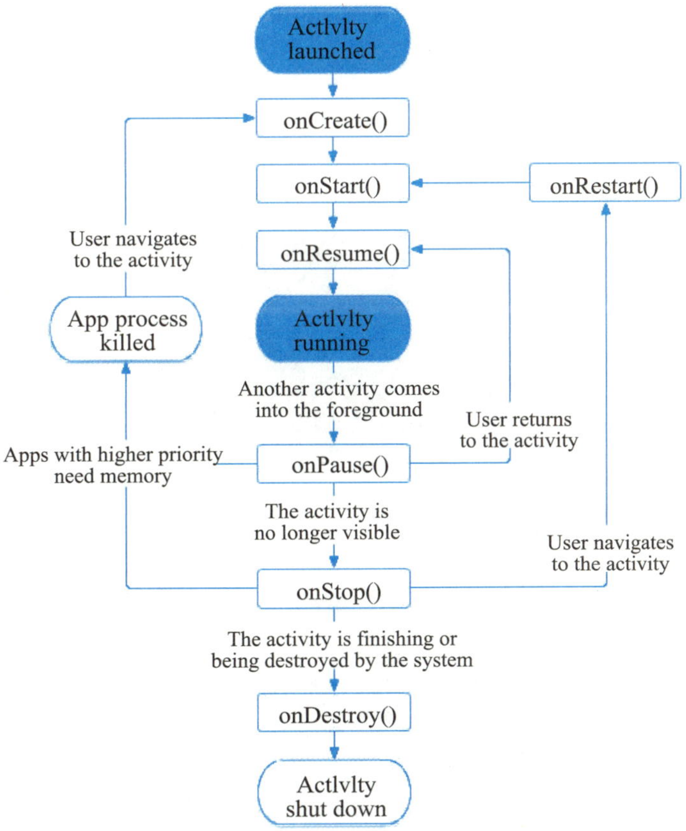

图6.30 Activity生命周期

这个流程图展示了Activity生命周期的几个过程。

（1）启动Activity，系统会先调用onCreate方法，然后调用onStart方法，最后调用onResume，Activity进入运行状态。

（2）当前Activity被其他Activity覆盖其上或被锁屏，系统会调用onPause方法，暂停当前Activity的执行。

（3）当前Activity由被覆盖状态回到前台或解锁屏，系统会调用onResume方法，再次进入运行状态。

（4）当前Activity转到新的Activity界面或按Home键回到主屏，自身退居后台，系统会先调用onPause方法，然后调用onStop方法，进入停滞状态。

（5）用户后退回到此Activity，系统会先调用onRestart方法，然后调用onStart方法，最后调用onResume方法，再次进入运行状态。

（6）当前Activity处于被覆盖状态或者后台不可见状态，即第2步和第4步，系统内存不足，杀死当前Activity，而后用户退回当前Activity：再次调用onCreate方法、onStart方法、onResume方法，进入运行状态。

（7）用户退出当前Activity：系统先调用onPause方法，然后调用onStop方法，最后调用onDestory方法，结束当前Activity。

6.3.2.6　用户登录Activity实现

如果用户没有登录，则评教系统启动后直接进入用户登录界面。具体实现后的界面如图6.31所示。

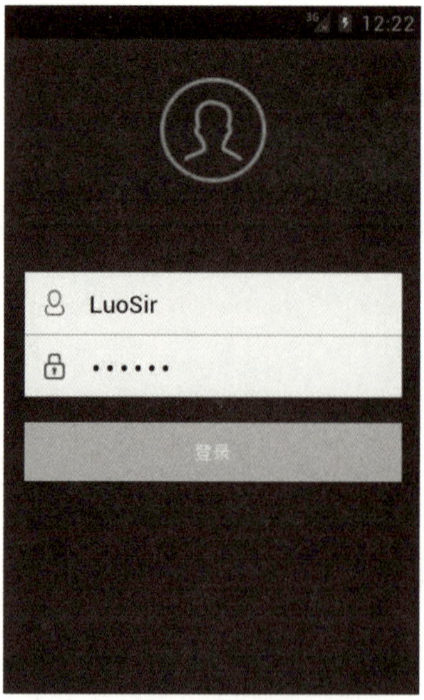

图6.31　用户登录功能界面

实现思路如下：

1. 创建用户登录的Activity；
2. 给Activity指定界面布局文件；
3. 获取用户输入，并将用户输入密码转换为相应的MD5字节码；
4. 组合网络接口请求格式，进行网络请求验证用户合法性；
5. 如果验证成功，则将服务器返回的信息保存在手机中。

具体的实现参考代码如下。

代码清单6-22 LoginActivity.java

```
package te.activity;
// 使用快捷键Ctrl+Shift+O快速生成需要的import代码段
public class LoginActivity extends Activity {
    Button bt_Login;
    EditText tx_username, tx_password;
    // 访问的URL地址
    String Urlstring = "";
    // 用户登录返回信息模板
    UserLoginModel objUserInfo;
    @Override
    protected void onCreate(Bundle savedInstanceState) {
        super.onCreate(savedInstanceState);
        setContentView(R.layout.activity_login);
        // 初始化信息
        initView();
    }
    private void initView() {
        // 获取用户名和密码文本框
        tx_username = (EditText) findViewById(R.id.tx_account);
        tx_password = (EditText) findViewById(R.id.tx_password);
        // 获取点击按钮
        bt_Login = (Button) findViewById(R.id.bt_login);
        // 设置按钮事件
        bt_Login.setOnClickListener(new OnClickListener() {
            @Override
```

```
            public void onClick(View arg0) {
                //判断文本框和密码是否为空
                if (tx_username.getText().toString().equals("")) {
                    Toast.makeText(LoginActivity.this, "账号不能为空",Toast.
                    LENGTH_SHORT).show();
                    return;
                }
                if (tx_password.getText().toString().equals("")) {
                    Toast.makeText(LoginActivity.this, "密码不能为空",Toast.
                    LENGTH_SHORT).show();
                    return;
                }
                //都不空时，则进行用户登录请求
                UserLogin();
            }
        });
    }
    //请求用户登录网络接口
    private void UserLogin() {
        //获取url的值
        Urlstring = getResources().getString(R.string.neturl);
        GetVolleyHttp.getInstance(this).getStringPOSTJsonData(Urlstring,getMap
        (), listener, errorlistener);
    }
    //请求的参数
    private HashMap<String, String> getMap() {
        HashMap<String, String> map = new HashMap<String, String>();
        map.put("do", "login");
        map.put("account", tx_username.getText().toString());
        map.put("password", MD5Util.MD5(tx_password.getText().toString()));
        map.put("Usertype","1");
        return map;
    }
    //当网络请求返回成功（200的状态）
    Listener<String> listener = new Listener<String>() {
```

```
        @Override
        public void onResponse(String jsonstring) {
            Log.e("Json", jsonstring);
            // 开始解析JSON
            // 反序列化，直接将JSON反序列化为Test这个Class对象
            objUserInfo = JSON.parseObject(jsonstring, UserLoginModel.class);
            if (objUserInfo.status.equals("success")
                    && objUserInfo.results.size() > 0) {
                // 保存服务器返回来的用户编号，用户姓名
                SharePreferce.getInstance(LoginActivity.this).setCache(
                        "UserID", objUserInfo.results.get(0).UserID);
                SharePreferce.getInstance(LoginActivity.this).setCache(
                        "UserName", objUserInfo.results.get(0).UserName);
                SharePreferce.getInstance(LoginActivity.this).setCache(
                        "UserAccount", objUserInfo.results.get(0).
                        UserAccount);
                // 进入主界面
                Intent it = new Intent(LoginActivity.this,
                        TEListActivity1.class);
                startActivity(it);
                LoginActivity.this.finish();
            } else {
                // 显示没有数据
                Toast.makeText(LoginActivity.this, objUserInfo.des,
                        Toast.LENGTH_LONG).show();
            }
        }
    };
    // 当网络请求返回状态不成功（也就不是200）
    ErrorListener errorlistener = new ErrorListener() {
        @Override
        public void onErrorResponse(VolleyError arg0) {
            // 编写出错以后的处理
        Toast.makeText(LoginActivity.this, "网 络 访 问 失 败 ！！ ", Toast.
        LENGTH_LONG).show();
        }
```

```
    };
    // 获取按键事件(返回按钮)
    @Override
    public boolean onKeyDown(int keyCode, KeyEvent event) {
        if (keyCode == KeyEvent.KEYCODE_BACK
                    && event.getRepeatCount() == 0) {
            LoginActivity.this.finish();
            return false;
        }
        return false;
    }
    @Override
    protected void onDestroy() {
        bt_Login = null;
        tx_username = null;
        tx_password = null;
        Urlstring = null;
        objUserInfo = null;
        super.onDestroy();
    }
}
```

➢ getText()方法读取EditText控件里的内容。

➢ getResources().getString(R.string.neturl)获取URL值，getResources()方法获取系统的资源，R.string.neturl是一个编号，整个方法就是通过这个编号找到URL值的一个过程。R文件是系统的资源文件，资源文件的使用分为在代码中使用和在其他资源文件中引用该资源文件。在我们编译一个Android应用时，Android会自动生成一个R类，在该类中根据不同的资源类型又生成了相应的内部类，该类包含了系统中使用到的所有资源文件的标示。

Tips

更多HashMap的知识，请扫描以下二维码。

6.3.2.7 待评教列表Activity实现

当用户登录成功后，直接进入待评教列表界面，这里将从网络服务器上获取该用户所有的待评教信息，并以列表方式进行显示。具体实现后的界面如图6.32所示。

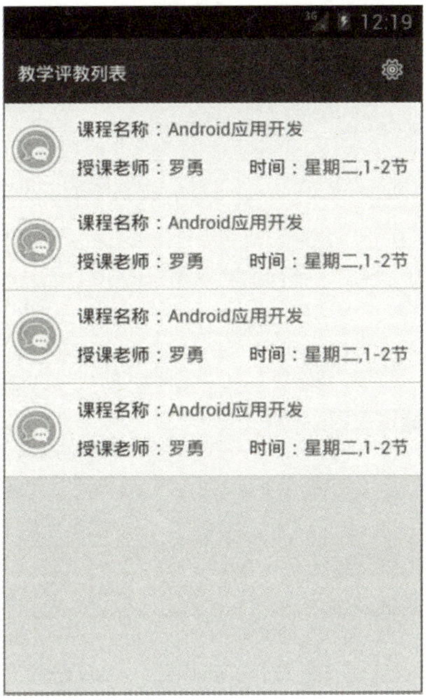

图6.32 待评教列表功能界面

实现思路如下：

1. 创建待评教列表的Activity；
2. 给Activity指定界面布局文件；
3. 从手机中获取登录时保存的用户编号；
4. 从服务器获取该用户的所有待评教列表信息，并显示。

具体的实现参考代码如下。

代码清单6-23 TEListActivity1.java

```
package te.activity;
// 使用快捷键Ctrl+Shift+O快速生成需要的import代码段
public class TEListActivity1 extends Activity {
    private ListView listv;
    private ImageButton userSetting;
    private String Urlstring = "";
    private String UserID;
    private TeListModel objTest;
    private TeListAdapter adapter;
```

```
private List<StudentAppraiseing> list = new ArrayList<StudentAppraiseing>();
private PullToRefreshLayout ptrl;
private boolean isFirstIn = true;
@Override
protected void onCreate(Bundle savedInstanceState) {
    super.onCreate(savedInstanceState);
    setContentView(R.layout.activity_listview);
    // 获取 url 的值
    Urlstring = getResources().getString(R.string.neturl);
    // 获取用户编号
    UserID = SharePreferce.getInstance(TEListActivity1.this).
            getString("UserID");
    // 初始化
    init();
    // 获取网络 JSON 数据
    getNetJson();
}
private void init() {
    // 获取控件
    userSetting = (ImageButton) findViewById(R.id.imgBtSet);
    userSetting.setOnClickListener(new OnClickListener() {
        @Override
        public void onClick(View arg0) {
            Intent it=new Intent(TEListActivity1.this,UserInfoCenter.class);
            startActivity(it);
        }
    });
    listv = (ListView) findViewById(R.id.listView_telist);
    listv.setOnItemClickListener(new OnItemClickListener() {
        @Override
        public void onItemClick(AdapterView<?> arg0, View arg1,
              int position, long arg3) {
            // 获取当前点击的行
            StudentAppraiseing item = (StudentAppraiseing) listv.
                                        getItemAtPosition(position);
```

```
                Intent it = new Intent();
                it.setClass(TEListActivity1.this, PingJiaoActivity.class);
                it.putExtra("AttendanceID", item.AttendanceID);
                startActivity(it);
            }
        });
        //获取上拉下划刷新控件
        ptrl = ((PullToRefreshLayout) findViewById(R.id.refresh_view));
        ptrl.setOnRefreshListener(new OnRefreshListener() {
            @Override
            public void onRefresh(PullToRefreshLayout pullToRefreshLayout) {
                getNetJson();
                //千万别忘了告诉控件刷新完毕了哦！
                ptrl.refreshFinish(PullToRefreshLayout.SUCCEED);
            }
            @Override
            public void onLoadMore(PullToRefreshLayout pullToRefreshLayout) {
                getNetJson();
                //千万别忘了告诉控件加载完毕了哦！
                pullToRefreshLayout.loadmoreFinish(PullToRefreshLayout.
                SUCCEED);
            }
        });
    }
    //开启网络请求
    private void getNetJson() {
        GetVolleyHttp.getInstance(this).getStringPOSTJsonData(Urlstring,
                    getMap(), listener, errorlistener);
    }
    //请求的参数
    private HashMap<String, String> getMap() {
        HashMap<String, String> map = new HashMap<String, String>();
        map.put("do", "getStuAppraise");
        map.put("stuid", UserID);
```

```
        return map;
    }
    // 当网络请求返回成功（200的状态）
    Listener<String> listener = new Listener<String>() {
        @Override
        public void onResponse(String jsonstring) {
            Log.e("Json", jsonstring);
            // 开始解析JSON
            // 反序列化，直接将JSON反序列化为Test这个Class对象
            objTest = JSON.parseObject(jsonstring, TeListModel.class);
            if (objTest.status.equals("success") && objTest.results.size() > 0) {
                // 显示
                list = objTest.results;
                // 自定义适配器
                adapter = new TeListAdapter(TEListActivity1.this, list);
                listv.setAdapter(adapter);
            } else {
            }
        }
    };
    // 当网络请求返回状态不成功（也就不是200）
    ErrorListener errorlistener = new ErrorListener() {
        @Override
        public void onErrorResponse(VolleyError arg0) {
            // 这是编写出错以后的处理
      Toast.makeText(TEListActivity1.this, "网络操作失败",
                Toast.LENGTH_ SHORT).show();
        }
    };
    // 获取按键事件(返回按钮)
    @Override
    public boolean onKeyDown(int keyCode, KeyEvent event) {
        if (keyCode == KeyEvent.KEYCODE_BACK
                && event.getRepeatCount() == 0) {
            TEListActivity1.this.finish();
```

```
                return false;
            }
            return false;
        }
        @Override
        protected void onDestroy() {
            listv = null;
            userSetting = null;
            Urlstring = null;
            UserID = null;
            objTest = null;
            adapter = null;
            list = null;
            super.onDestroy();
        }
    }
```

6.3.2.8 提交评教Activity实现

在待评教列表中，点击某一项，将进入对该次上课老师的评价界面，在该界面中，学生选择自己的评价结果后，点击提交，将会将结果提交到服务器。具体实现后的界面如图6.33所示。

图6.33　提交评教功能界面

实现思路如下：

1. 创建Activity；
2. 给Activity指定界面布局文件；
3. 编号相应按钮的事件；
4. 获取用户选择的结果，向服务器提交相应的评教学结果；
5. 提示提交成功还是失败。

具体的实现参考代码如下。

代码清单6-24 PingJiaoActivity.java

```
package te.activity;
// 使用快捷键 Ctrl+Shift+O 快速生成需要的 import 代码段
public class PingJiaoActivity extends Activity implements OnClickListener {
    Button Bt_Commit;
    ImageButton Bt_fcmy, Bt_my, Bt_Yiban, Bt_Cha;
    TextView ShowSelectJieGuo;
    // 用于记录评教编号
    String AttendanceID = "";
    String Urlstring = "";
    @Override
    protected void onCreate(Bundle savedInstanceState) {
        super.onCreate(savedInstanceState);
        setContentView(R.layout.activity_ping_jiao);
        // 获取 url 的值
        Urlstring = getResources().getString(R.string.neturl);
        // 获取待评教编号
        AttendanceID = getIntent().getStringExtra("AttendanceID");
        // 初始化
        initView();
    }
    private void initView() {
        Bt_Commit = (Button) findViewById(R.id.bt_commitpj);
        Bt_fcmy = (ImageButton) findViewById(R.id.imagebt_fcmy);
        Bt_my = (ImageButton) findViewById(R.id.imagebt_my);
        Bt_Yiban = (ImageButton) findViewById(R.id.imagebt_yiban);
```

```
        Bt_Cha = (ImageButton) findViewById(R.id.imagebt_cha);
        ShowSelectJieGuo = (TextView) findViewById(R.id.tx_selecttext);
        Bt_fcmy.setOnClickListener(this);
        Bt_my.setOnClickListener(this);
        Bt_Yiban.setOnClickListener(this);
        Bt_Cha.setOnClickListener(this);
        Bt_Commit.setOnClickListener(this);
    }
    // 网络请求时使用的参数
    private HashMap<String, String> getMap() {
        // 处理提交JSON数据
        JSONObject obj = new JSONObject();
        try {
            obj.put("AttendanceID", AttendanceID);
            obj.put("AppraiseGrade",ShowSelectJieGuo.getText().toString());
        } catch (JSONException e) {
            e.printStackTrace();
        }
        // 构造参数列表
        HashMap<String, String> map = new HashMap<String, String>();
        map.put("do", "comitStuAppraise");
        map.put("content", obj.toString());
        return map;
    }
    // 开启到网络的请求操作
    private void CommitData() {
        GetVolleyHttp.getInstance(this).getStringPOSTJsonData(Urlstring,
                getMap(), listener, errorlistener);
    }
    @Override
    public void onClick(View arg0) {
        switch (arg0.getId()) {
        case R.id.imagebt_fcmy:
            ShowSelectJieGuo.setText("非常满意");
```

```
                break;
            case R.id.imagebt_my:
                ShowSelectJieGuo.setText("满意");
                break;
            case R.id.imagebt_yiban:
                ShowSelectJieGuo.setText("一般");
                break;
            case R.id.imagebt_cha:
                ShowSelectJieGuo.setText("差");
                break;
            case R.id.bt_commitpj:
                // 开始向服务器进行提交
                if (ShowSelectJieGuo.getText().equals("")) {
                    Toast.makeText(PingJiaoActivity.this, "请选择你的评教",
                            Toast.LENGTH_SHORT).show();
                } else {
                    // 提交
                    CommitData();
                }
                break;
            }
        }
    // 当网络请求返回成功（200的状态）时，进入这里执行
    Listener<String> listener = new Listener<String>() {
        @Override
        public void onResponse(String jsonstring) {
            Log.e("Json", jsonstring);
            // 开始解析JSON
            // 反序列化，直接将JSON反序列化为Test这个Class对象
            com.alibaba.fastjson.JSONObject objTest = JSON.parseObject(
                                                        jsonstring);
            if (objTest.getString("status").equals("success")
                    && objTest.getString("des").equals("提交成功")) {
                Toast.makeText(PingJiaoActivity.this, " 提 交 成 功 ",Toast.
                LENGTH_SHORT).show();
```

```
                    //关闭当前Activity
                    PingJiaoActivity.this.finish();
                }
            }
        };
        //当网络请求失败时，进入这里
        ErrorListener errorlistener = new ErrorListener() {
            @Override
            public void onErrorResponse(VolleyError arg0) {
                    Toast.makeText(PingJiaoActivity.this, "网络操作失败",
                            Toast.LENGTH_SHORT).show();
            }
        };
        protected void onDestroy() {
            Bt_Commit=null;
            Bt_fcmy=null;
            Bt_my=null;
            Bt_Yiban=null;
            Bt_Cha=null;
            ShowSelectJieGuo=null;
            AttendanceID = null;
            Urlstring = null;
            super.onDestroy();
        }
    }
```

6.3.2.9 用户中心Activity实现

在待评教列表中，点击右上角的“设置”按钮，将进入用户中心界面，在该界面中，可以修改密码，也可以退出登录。具体实现后的界面如图6.34所示。

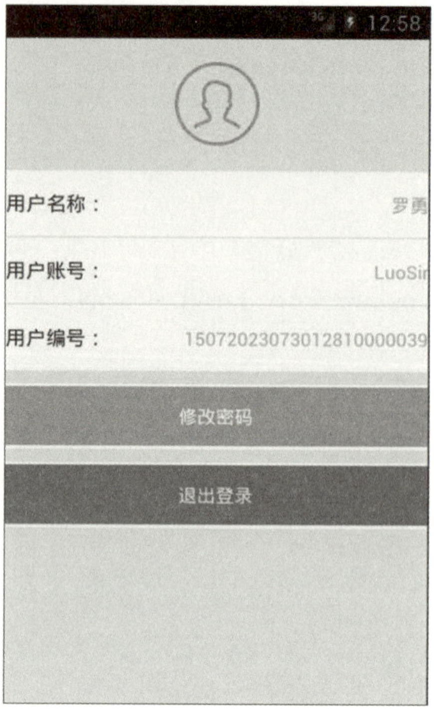

图6.34　用户中心功能界面

实现思路如下：

1. 创建Activity；
2. 给Activity指定界面布局文件；
3. 编号相应按钮的事件。

具体的实现参考代码如下。

代码清单6-25　UserInfoCenter.java

```
package te.activity;
// 使用快捷键Ctrl+Shift+O快速生成需要的import代码段
public class UserInfoCenter extends Activity {
    private TextView userName, userAccount, userNo;
    private Button bt_loginOut, bt_EditPassword;
    @Override
    protected void onCreate(Bundle savedInstanceState) {
        super.onCreate(savedInstanceState);
        setContentView(R.layout.usercenter);
        userName = (TextView) findViewById(R.id.txt_username);
        userAccount = (TextView) findViewById(R.id.txt_useraccount);
```

```
        userNo = (TextView) findViewById(R.id.txt_userID);
        userName.setText(SharePreferce.getInstance(UserInfoCenter.this).
                getString("UserName"));
        userAccount.setText(SharePreferce.getInstance(UserInfoCenter.this).
                    getString("UserAccount"));
        userNo.setText(SharePreferce.getInstance(UserInfoCenter.this).
                getString("UserID"));
        bt_loginOut = (Button) findViewById(R.id.bt_loginout);
        bt_loginOut.setOnClickListener(new OnClickListener() {
            @Override
            public void onClick(View arg0) {
                // 清除所有保存的数据
                SharePreferce.getInstance(UserInfoCenter.this).clearCache();
                // 重新进入登录界面
                Intent it = new Intent(UserInfoCenter.this, LoginActivity.class);
                startActivity(it);
                UserInfoCenter.this.finish();
            }
        });
        bt_EditPassword = (Button) findViewById(R.id.bt_editpassword);
        bt_EditPassword.setOnClickListener(new OnClickListener() {
            @Override
            public void onClick(View arg0) {
                Intent it = new Intent(UserInfoCenter.this, EditPassword.class);
                startActivity(it);
            }
        });
    }
    @Override
    protected void onDestroy() {
        userName = null;
        userAccount = null;
        userNo = null;
        bt_loginOut = null;
        bt_EditPassword = null;
```

```
            super.onDestroy();
        }
    }
```

6.3.2.10　修改密码Activity实现

在用户中心点击“修改”按钮，将进入修改密码界面，点击修改密码，将会将新密码提交到服务器。具体实现后的界面如图6.35所示。

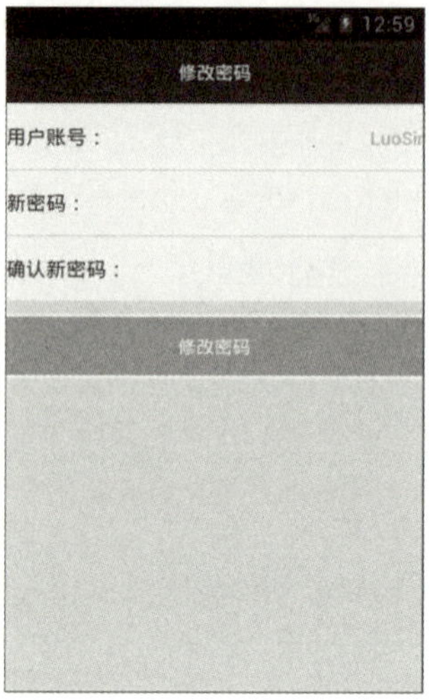

图6.35　修改功能界面

实现思路如下：

1. 创建Activity；
2. 给Activity指定界面布局文件；
3. 编号相应按钮的事件；
4. 向服务器提交新密码；
5. 提示提交成功还是失败。

具体的实现参考代码如下。

代码清单6-26　EditPassword.java

```
package te.activity;
// 使用快捷键Ctrl+Shift+O快速生成需要的import代码段
public class EditPassword extends Activity {
    private TextView userAccount;
    private EditText NewPassowrd, ReNewPassword;
    private Button bt_EditPassword;
```

```
// 访问的URL地址
private String Urlstring = "";
@Override
protected void onCreate(Bundle savedInstanceState) {
    super.onCreate(savedInstanceState);
    setContentView(R.layout.editpass);
    // 获取url的值
    Urlstring = getResources().getString(R.string.neturl);
    // 初始化
    initview();
}
private void initview() {
    // 初始化控件
    userAccount = (TextView) findViewById(R.id.tx_account);
    NewPassowrd = (EditText) findViewById(R.id.tx_new_pwd);
    ReNewPassword = (EditText) findViewById(R.id.tx_re_pwd);
    bt_EditPassword = (Button) findViewById(R.id.bt_commiteditpassword);
    // 设置控件
    userAccount.setText(SharePreferce.getInstance(EditPassword.this).
            getString("UserAccount"));
    // 设置按钮事件
    bt_EditPassword.setOnClickListener(new OnClickListener() {
        @Override
        public void onClick(View arg0) {
            // 判断文本框和密码是否为空
            if (NewPassowrd.getText().toString().equals("")) {
                Toast.makeText(EditPassword.this, "密码不能为空",
                        Toast.LENGTH_SHORT).show();
                return;
            }
            if (ReNewPassword.getText().toString().equals("")) {
                Toast.makeText(EditPassword.this, "重复密码不能为空",
                        Toast.LENGTH_SHORT).show();
                return;
            }
```

```
                    if (!NewPassowrd.getText().toString().
                            equals(ReNewPassword.getText().toString())) {
                    Toast.makeText(EditPassword.this, "两次输入密码不一致！",
                                Toast.LENGTH_SHORT).show();
                        return;
                    }
                    // 都不空时，则进行修改密码请求
                    EditPasswords();
                }
            });
        }
        // 请求修改密码的网络接口
        private void EditPasswords() {
            GetVolleyHttp.getInstance(this).getStringPOSTJsonData(Urlstring,
                    getMap(), listener, errorlistener);
        }
        // 请求的参数
        private HashMap<String, String> getMap() {
            HashMap<String, String> map = new HashMap<String, String>();
            map.put("do", "edit");
            map.put("userid", SharePreferce.getInstance(EditPassword.this)
                    .getString("UserID"));
    map.put("password", MD5Util.MD5(ReNewPassword.getText().toString()));
            return map;
        }
        // 当网络请求返回成功（200的状态）
        Listener<String> listener = new Listener<String>() {
            @Override
            public void onResponse(String jsonstring) {
                Log.e("Json", jsonstring);
                // 开始解析JSON
                JSONObject obj = JSON.parseObject(jsonstring);
                if (obj.getString("status").equals("success")) {
                    // 清除用户信息
                    SharePreferce.getInstance(EditPassword.this).clearCache();
```

```
                    //再进入登录界面重新登录
                    Intent it = new Intent(EditPassword.this, LoginActivity.class);
                    startActivity(it);
                    EditPassword.this.finish();
                    //提示
                    Toast.makeText(EditPassword.this, obj.getString("des"),
                            Toast.LENGTH_LONG).show();
                } else {
                    //显示没有数据
                    Toast.makeText(EditPassword.this, obj.getString("des"),
                            Toast.LENGTH_LONG).show();
                }
            }
        };
        //当网络请求返回状态不成功(也就不是200)
        ErrorListener errorlistener = new ErrorListener() {
            @Override
            public void onErrorResponse(VolleyError arg0) {
                //这时编写出错以后的处理
    Toast.makeText(EditPassword.this, "网络访问失败!!",
    Toast.LENGTH_LONG).show();
            }
        };
        protected void onDestroy() {
            userAccount = null;
            NewPassowrd = null;
            ReNewPassword = null;
            bt_EditPassword = null;
            Urlstring = null;
            super.onDestroy();
        }
    }
```

6.3.2.11 AndroidManifest.xml配置

最后就是Android的配置文件。

具体的实现参考代码如下。

代码清单6-27 AndroidManifest.xml

```
<?xml version="1.0" encoding="utf-8"?>
<manifest xmlns:android="http://schemas.android.com/apk/res/android"
    package="te.activity"
    android:versionCode="1"
    android:versionName="1.0" >
    <uses-sdk
        android:minSdkVersion="15"
        android:targetSdkVersion="15" />
    <uses-permission android:name="android.permission.INTERNET" />
    <application
        android:allowBackup="true"
        android:icon="@drawable/ic_launcher"
        android:label="@string/app_name"
        android:theme="@style/AppTheme" >
        <activity
            android:name="te.activity.LogoActivity"
            android:label="@string/app_name"
            android:theme="@android:style/Theme.NoTitleBar" >
            <intent-filter>
                <action android:name="android.intent.action.MAIN" />
                <category android:name="android.intent.category.LAUNCHER" />
            </intent-filter>
    </activity>
    <activity
            android:name="te.activity.LoginActivity"
            android:theme="@android:style/Theme.NoTitleBar" >
    </activity>
    <activity
            android:name="te.activity.TEListActivity"
```

```
            android:theme="@android:style/Theme.NoTitleBar" >
        </activity>
        <activity
            android:name="te.activity.TEListActivity1"
            android:theme="@android:style/Theme.NoTitleBar" >
        </activity>
        <activity
            android:name="te.activity.PingJiaoActivity"
            android:theme="@android:style/Theme.NoTitleBar" >
        </activity>
        <activity
            android:name="te.activity.UserInfoCenter"
            android:theme="@android:style/Theme.NoTitleBar" >
        </activity>
        <activity
            android:name="te.activity.EditPassword"
            android:theme="@android:style/Theme.NoTitleBar" >
      </activity>
    </application>
</manifest>
```

6.4 习题

仿造本案例设计一个职教师资培训评教系统，要求如下：

1. 需要使用Volley框架；
2. 至少可以对5位老师进行评教，需要对每位老师至少3个维度进行评教；
3. 可以查看评教结果；
4. 需要设置用户信息，每次登陆需要使用密码。

6.5 评价

学生评教App任务，目的在于培养学生熟悉Google的Volley网络框架的应用，同时掌握基于Web服务器项目开发的流程与思路。为了达到预期的效果，现给出对该任务的相关评定。

1. 知识点掌握情况评价

表 6.15　知识点掌握情况评价表

<table>
<tr><th>编号</th><th>知识点</th><th>得分</th><th>评分标准</th></tr>
<tr><td>1</td><td>Eclipse的使用</td><td></td><td rowspan="11">1. 每一项得分值分别百分制，综合得分为相应指标的算术平均构成；
2. 大于90分：能够清楚描述知识点内容；
3. 80到90分：能够相对清楚描述知识点内容；
4. 60到80分：能够大致描述知识点内容；
5. 低于60分：不能描述知识点内容；
6. 最终成绩=每项得分的算术平均。大于90分得A，80到90分得B，60到80分得C，低于60分得D</td></tr>
<tr><td>2</td><td>Java语言的使用</td><td></td></tr>
<tr><td>3</td><td>Volley框架的特点</td><td></td></tr>
<tr><td>4</td><td>LruCache</td><td></td></tr>
<tr><td>5</td><td>Bitmap</td><td></td></tr>
<tr><td>6</td><td>GetSystemService()</td><td></td></tr>
<tr><td>7</td><td>Activitymanager</td><td></td></tr>
<tr><td>8</td><td>SharedPreferences</td><td></td></tr>
<tr><td>9</td><td>本任务中用到的第三方控件的功能</td><td></td></tr>
<tr><td>10</td><td>string.xml</td><td></td></tr>
<tr><td>11</td><td>BaseAdapter的getView()方法的复写</td><td></td></tr>
<tr><td>12</td><td>MessageDigest</td><td></td><td></td></tr>
<tr><td>13</td><td>Activity生命周期</td><td></td><td></td></tr>
<tr><td colspan="2">总得分</td><td></td><td></td></tr>
</table>

2. 成果评价

表 6.16　成果评价表

<table>
<tr><th>功能模块</th><th>功能指标</th><th>得分</th><th>综合得分</th><th>权值</th><th>评分标准</th></tr>
<tr><td rowspan="2">用户登录</td><td>1. 界面布局合理，包含需求规定的信息元素</td><td></td><td rowspan="2"></td><td rowspan="2">25%</td><td rowspan="7">1. 每一项得分值分别百分制，综合得分为相应指标的算术平均构成；
2. 大于90分：能够清楚描述知识点内容；
3. 80到90分：能够相对清楚描述知识点内容；
4. 60到80分：能够大致描述知识点内容；
5. 低于60分：不能描述知识点内容；</td></tr>
<tr><td>2. 能够实现对用户进行网络验证功能（老师的登录的学生的登录一样）</td><td></td></tr>
<tr><td rowspan="3">获待评教列表</td><td>1. 布局合理</td><td></td><td rowspan="3"></td><td rowspan="3">20%</td></tr>
<tr><td>2. 能够通过接口获取学生自己的评教学列表</td><td></td></tr>
<tr><td>3. 能够对学生待评教数据进行解析（JSON），并以列表显示</td><td></td></tr>
<tr><td rowspan="2">评教</td><td>1. 布局合理</td><td></td><td rowspan="2"></td><td rowspan="2">30%</td></tr>
<tr><td>2. 能够实现对老师授课进行评教，并提交信息</td><td></td></tr>
</table>

续表

功能模块	功能指标	得分	综合得分	权值	评分标准
修改密码	1. 布局合理			30%	6. 最终成绩＝每项得分的算术平均；大于90分得A，80到90分得B，60到80分得C，低于60分得D。
	2. 能够对两次输入密码进行比较				
	3. 密码修改结果提示（失败与成功）				
退出系统	退出系统提示			15%	
最终成绩：					

3. 能力评价

表6.17　能力评价表

功能模块	功能指标	得分	综合得分	权值	评分标准
设计思路	对需求理解的掌握			40%	1. 每一项得分值分别百分制，综合得分为相应指标的算术平均构成； 2. 大于90分：满足功能要求，没有任何Bug； 3. 80到90分：满足功能功能，存在少量Bug； 4. 60到80分：基本满足功能要求，有大量Bug； 5. 低于60分：不满足功能要求； 6. 最终成绩＝每大项综合得分*权值之和。大于90分得A，80到90分得B，60到80分得C，低于60分得D
	需求文档编写				
	概要设计文档的编写				
	详细设计文档的编写				
知识掌握	熟悉软件工程开发流程			40%	
	掌握Android对网络请求求的知识				
	掌握Android对Volley的应用				
	掌握Android对Json数据的解析				
通用能力	熟悉相关法律法规，法制观念强，熟悉相关政策，对知识产权有一定的意识			20%	
	具有良好职业道德、沟通技巧、语言表达和写作能力				
	具有良好合作能力				
	具有熟练的文档编写能力				
最终成绩：					

6.6　小结

该任务利用了Volley网络框架实现基于Web服务器的App应用的开发，同时也大量地使用到了JSON数据，所以这里对JSON的解析非常重要。该任务中，我们都是根据JSON的结构来设计相应的接收类，从而可以将JSON字符串直接反序列化为一个具体的对象，这样为提高了程序效果，如下面关于待评教列表的实现过程。

从Web服务器返回的待评教接口的JSON数据格式：

```
{
  "status": "success",
  "results": [
    {
      "AttendanceID": "15072122001360510000042",
      "CourseName": "Android应用开发",
      "TName": "罗勇",
      "Week": "星期二",
      "JieChi": "7-8"
    }
  ]
}
```

这里我们编写一个和JSON格式一样的类，用于解析待评教信息的类，如下：

```
public class TeListModel implements Serializable {
private static final long serialVersionUID = 1L;
public String status; // 状态
public List<StudentAppraiseing> results
    = new  ArrayList<StudentAppraiseing>();  // 结果数组
public class StudentAppraiseing implements Serializable{
     public String AttendanceID ; // 待评教编号
     public String CourseName ;// 课程名称
     public String TName ;// 上课老师
     public String Week ; // 周
     public String JieChi ;// 节次
}
}
```

然后，我们在程序中就可以直接将JSON字符串反序列化为指定的对象，这样是不是非常方便、快捷、高效了。

```
// 反序列化，直接将JSON反序列化为指定某个Class对象
TeListModel objTest = JSON.parseObject(jsonstring, TeListModel.class);
```

6.7　教学策略讨论

该任务是利用Google的Volley网络框架实现的基于Web服务器的App开发，重点

在于理解基于网络Web服务器开发过程，掌握手机App与网络Web服务器的常用交流数据结构JSON的解析；难点在于掌握网络图片的异步加载过程。

1. 有多种方法可以从网络上获取数据，那么为什么要使用Volley框架呢？他的特点是什么呢？

2. 让学生在课堂内完成代码补全任务，可以激发学生的兴趣和帮助他们回忆知识。

3. 在本任务中，直接引用了第三方控件，代码很长，可以不要求学生掌握。同时可以告诉学生在实战中很多时候都是直接使用别人的代码，并不需要完全掌握别人的代码。

4. 由于该任务需要在服务器端进行数据库设计，可以将此数据库的设计作为一个课外习题给学生。

5. Hashmap是java里面的知识，需要重新讲授一下。

6. Activity生命周期需要对着图给学生讲。

7. 需要用到的授权比较多，在讲授权的同时，可以讲解一下AndroidManifest.xml文件结构。

8. 对学生的评价可以采用学生之间互评的方式，要求学生要从功能实现，代码效率，知识点掌握等方面来评价。

9. 学生可能看得懂代码，但是关上书可能并不能写出来，这个时候可以使用一个与教材上项目类似的项目来测试学生，对学生的基本要求是要知道在哪里改代码。

10. 提醒学生可以用手机扫描书上的二维码来获取相关补充知识。

附录A：搭建Android开发环境

古人云："工欲善其事，必先利其器"，那我们要在Windows系统的计算机上开发Android手机应用程序，我们首先要做的就是将我们的开发环境搭建好，这是开发Android应用的基石。

那我们如何来搭建Android的开发环境呢？具体思路如下。

第一，安装JDK

因为Android应用的开发，使用的是Java语言，所以在我们的电脑上必须安装JDK，不然编写的Java代码计算机不能解析。

第二，安装eclipse

我们已经知道使用Java语言进行Android程序开发，那么为了更有效、快捷、方便地编写代码、编译代码等，我们必须安装一个非常优秀的IDE设计软件，所以我们选择eclipse。

第三，安装SDK

SDK是Android的开发包，Android应用程序是工作在手机或者平板电脑上的应用，那么它有自己特有的一套开发包SDK，有了SDK就可以将程序编译为手机上能工作的代码，所以我们必须安装SDK。

第四：安装ADT插件

为了更有效地开发应用，Android提供了一套开发设计工具，实现Android界面等控件的使用，所以必须安装ADT。

第五，安装AVD

AVD全称是Android Virtural Device，即Android模拟器，也就是在计算机上模拟出一个Android手机，用于调试程序。我们开发的程序测试可以使用在真实Android手机，也可以使用Android提供的模拟器。

为了能看到自己开发Android程序运行出来是什么样子的，那就必须安装AVD。在Android SDK 1.5版本后的Android开发中必须至少创建1个AVD。

1.1 Android开发环境搭建

1.1.1 安装JDK

可以到Sun官方网站http://java.sun.com/javase/downloads/index.jsp 下载JDK(1.5以

上版本)，或由BTG服务器上获取，然后安装。

安装完成后，设置环境变量。

（1）Path环境变量中添加：JDK安装目标下的\bin。

（2）ClassPath环境变量中添加：JDK安装目标下的\lib。

1.1.2 安装eclipse

到eclipse官方网站http://www.eclipse.org/downloads/ 下载eclipse3.4.2版（低版本缺少plug-in，后续步骤可能会出现问题)，也可由BTG服务器上获取。解压缩后即可直接使用。

1.1.3 安装SDK

到Android官方网站http://developer.android.com/index.html下载获取。解压SDK的zip文件到指定目录，该目录即作为Android的主目录。将Android主目录下的tools目录添加到Path环境变量。

例：如将下载的SDK解压到D:\android-sdk-windows-1.6_r1，则在Path环境变量中添加D:\android-sdk-windows-1.6_r1\tools。

打开命令行工具输入android -h，测试Android SDK是否配置成功。

1.1.4 安装ADT

ADT全称Android Development Tools，是一款用于开发Android应用程序的eclipse插件，由于Android的官方网站国内不能登录，以下我们采用离线安装的方式。

到Google官方地址http://dl-ssl.google.com/android/ADT-0.9.6.zip下载ADT离线包。

打开eclipse，按以下步骤安装ADT插件。

（1）选择Help > Software Updates....菜单（见图1）。

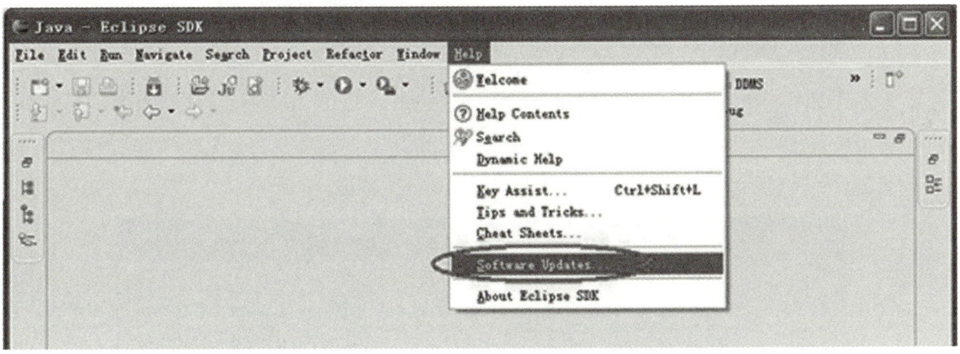

图1 选择Help > Software Updates....菜单界面

（2）在出现的窗口中单击Available Software标签（见图2）。

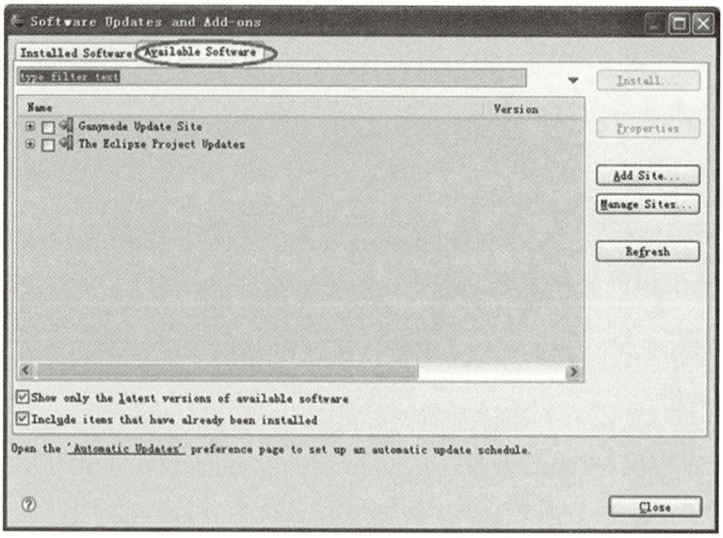

图2　单击Available Software标签界面

（3）点击右面的Add Site...按钮（见图3）。

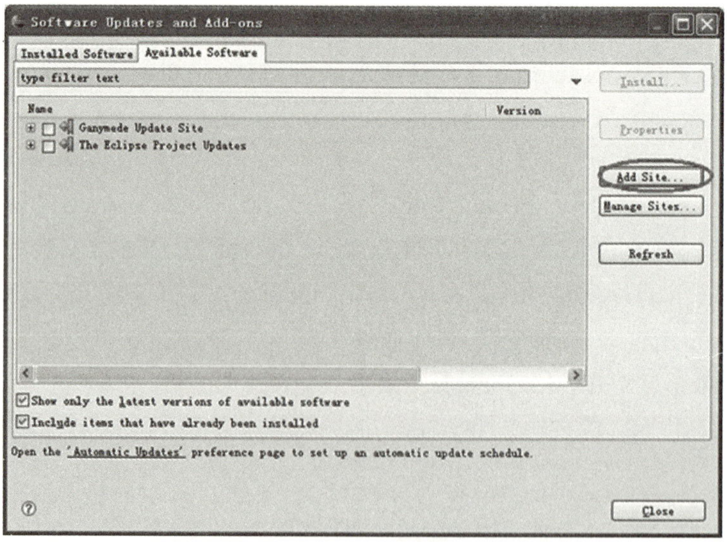

图3　点击Add　Site...按钮界面

（4）在弹出的输入框中点击Archive...按钮（见图4）。

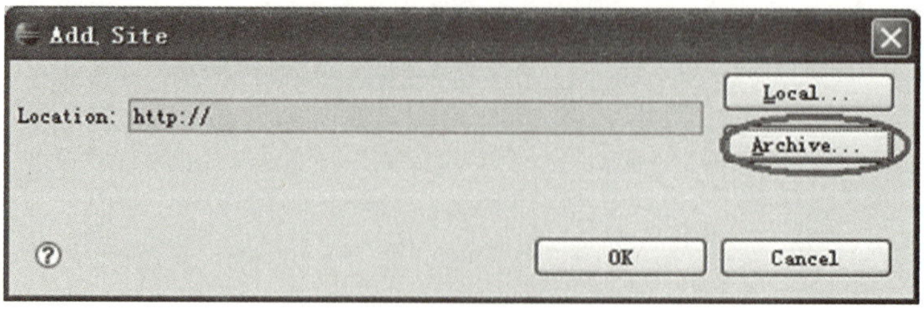

图4　点击“Archive”按钮

（5）在弹出窗口中找到下载的ADT离线包，点击OK按钮（见图5）。

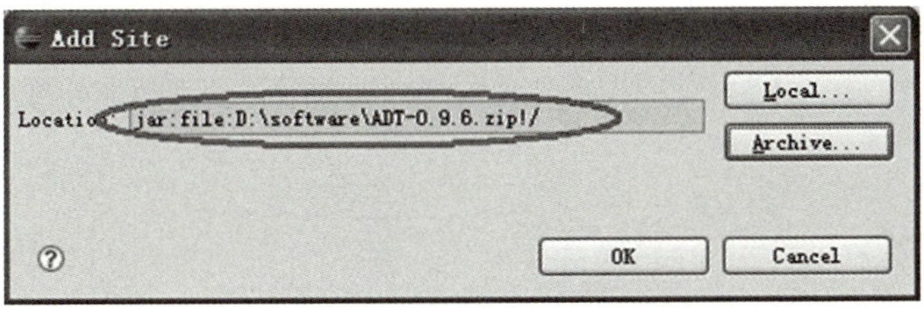

图5　点击“OK”按钮界面

（6）在Available Software标签将会出现一项刚才输入的文件地址，展开它之后选中前面的复选框。然后点击窗口右面的Install按钮，安装ADT插件（见图6）。

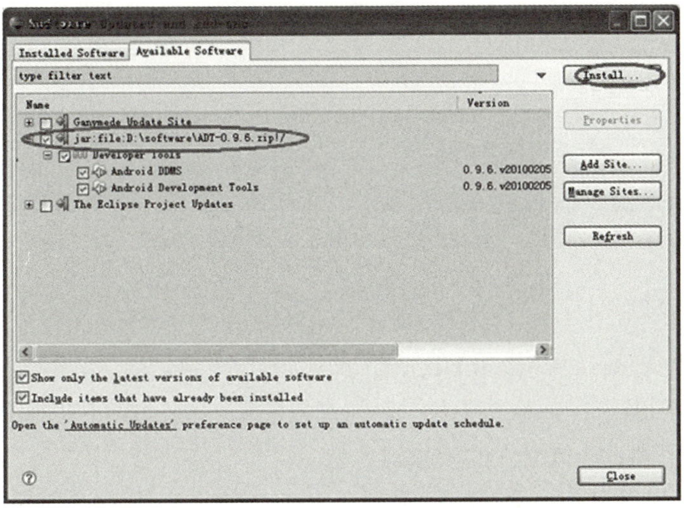

图6　安装ADT插件界面

（7）安装完成后重新启动eclipse，选择Window > Preferences菜单。Preferences窗口中若出现Android项说明安装成功。（如果安装失败，回到Software Updates and Add-ons界面，卸载ADT重新安装！）（见图7）

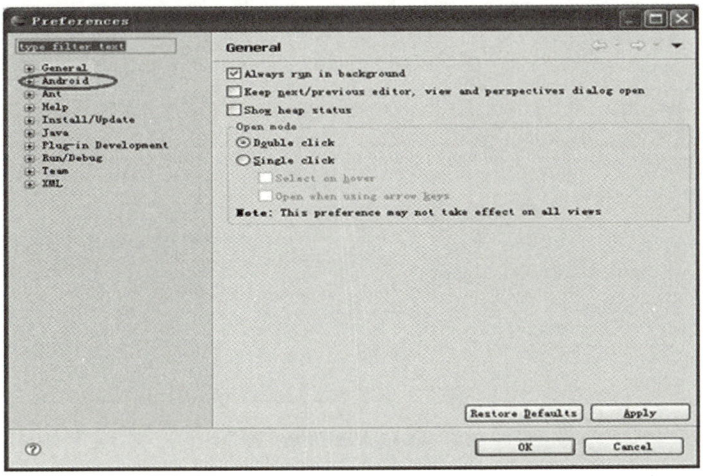

图7　安装成功界面

（8）在Preferences窗口左面选择Android项，在右边的SDK Location输入框中输入SDK的根目录，然后单击右下角的OK按钮。

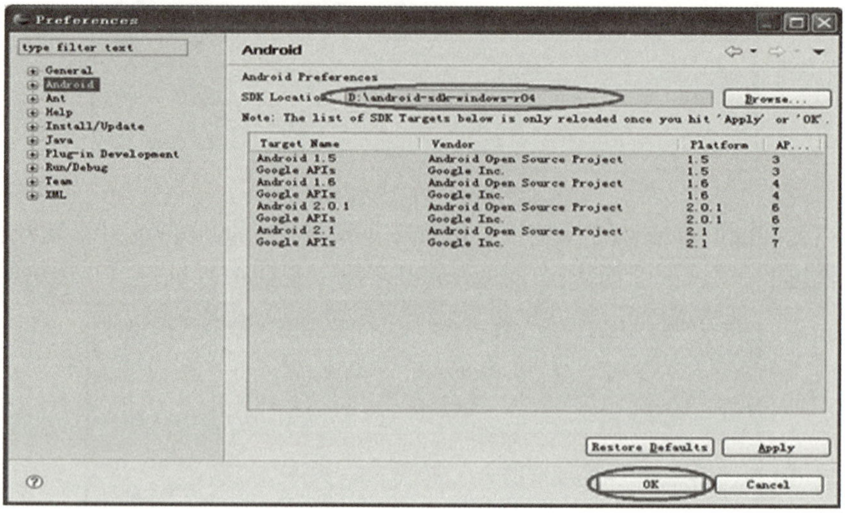

图8　输入SDK根目录界面

1.1.5　安装AVD

AVD 全称是Android Virtural Device，即Android模拟器，也就是在计算机上模拟出一个Android手机，用于调试程序。我们开发的程序测试时可以使用真实在Android手机，也可以使用Android提供的模拟器。

为了能看到自己开发Android程序运行出来是什么样子的，那就必须安装AVD。在Android SDK 1.5版本后的android开发中必须至少创建1个AVD。

（1）打开eclipse，按以下步骤创建AVD：选择Window > Android SDK and AVD Manager菜单（见图9）。

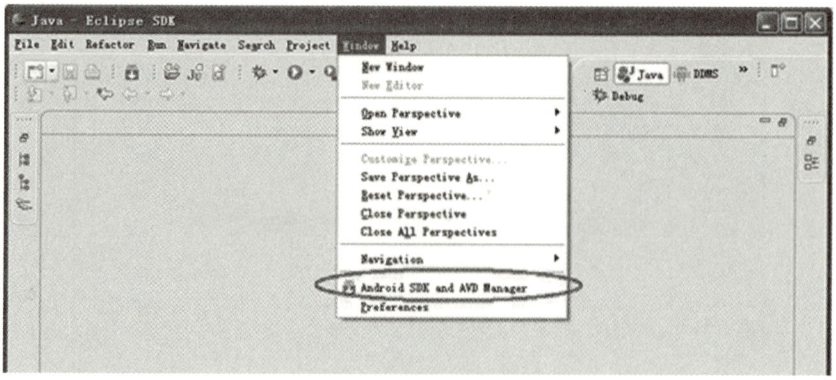

图9　创建AVD界面

（2）在打开的Android SDK and AVD Manager窗口左侧选择Virtual Devices，然后点击窗口右侧的New...按钮（见图10）。

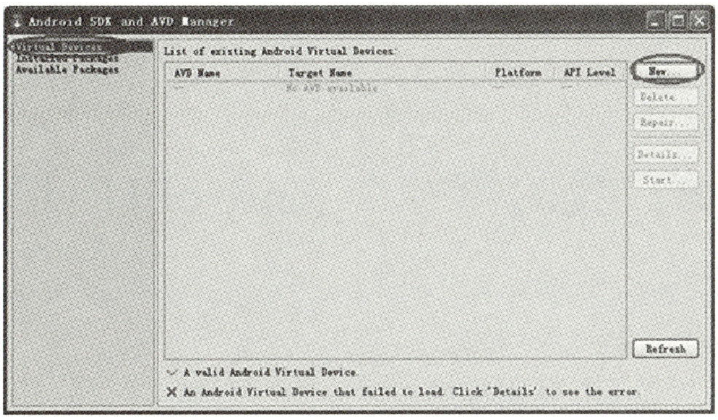

图10　选择Virtual Devices界面

（3）在弹出的窗口中输入AVD的名字并选择需要的Android版本，然后点击Create AVD按钮（见图11）。

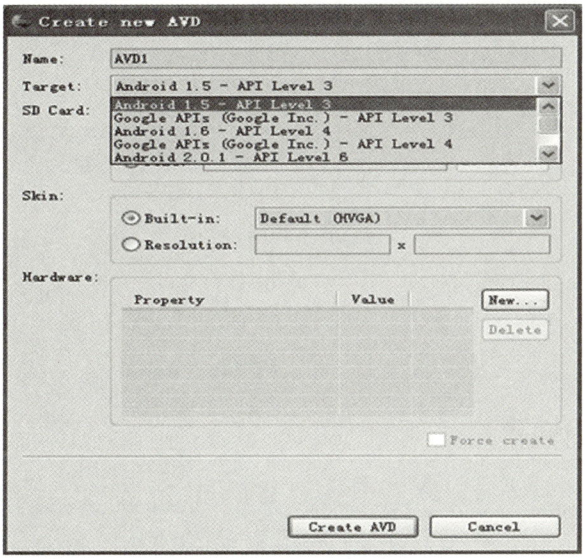

图11　输入AVD名字

（4）AVD创建成功并出现在列表中（见图12）。

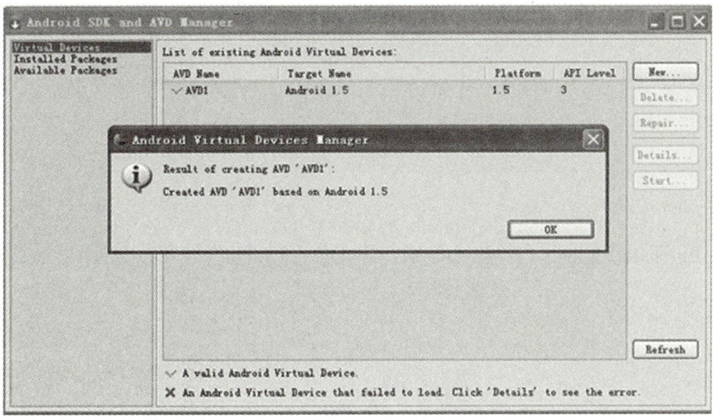

图12　创建成功界面

附录B：我的第一个Android应用程序

1.1 我的第一个Android应用程序

1.1.1 创建Hello Android项目

1. 创建Android项目

在eclipse项目列表区点击鼠标右键，选择“New”下的“Android Project”，具体如图13所示。

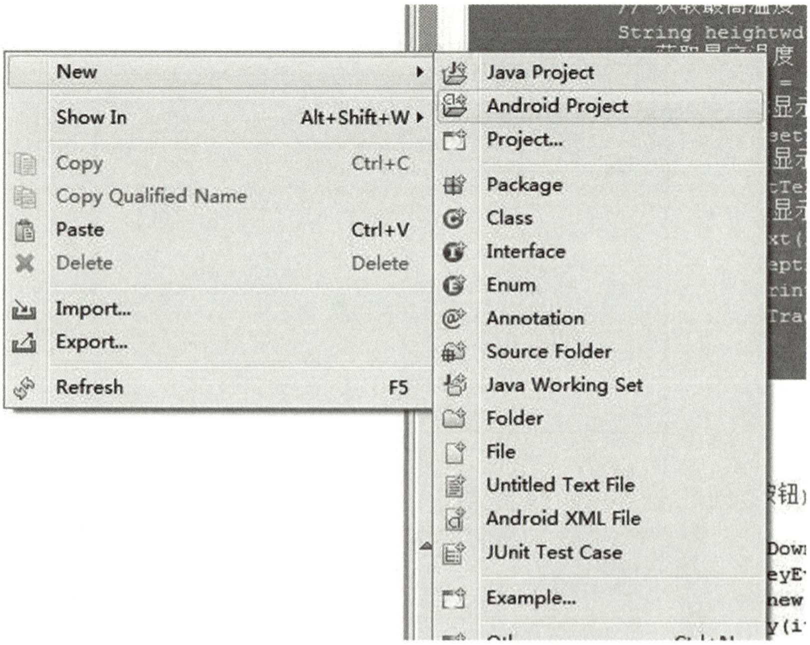

图13 创建Android项目界面

2. 输入项目名称

在图14的界面中的Project Name处输入项目名称Hello Android。然后点击“下一步”。

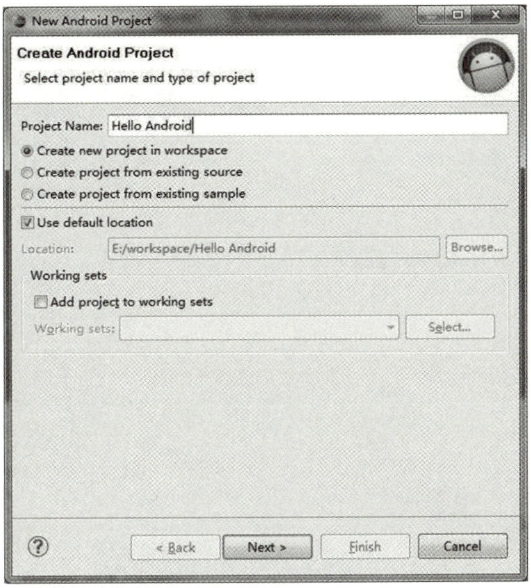

图14 输入项目名称

3. 选择Android版本

因为到目前为止，Android已经有很多个版本，所以在新建立Android项目时，我们要选择Android版本，即这个项目是工作在Android什么版本上的。我这里选择的是2.3.3版本，具体如图15所示。

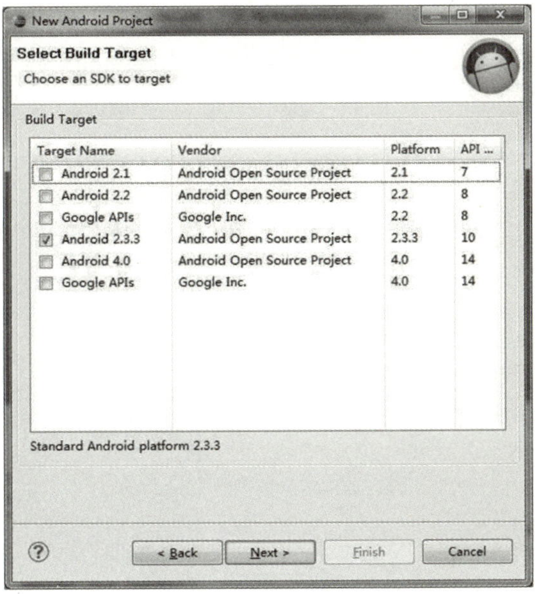

图15 选择Android版本

然后，点击“下一步”。

4. 编写包名

因为Java语言的特点，程序都是以Package（包）来进行管理的，所以在创建Android项目时，我们也要为自己的Android项目编写相应的包名，这里我输入的是my.test。具体如图16所示。

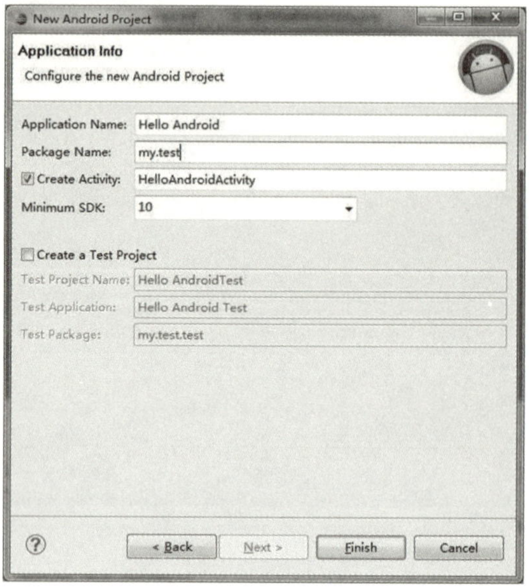

图16　输入项目我包名

然后，点击“Finish”完成，项目的创建。

5. 运行程序

做到以上第四步后，一个Android应用项目也就创建成功，接下来，我们就直接来运行这个程序，检验一个我们附录一所搭建的环境是否正确。

方法：鼠标右键点击要运行的项目（Hello Android）-选择“Run As”-选择“1 Android Application”即可。

具体操作如图17所示。

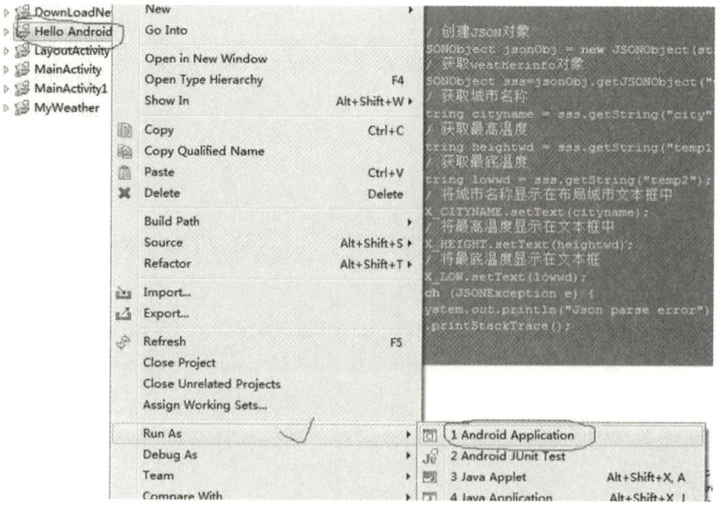

图17　运行Hello Android项目

如果出现图18的界面，则说明运行成功，同时也证明了开发环境搭建成功，如果看到不到如下图界面，否则说明开发环境搭建存在问题。

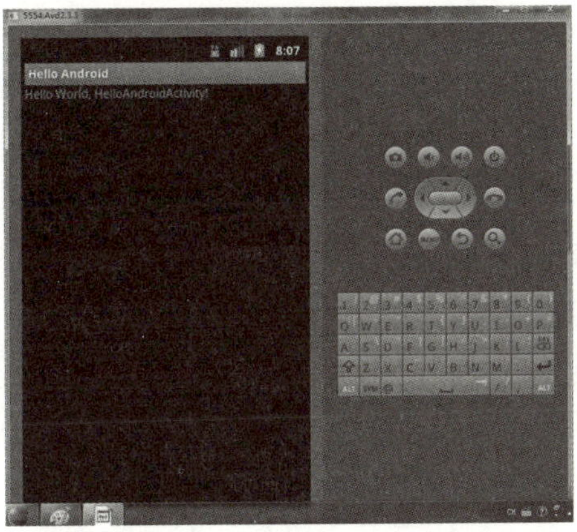

图18　项目运行成功界面

1.1.2　Android项目结构剖析

1. 认识Android项目的完整结构

当一个Android项目创建成功后，系统会自动给我们生成一个完整的Android应用程序结构，具体如图19所示。

这里就以上面任务创建的Hello Android项目为例来展示。

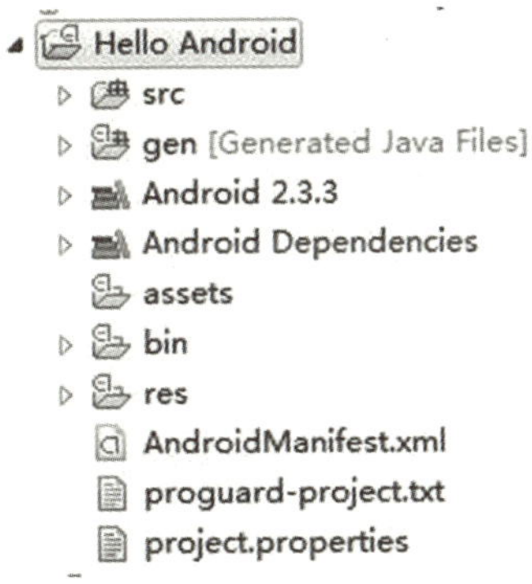

图19　项目程序结构

2. 认识src

src目录中存放的是该项目的所有源代码，其内部结构会根据用户所声明的包自动组织。如Hello Android项目的src目录为图20所示的结构。

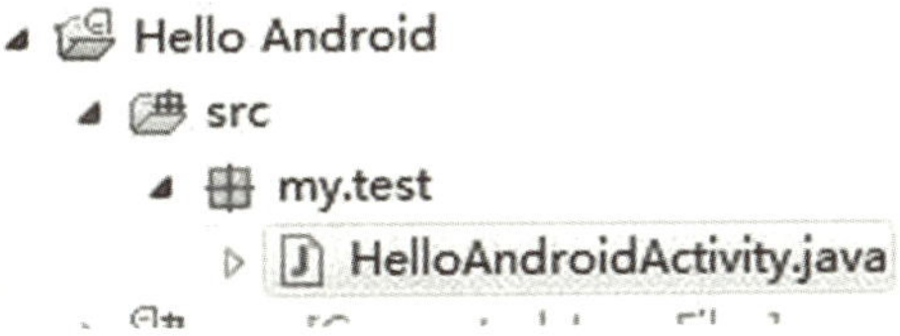

图20　项目的Src目录结构

该目录的实际组织方式为src/my/test/HelloAndroidActivity.java，其中my/test为包名，软件开发人员在项目开发过程中，大部分时间是对该目录下的源代码文件进行编写。

说明：根据项目的需要，在以后的开发中，会根据具体的实现功能在src目录下创建不同的包来组织相应的代码，尽量做到分类明确的原则。

3. 认识gen

gen目录下的文件全部都是ADT自动生成的，并不需要程序员去修改。实际上该目录下只定义了一个R.java文件，此文件是应用程序资源Resource类，包括了控件ID、Layout、Strings、Drawable，以方便在整个应用程序中对资源的使用和统一管理，因为项目中用户界面、字符串、图片等资源都会在该类中创建其唯一的ID，当项目中使用这些资源时，会通过该ID得到资源的引用。

如项目中有一个名为OneImage.png的图片，那么在程序中如果要使用这个图片就可以通过R文件来引用，具体代码为R.drawable. OneImage（注意：在引用时不用加扩展名）。依此类推：

```
R.id.xx          //引用一个控件名为xx的控件
R.layout.yy      //引用一个名字为yy的布局文件
R.string.hello   //引用一个名称叫hello的值
```

4. 认识assets

Android的编译机制决定了项目中的所有资源都会编译为二进制的方式进行打包存放，由R.java文件统一进行管理。但有时我们并不想把某些资源以二进制的方式进行存放，那怎么办呢?

Android为了解决这个问题，在项目结构中添加了assets目录，这时我们可以将最终项目安装后仍要以原样存在的文件等资源放在该目录下即可。也就是说只要存放在assets目录下的文件不会被Android编译为二进制形式，仍然以原文的方式存在。往往在该目录下存放项目相关的资源文件、文本文件、配置文件等。

在程序中可以使用getResources.getAssets().open("text.txt")得到资源文件的输入流InputStream对象。

5. 认识bin

在Android项目结构中的bin目录用于存放项目生成后的apk安装文件等文件的目录。

6. 认识res

Android项目的res目录，主要用于存放项目要使用的资源文件，主要有图片文件、布局文件、值数据、菜单数据等。具体res目录展开后如图21所示。

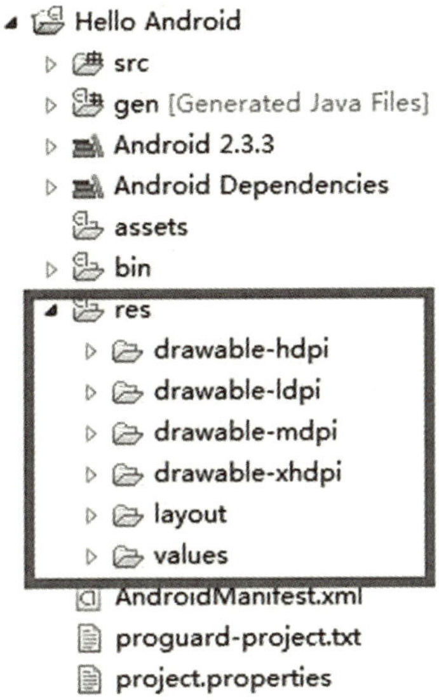

图21 项目的目录结构

(1) drawable

drawable文件夹分别放的是高高(xh)、高(h)、低(l)、中(m)不同分辨率的图片，目的是为了兼容或者让应用程序在不同分辨率下的机器上更好的呈现，一般一张图片要设计几张不同分辨率的放在这几个文件夹下。

当应用程序在启动时会根据当前手机(客户端)的分辨率，采用适配该分辨率的一张图片来进行显示。放在drawable文件夹下所有的图片会自动在R.java文件的drawable类生成一个相应的变量，当在程序中要使用该图片时，就可以R. drawable.xxx来引用了，代码如下:

```
public static final class drawable {
public static final int titlebarimage=0x7f020001;
public static final int btn_pressed_back=0x7f020002;
public static final int btn_pressed_detail=0x7f020003;
public static final int btn_pressedfalse_back=0x7f020004;
public static final int button_bg_b=0x7f020005;
public static final int button_pressed_1=0x7f020006;
public static final int button_pressedfalse_1=0x7f020007;
public static final int button_pressedxml=0x7f020008;
public static final int button_pressedxml1=0x7f020009;
}
```

(2) layout

layout文件夹下放的是视图布局文件，也就是用户界面（UI)，负责手机界面显示的文件，可以理解为跟.net中.aspx文件类似。

Android是将显示界面与业务代码分开组织的。将手机显示的界面以xml文件的形式定义在layout目录下，具体的功能业务编写在src目录下的.java的Activity类文件中，那就会有朋友问了：每个内容视图文件的代码控制类是如何与之关联的？

这个需要在每个Activity类的onCreate方法中通过方法setContentView(ID)进行指定。如图22所示。

```
package my.test;

⊕import android.app.Activity;□

public class HelloAndroidActivity extends Activity {
    /** Called when the activity is first created. */
⊖   @Override
    public void onCreate(Bundle savedInstanceState) {
        super.onCreate(savedInstanceState);
        setContentView(R.layout.main);
    }
}
```

图22　视图文件代码控制类的关联

（3）values

values文件夹下放的是当前应用程序中使用到的字符串——以键值对的形式存放，如：应用程序的名称、按钮等提示文本。

这样做的好处是将文本字符串与代码分离，方便做国际化，如你现在做的应用程序针对的是中国用户，当你想增加个日本或英文版本时，你只需要在values文件夹下增加相应国际化的strings.xml文件即可。

1.1.3　AndroidMaifest.xml配置文档介绍

1. 主要功能

AndroidManifest.xml是Android项目的配置文件，主要包含以下功能：

（1）说明application的java数据包，数据包名是application的唯一标识；

（2）描述application的component；

（3）说明application的component运行在哪个process下；

（4）声明application所必须具备的权限，用以访问受保护的部分API，以及与其他application的交互；

（5）声明application其他的必备权限，用以component之间的交互；

（6）列举application运行时需要的环境配置信息，这些声明信息只在程序开发和测试时存在，发布前将被删除；

（7）声明application所需要的Android API的最低版本级别，比如1.0，1.1，1.5；

（8）列举application所需要链接的库。

2. 结构和规则

AndroidManifest.xml文件的结构、元素，以及元素的属性，可以在Android SDK文档中查看详细说明。而在看这些众多的元素以及元素的属性前，需要先了解一下这些元素在命名、结构等方面的规则。

（1）元素：在所有的元素中只有<manifest>和<application>是必需的，且只能出现一次。如果一个元素包含有其他子元素，必须通过子元素的属性来设置其值。处于同一层次的元素，这些元素的说明是没有顺序的。

（2）属性：按照常理，所有的属性都是可选的，但是有些属性是必须设置的。那些真正可选的属性，即使不存在，其也有默认的数值项说明。除了根元素<manifest>的属性，所有其他元素属性的名字都是以“android:”为前缀的。

（3）定义类名：所有的元素名都对应其在SDK中的类名，如果你自己定义类名，必须包含类的数据包名，如果类与application处于同一数据包中，可以直接简写为“.”。

（4）多数值项：如果某个元素有超过一个数值，这个元素必须通过重复的方式来说明其某个属性具有多个数值项，且不能将多个数值项一次性说明在一个属性中。

（5）资源项说明：当需要引用某个资源时，其采用如下格式：@[package:]type:name。例如<activity android:icon=”@drawable/icon”…>。

（6）字符串值：类似于其他语言，如果字符中包含有字符“\”，则必须使用转义字符“\\”。

3. 实例说明AndroidManifest.xml文件

```
<?xml version="1.0" encoding="utf-8"?>
<manifest xmlns:android="http://schemas.android.com/apk/res/android"
    package="com.soarsky.activity.moive"              //应用程序包名
    android:versionCode="1"                            //版本信息
    android:versionName="1.1">
    <application android:icon="@drawable/icon"         //应用程序图标
                 android:label="@string/app_name">     //应用程序名称
        <!-- Widget部分 -->
        <receiver android:name="MoiveAppWidget">
            <intent-filter>
                <action android:name="android.appwidget.action.APPWIDGET_UPDATE"></action>
                <action android:name="com.soarsky.activity.refresh"></action>
            </intent-filter>
            <meta-data android:name="android.appwidget.provider"
                android:resource="@layout/widget_info"></meta-data>
        </receiver>
        <!-- Service部分 -->
        <service android:name="com.soarsky.service.UpdateWidgetInfoService">
            <intent-filter>
                <action android:name="myUpdateWidgetInfoService">
                </action>
                <category android:name="android.intent.category.DEFAULT" />
            </intent-filter>
        </service>
        <!-- Activity部分 -->
        <activity android:name=".LoginInterface"
            android:launchMode="singleTask" android:screenOrientation="portrait">
            <intent-filter>
                <action android:name="android.intent.action.MAIN" />
                <category android:name="android.intent.category.LAUNCHER" />
            </intent-filter>
        </activity>
    </application>

    <!-- 应用程序权限 -->
    <uses-permission android:name="android.permission.INTERNET" />
    <uses-permission android:name="android.permission.ACCESS_WIFI_STATE" />
    <uses-permission android:name="android.permission.READ_PHONE_STATE" />
    <uses-permission android:name="android.permission.ACCESS_NETWORK_STATE" />
    <uses-permission android:name="android.permission.WRITE_APN_SETTINGS" />
    <uses-permission android:name="android.permission.WRITE_EXTERNAL_STORAGE" />
    <!-- sdk 版本说明 -->
    <uses-sdk android:minSdkVersion="4" />
</manifest>
```

说明：

（1）除去头部XML信息说明，首先是manifest项——根节点，其属性包括：地址、包名，以及程序的版本说明。

（2）其次是manifest的子节点application，其属性包括：程序图标、程序名称。前面带有@表示引用资源，例如：@drawable/icon表示引用的是drawable资源中的icon，可以在其源工程的res/drawable中找到。

（3）然后就是application的子节点activity，其属性包括：activity的名称、activity的标签名，其子节点intent-filter则是对activity的说明。

（4）而在intent-filter中，action android:name="android.intent.action.MAIN"和category android:name="android.intent.category.LAUNCHER"用以说明程序启动时的入口activity是哪个。如果这两个属性值中分别含有MAIN和LAUNCHER，则说明它就是启动程序时的入口活动。

（5）uses-sdk android:minSdkVersion="4"说明程序使用的Android SDK的最低版本，其中1表示Android 1.0，2表示Android 1.1，而3则表示Android 1.5。

在eclipse中创建工程后，会自动生成一个AndroidManifest.xml文件。在代码编写的过程中，需要同时修改AndroidManifest.xml，如果配置出现错误会导致程序不能正常运行。

1.1.4 编译打包、签名、部署

Android程序编译、打包、签名的三种方式：

方式一：命令行手动编译打包；

方式二：使用ant自动编译打包；

方式三：使用eclipse+ADT编译打包。

1. Android编译、打包的步骤（见图23）

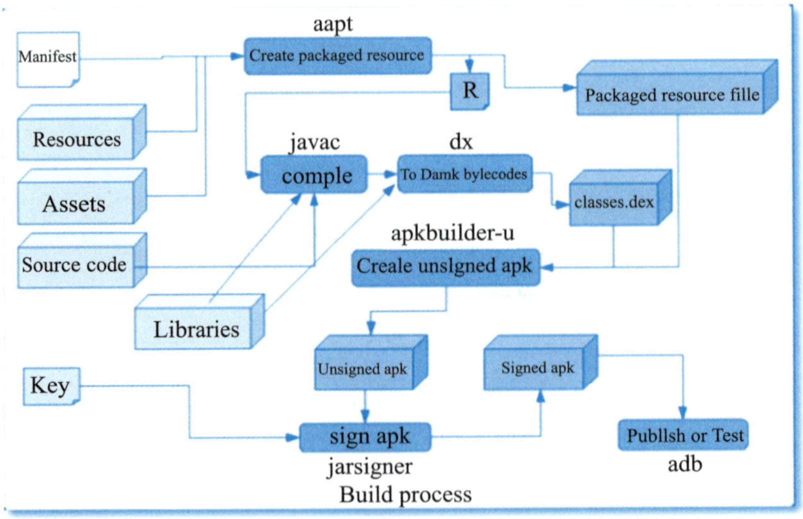

图23 Android编译、打包的步骤

第一步，生成R.java类文件。

Eclipse中会自动生成R.java，ant和命令行使用Android SDK提供的aapt.ext程序生成R.java。

第二步，将.aidl文件生成.java类文件。

eclipse中自动生成，ant和命令行使用Android SDK提供的aidl.exe生成.java文件。

第三步，编译.java类文件生成class文件。

eclipse中自动生成，ant和命令行使用jdk的javac编译java类文件生成class文件。

第四步，将class文件打包生成classes.dex文件。

eclipse中自动生成，ant和命令行使用Android SDK提供的dx.bat命令行脚本生成classes.dex文件。

第五步，打包资源文件（包括res、assets、androidmanifest.xml等）。

eclipse中自动生成，ant和命令行使用Android SDK提供的aapt.exe生成资源包文件。

第六步，生成未签名的apk安装文件。

eclipse中自动生成debug签名文件存放在bin目录中，ant和命令行使用Android SDK提供的apkbuilder.bat命令脚本生成未签名的apk安装文件。

第七步，对未签名的apk进行签名生成签名后的Android文件。

eclipse中使用Android Tools进行签名，ant和命令行使用jdk的jarsigner对未签名的包进行apk签名。

2. 详细签名步骤

（1）eclipse工程中右键工程，弹出选项中选择Android工具生成签名应用包，如下图。

（2）选择需要打包的Android项目工程。

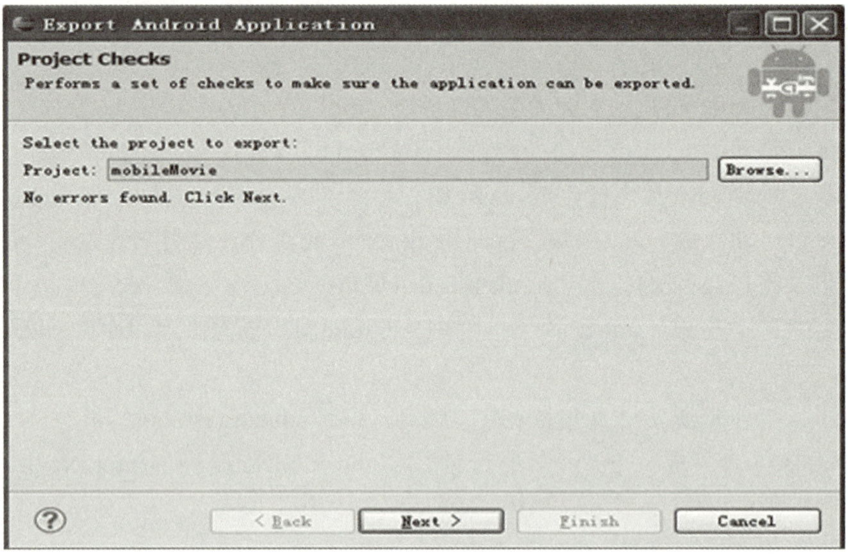

（3）如果已有私钥文件，选择私钥文件输入密码，如果没有私钥文件见第6和7步创建私钥文件。

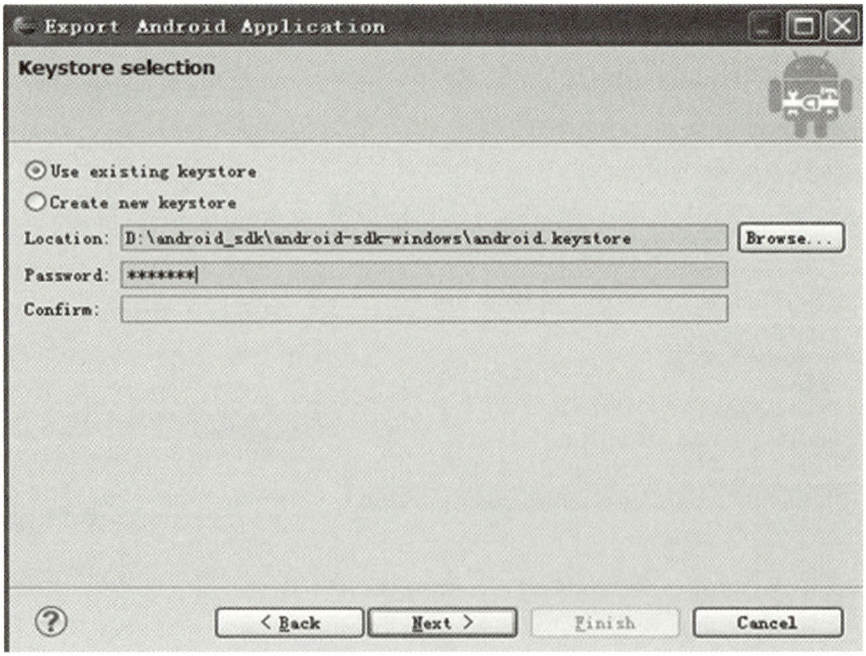

（4）输入私钥别名和密码。

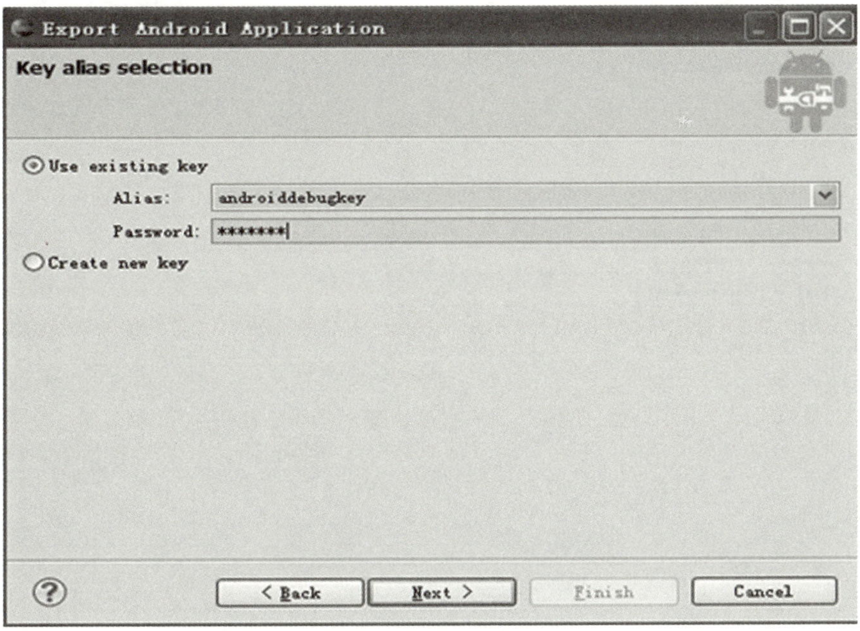

（5）选择APK存储的位置，并完成设置开始生成。

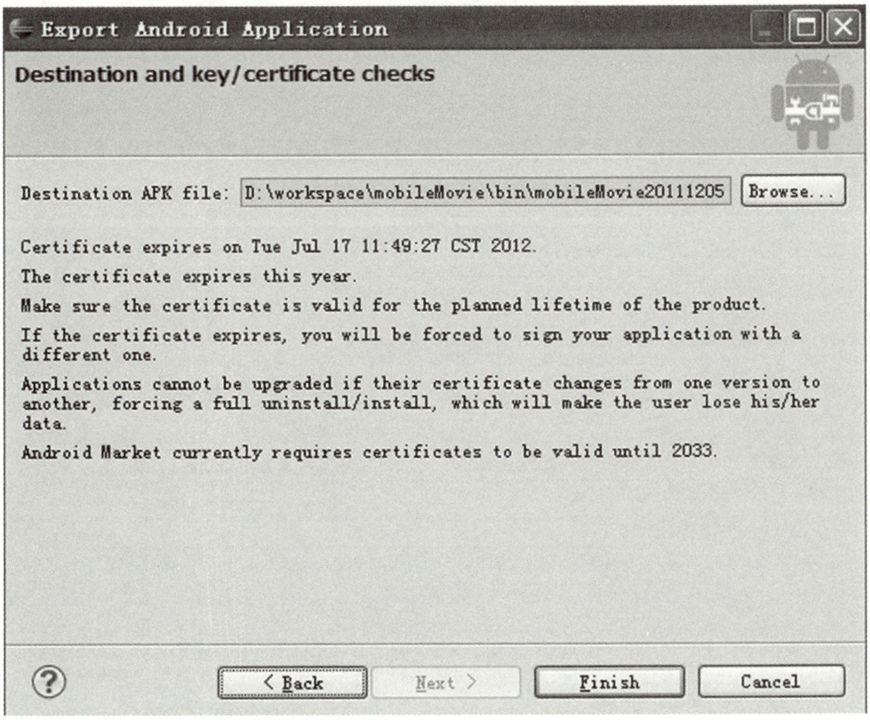

（6）没有私钥文件的情况，创建私钥文件。

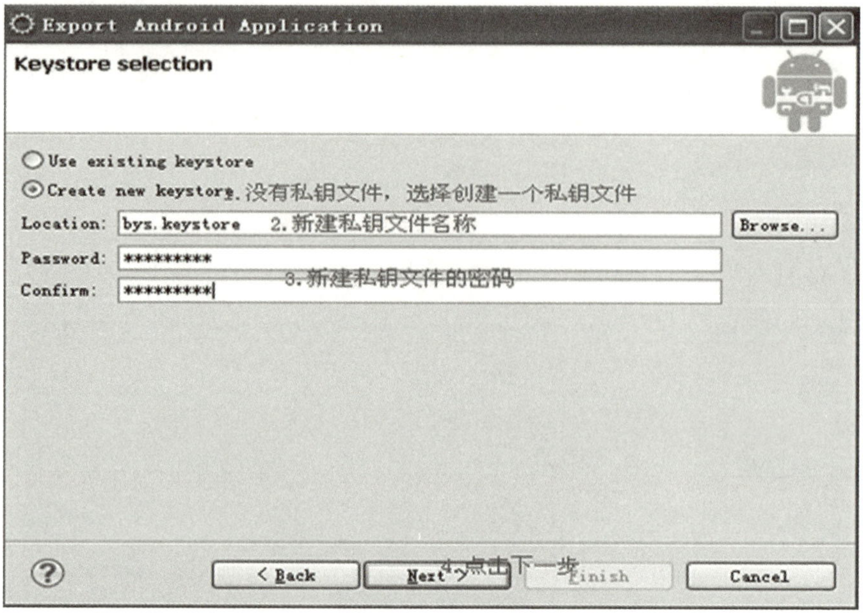

（7）输入私钥文件所需信息，并创建。

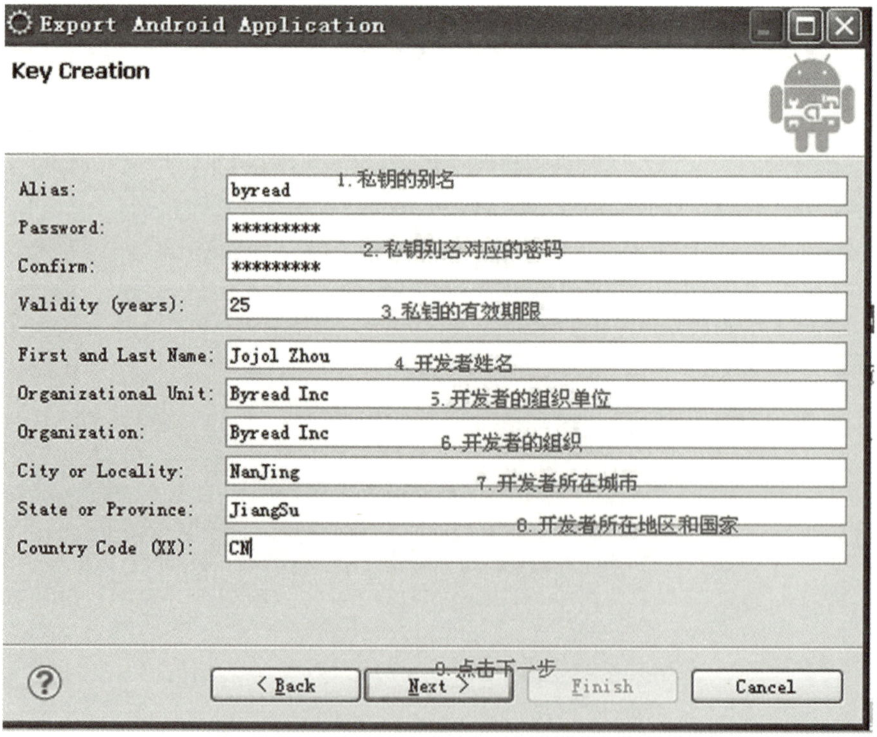

附录C：×××网站新闻发布系统需求分析参考

1.1 引言

1.1.1 目的

（1）定义软件总体要求，作为用户和软件开发人员之间相互了解的基础。

（2）提供性能要求、初步设计和对用户影响的信息，作为软件人员进行软件结构设计和编码的基础。

（3）作为软件总体测试的依据。

1.1.2 定义

UBB Code是对HTML语法标记的变体，用于在发送的信息中添加通常需要通过HTML完成的功能和样式。

1.1.3 参考资料

《项目委托开发合同》

《用户需求说明书》

《项目开发计划》

1.2 软件总体概述

1.2.1 软件标识

产品名称：×××网站新闻发布系统

产品缩写：新闻发布系统

版本号：1.0

1.2.2 软件描述

1.2.2.1 系统属性

系统为独立的新闻、广告发布系统。

1.2.2.2 开发背景

随着国家市场经济机制的不断推进，各行业的竞争日益激烈。传统的全静态新闻，由于自动化程度低，运行中需要大量的网页制作人员，已经被淘汰。而全动态的新闻，虽然自动化程度高，但其不能承受高访问量。

通过使用动态和静态结合的方式实现的新闻发布系统，不但解决了高访问量的负担问题和自动化水平问题，同时也解决了安全问题。使我们能够全身心地投入网站的运营。

另外，通过使用全面的统计系统，使我们能够准确地得到各个栏目和页面访问情况，从而加以调整。更使我们评价编辑的工作有了一个科学、合理和有说服力的依据。

1.2.2.3 软件功能

A（高）——软件必须实现的功能，用户有明确的功能定义和要求。

B（中）——软件应该实现的功能，用户的功能定义和要求可能是模糊的、不具体的，或低约束的，但是这类功能的缺少会导致用户的不满意，因此这类功能的具体需求应当由需求分析人员诱导用户产生并明确。

C（低）——软件尽量实现的功能，并可根据开发进度进行取舍，但这类功能的实现将会增加用户的满意度。

系统功能列表及优先级如表1所示。

表1 系统功能列表及优先级

系统功能		序号	功能名称	功能需求标识	优先级	简要描述
新闻发布	模板编辑	1	站点模板列表	RM-01	A	查看站点的模板
		2	模板添加	RM-02	A	模板添加
		3	模板修改	RM-03	A	模板修改
		4	删除模板	RM-04	A	删除模板
	新闻管理	5	发布新闻	RM-05	A	编辑发布新闻，支持UBB和图文混合编排，发布后立即生成静态页面
		6	新闻列表	RM-06	A	查看所有新闻(分栏目)
		7	修改新闻	RM-07	A	编辑修改新闻
		8	删除新闻	RM-08	A	编辑删除新闻
	栏目管理	9	添加栏目	RM-09	A	编辑添加栏目
		10	栏目列表	RM-10	A	栏目列表
		11	修改栏目	RM-11	A	编辑修改栏目
		12	删除栏目	RM-12	A	编辑删除栏目

续表

系统功能		序号	功能名称	功能需求标识	优先级	简要描述
广告发布	广告管理	13	添加广告	RM-13	A	编辑添加广告
		14	修改广告	RM-14	A	编辑修改广告
		15	广告列表	RM-15	A	
		16	删除广告	RM-16	A	编辑删除广告
编辑管理	成员管理	17	添加编辑	RM-17	A	添加编辑
		18	编辑列表	RM-18	A	编辑列表
		19	删除编辑	RM-19	A	删除编辑
	权限管理	20	编辑权限管理	RM-20	A	总编辑修改编辑的权限

1.2.3　用户的特点

系统管理员（编辑）：对本系统进行使用管理和系统数据库的管理。包括系统管理设置、系统参数设置新闻分布、广告管理等权限。

社会大众：浏览系统的信息发布信息（网站信息）的使用人员。此类人员可直接输入网址登录系统浏览信息，但不具有修改、发布权限。

1.2.4　限制与约束

本系统的开发经费：5万；

开发期限：2005-04-18至2005-06-17；

开发环境：

服务器： WIN2K SERVER;

WEB服务器：tomcat;

开发语言：JAVA\JSP；

1.3　总体需求

系统所有管理模块都需根据用户权限分为管理和查询两个模块分别进行设计，其中管理模块中包含查询功能。

1.3.1 功能需求

1.3.1.1 站点模板列表

功能编号	RM-01	功能名称	站点模板列表	所属部门	×××
调查者	×××	调查时间	2005-03-23	审核人	×××
功能描述	分页显示站点所有模板				
使用者	编辑				
输入项	无				
处理描述	显示模板名称、模板类型				
输出项	模板名称、模板类型				
界面要求	操作简单方便				

1.3.1.2 模板添加

功能编号	RM-02	功能名称	模板添加	所属部门	×××
调查者	×××	调查时间	2005-03-23	审核人	×××
功能描述	添加模板				
使用者	编辑				
输入项	模板类型、模板名称、模板内容				
处理描述	存入数据库				
输出项	提示信息				
界面要求	操作简单方便				

1.3.1.3 模板修改

功能编号	RM-03	功能名称	模板修改	所属部门	×××
调查者	×××	调查时间	2005-03-23	审核人	×××
功能描述	编辑修改模板				
使用者	编辑				
输入项	模板名称、模板内容、模板类型				
处理描述	1. 修改数据库记录；2. 更改属于此模板的页面				
输出项	静态网站页面				
界面要求	操作简单方便				

1.3.1.4 删除模板

功能编号	RM-04	功能名称	删除模板	所属部门	×××
调查者	×××	调查时间	2005-03-23	审核人	×××
功能描述	编辑删除模板				
使用者	编辑				
输入项	无				
处理描述	1. 检查有无应用此模板的页面；2. 删除数据库记录				
输出项	提示信息				
界面要求	操作简单方便				

1.3.1.5 发布新闻

功能编号	RM-05	功能名称	发布新闻	所属部门	×××
调查者	×××	调查时间	2005-03-23	审核人	×××
功能描述	编辑发布新闻，支持UBB和图文混合编排，发布后立即生成静态页面				
使用者	编辑				
输入项	所属模板、新闻名称、所属栏目、新闻内容等				
处理描述	1. 存入数据库；2. 生成静态页面				
输出项	静态页面				
界面要求	操作简单方便				

1.3.1.6 新闻列表

功能编号	RM-06	功能名称	新闻列表	所属部门	×××
调查者	×××	调查时间	2005-03-23	审核人	×××
功能描述	分页、分栏目显示所有新闻				
使用者	编辑				
输入项	所属栏目				
处理描述	显示新闻标题、应用模板、所属栏目				
输出项	新闻标题、应用模板、所属栏目				
界面要求	操作简单方便				

1.3.1.7 修改新闻

功能编号	RM-07	功能名称	修改新闻	所属部门	×××
调查者	×××	调查时间	2005-03-23	审核人	×××
功能描述	修改新闻信息，支持UBB和图文混合编排，发布后立即生成静态页面				
使用者	编辑				
输入项	新闻编号、所属模板、新闻名称、所属栏目、新闻内容等				
处理描述	1. 修改数据库记录；2. 重新生成静态页面				
输出项	静态页面				
界面要求	操作简单方便				

1.3.1.8 删除新闻

功能编号	RM-08	功能名称	删除新闻	所属部门	×××
调查者	×××	调查时间	2005-03-23	审核人	×××
功能描述	删除新闻				
使用者	编辑				
输入项	无				
处理描述	1. 删除数据库记录；2. 删除静态页面				
输出项	提示删除成功				
界面要求	操作简单方便				

1.3.1.9 添加栏目

功能编号	RM-09	功能名称	添加栏目	所属部门	×××
调查者	×××	调查时间	2005-03-23	审核人	×××
功能描述	编辑添加栏目				
使用者	编辑				
输入项	栏目名称、所属上级栏目、所属模版				
处理描述	1. 存入数据库；2. 生成栏目静态页面				
输出项	提示信息				
界面要求	操作简单方便				

1.3.1.10 栏目列表

功能编号	RM-10	功能名称	栏目列表	所属部门	×××
调查者	×××	调查时间	2005-03-23	审核人	×××
功能描述	分页显示所有栏目				
使用者	编辑				
输入项	无				
处理描述	显示栏目名称及结构、应用模板				
输出项	栏目名称、应用模板				
界面要求	操作简单方便				

1.3.1.11 修改栏目

功能编号	RM-11	功能名称	修改栏目	所属部门	×××
调查者	×××	调查时间	2005-03-23	审核人	×××
功能描述	编辑修改栏目				
使用者	编辑				
输入项	栏目名称、栏目所属上级栏目（栏目结构）、应用模板				
处理描述	1. 修改数据库记录；2. 重新生成栏目静态页面；3. 重新生成受影响的页面				
输出项	静态页面				
界面要求	操作简单方便				

1.3.1.12 删除栏目

功能编号	RM-12	功能名称	删除栏目	所属部门	×××
调查者	×××	调查时间	2005-03-23	审核人	×××
功能描述	编辑删除栏目				
使用者	编辑				
输入项	无				
处理描述	1. 删除数据库记录；2. 删除静态页面				
输出项	提示信息				
界面要求	操作简单方便				

1.3.1.13 添加广告

功能编号	RM-13	功能名称	添加广告	所属部门	×××
调查者	×××	调查时间	2005-03-23	审核人	×××
功能描述	编辑发布广告				
使用者	编辑				
输入项	广告内容、连接位置、广告位				
处理描述	1. 检查广告位；2. 存入数据库；3. 重新生成广告位所影响的页面				
输出项	广告位所影响的静态页面				
界面要求	操作简单方便				

1.3.1.14 修改广告

功能编号	RM-14	功能名称	修改广告	所属部门	×××
调查者	×××	调查时间	2005-03-23	审核人	×××
功能描述	编辑修改广告				
使用者	编辑				
输入项	广告内容、连接位置、广告位、广告描述				
处理描述	1. 检查广告位；2. 修改数据库记录；3. 重新生成广告位所影响的页面				
输出项	广告位所影响的静态页面				
界面要求	操作简单方便				

1.3.1.15 广告列表

功能编号	RM-15	功能名称	广告列表	所属部门	×××
调查者	×××	调查时间	2005-03-23	审核人	×××
功能描述	分页显示所有广告				
使用者	编辑				
输入项	无				
处理描述	显示广告编号、广告位、广告描述				
输出项	广告编号、广告位、广告描述				
界面要求	操作简单方便				

1.3.1.16 删除广告

功能编号	RM-16	功能名称	删除广告	所属部门	×××
调查者	×××	调查时间	2005-03-23	审核人	×××
功能描述	编辑删除广告				
使用者	编辑				
输入项	无				
处理描述	删除数据库记录				
输出项	提示信息				
界面要求	操作简单方便				

1.3.1.17 添加编辑

功能编号	RM-17	功能名称	添加编辑	所属部门	×××
调查者	×××	调查时间	2005-03-23	审核人	×××
功能描述	总编辑添加编辑				
使用者	编辑				
输入项	编辑登录ID、初始密码、权限				
处理描述	存入数据库				
输出项	无				
界面要求	操作简单方便				

1.3.1.18 编辑列表

功能编号	RM-18	功能名称	编辑列表	所属部门	×××
调查者	×××	调查时间	2005-03-23	审核人	×××
功能描述	分页显示所有编辑				
使用者	编辑				
输入项	无				
处理描述	显示编辑登录ID				
输出项	编辑登录ID				
界面要求	操作简单方便				

1.3.1.19 删除编辑

功能编号	RM-19	功能名称	删除编辑	所属部门	×××
调查者	×××	调查时间	2005-03-23	审核人	×××
功能描述	总编辑删除编辑				
使用者	编辑				
输入项	无				
处理描述	删除数据库记录				
输出项	提示信息				
界面要求	操作简单方便				

1.3.1.20 编辑权限管理

功能编号	RM-20	功能名称	编辑权限管理	所属部门	×××
调查者	×××	调查时间	2005-03-23	审核人	×××
功能描述	总编辑管理编辑的权限				
使用者	编辑				
输入项	权限				
处理描述	存入数据库				
输出项	提示信息				
界面要求	操作简单方便				

1.3.2 性能需求

（1）精度

数据采集率：≥90%

动态信息及时率：≥95%

静态信息全面率：≥98%

信息准确率：≥98%

（2）时间特性

响应时间：城域网≤20秒，广域网≤60秒，实时信息刷新周期≤60秒。

整个系统的数据存储量应该在2000万条记录，并允许同时1000个以上的客户端对数据进行访问。

1.3.3 数据库需求

数据库能进行较大数据量的存储和处理能力，有较高的处理效率。

1.3.4 设计约束

1.3.4.1 其他标准的约束

标准和规范符合XX公司需求分析、设计、编码、测试的相关规范。

1.3.4.2 硬件约束

用户硬件为当前主流中低档服务器和PC机，内存容量为128～512M。

1.3.5 属性

1.3.5.1 可用性

系统可以在不同的符合系统运行环境要求的计算机上进行快速恢复。并能快速重新启动。

1.3.5.2 可靠性

系统采用定时备份功能，在系统出现故障时，系统数据不能丢失，且在备份服务器上能正常运行。

1.3.5.3 效率

在数据更新时，数据输出能及时更新。系统处理较大数据量时，能在较短的时间内完成。

1.3.5.4 安全性

在软件系统的安全性方面要求有较高的安全防护，基本的安全防护为静态式的密码，要求在一段时间后系统能自动提示用户更改密码，并且要求对密码的管理工作严格进行管理，只有在特定用户的状态下才能对用户的信息资料进行访问调阅。

1.3.5.5 可维护性

系统采用模块化设计，系统在技术和业务变化时能进行扩充、维护。

1.3.5.6 可移植性

系统能在Window 2000、Window 2003、Window 98等系统下安全稳定运行。

1.3.6 外部接口需求

1.3.6.1 用户接口

为方便使用，用户界面均采用图形化的用户界面，用户用鼠标就可以进行全部按钮、热点的操作。用户的输入工具主要是键盘和鼠标。

1.3.6.2 硬件接口

（1）服务器的配置要求

CPU：3.0G以上

最小内存：1G

推荐内存：2G 以上

最小磁盘空间：80G

推荐磁盘空间：120G

（2）客户端配置要求

CPU ：0.4G 以上

最小内存：32M

推荐内存：64M

最小磁盘空间：1G

推荐磁盘空间：5G

一个键盘、一个鼠标。

1.3.7.3 软件接口

系统使用ORACLE数据库，服务器采用WIN2K SERVER，WEB服务器采用tomcat。

1.3.7.4 通信接口

网络传输协议为TCP/IP等协议。

附录D：×××网站新闻发布系统概要设计参考

1.1 引言

1.1.1 编写目的

用作新闻发布系统详细设计、数据库设计及编码测试的依据。

预期读者：项目管理人员、设计编码人员、测试人员及用户。

1.1.2 参考资料

《用户规格说明书》

《用户需求说明书》

1.2 范围

本系统实现需求规格说明书中所提出的所有功能，对这些功能进行概要设计，形成功能模块，作为下一步详细设计的基线。

1.2.1 系统主要目标

通过使用动态和静态结合的方式实现的新闻发布系统，不但解决了高访问量的负担问题和自动化水平问题，同时也解决了安全问题。使我们能够全身心地投入网站的运营上去。

1.3 新闻发布系统结构设计

1.3.1 新闻发布系统结构

1.3.1.1 系统功能描述

（1）站点模板管理：站点编辑可以自主编辑站点模板，提交后应用此模板的页面自动按新模板生成。

（2）新闻管理：站点编辑在拥有相关权限的情况下可以自主发布新闻、修改新闻、删除新闻。

（3）栏目管理：站点编辑可以更改栏目设置。

（4）广告管理：站点编辑能够发布广告、修改广告、删除广告。

（5）广告位置管理：站点编辑可以管理站点广告位置，但在改变广告位置设置后，应改变相应模板。

（6）编辑管理：总编辑可以管理编辑的权限、删除编辑和添加编辑。

1.3.1.2　前台页面结构图

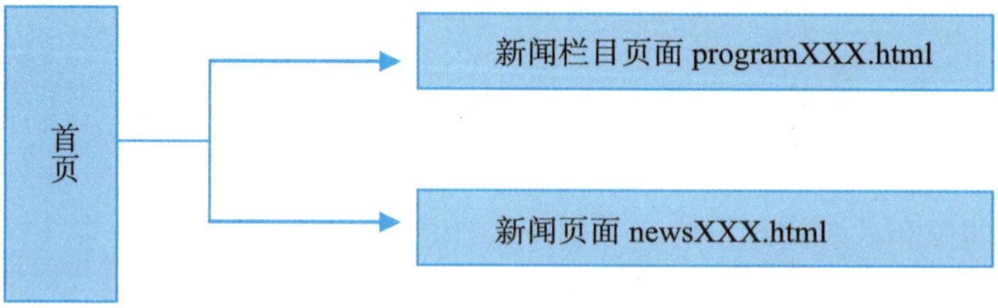

图24　前台页面结构

1.3.1.3　管理员功能模块

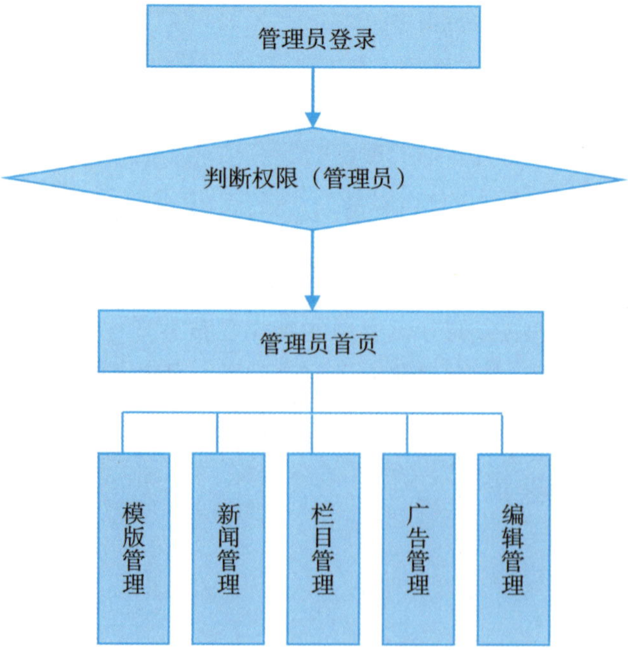

图25　管理员界面

1.3.1.4　命名规则

（1）模块命名规则：以英文单词的首字母组合。

（2）数据库命名规则表：以tb_的字母组合；字段：以表名为首的字母组合。

1.3.2 后台页面结构图

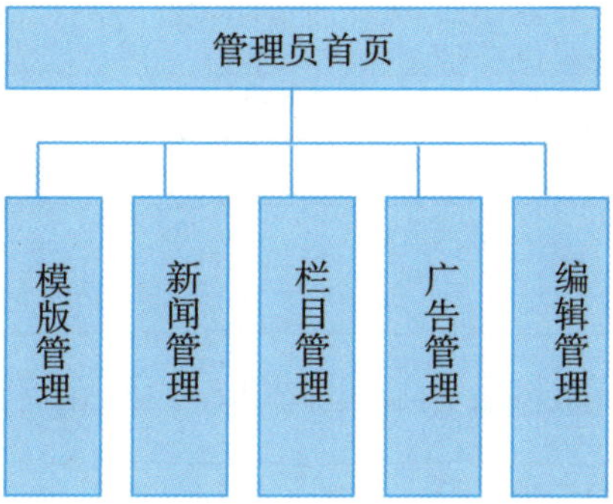

图26 后台结构图

1.3.3 模块描述

可用IPO图结合下表对每一软件模块进行描述。

1.3.3.1 站点模板列表

名 称	站点模板列表	标识	RM-01	子系统名称	模板编辑	系统名称	新闻发布
接口说明	输入	无					
	输出	模板名称、模板类型					
功能说明	分页显示站点所有模板						
运行环境说明	Windows操作系统，Tomcat WEB 服务器、Oracle、IE浏览器						
调用关系说明	调用模块	无					
	被调用模块	无					

1.3.3.2 模板添加

名 称	模板添加	标识	RM-02	子系统名称	模板编辑	系统名称	新闻发布
接口说明	输入	模板名称、模板类型、模板内容；					
	输出	无					
功能说明	添加模板						
运行环境说明	Windows操作系统，Tomcat WEB 服务器、Oracle、IE浏览器						
调用关系说明	调用模块	RM-21					
	被调用模块	无					

1.3.3.3 模板修改

名 称	模板修改	标识	RM-03	子系统名称	模板编辑	系统名称	新闻发布
接 口说 明	输入	模板名称、模板类型、模板内容					
	输出	无					
功 能说 明	修改模板						
运行环境说明	Windows操作系统，Tomcat WEB 服务器、Oracle、IE浏览器						
调用关系说明	调用模块	RM-21					
	被调用模块	无					

1.3.3.4 删除模板

名 称	删除模板	标识	RM-04	子系统名称	模板编辑	系统名称	新闻发布
接 口说 明	输入	无					
	输出	提示信息					
功 能说 明	删除模板						
运行环境说明	Windows操作系统，Tomcat WEB 服务器、Oracle、IE浏览器						
调用关系说明	调用模块	RM-21					
	被调用模块	无					

1.3.3.5 发布新闻

名 称	发布新闻	标识	RM-05	子系统名称	新闻管理	系统名称	新闻发布
接 口说 明	输入	所属模板、新闻名称、所属栏目、新闻内容等					
	输出	静态页面					
功 能说 明	编辑发布新闻，支持UBB和图文混合编排，发布后立即生成静态页面						
运行环境说明	Windows操作系统，Tomcat WEB 服务器、Oracle、IE浏览器						
调用关系说明	调用模块	RM-21					
	被调用模块	无					

1.3.3.6 新闻列表

名 称	新闻列表	标识	RM-06	子系统名称	新闻管理	系统名称	新闻发布
接口说明	输入	无					
	输出	新闻标题、应用模板、所属栏目					
功能说明	分页、分栏目显示所有新闻						
运行环境说明	Windows操作系统，Tomcat WEB 服务器、Oracle、IE浏览器						
调用关系说明	调用模块	无					
	被调用模块	无					

1.3.3.7 修改新闻

名 称	修改新闻	标识	RM-07	子系统名称	新闻管理	系统名称	新闻发布
接口说明	输入	新闻编号、所属模板、新闻名称、所属栏目、新闻内容等					
	输出	无					
功能说明	修改新闻信息，支持UBB和图文混合编排，发布后立即生成静态页面						
运行环境说明	Windows操作系统，Tomcat WEB 服务器、Oracle、IE浏览器						
调用关系说明	调用模块	RM-21					
	被调用模块	无					

1.3.3.8 删除新闻

名 称	删除新闻	标识	RM-08	子系统名称	新闻管理	系统名称	新闻发布
接口说明	输入	无					
	输出	提示删除成功					
功能说明	删除新闻						
运行环境说明	Windows操作系统，Tomcat WEB 服务器、Oracle、IE浏览器						
调用关系说明	调用模块	RM-21					
	被调用模块	无					

1.3.3.9 添加栏目

名 称	添加栏目	标识	RM-09	子系统名称	栏目管理	系统名称	新闻发布
接口说明	输入	栏目名称、所属上级栏目、所属模板					
	输出	无					
功能说明	编辑添加栏目						
运行环境说明	Windows 操作系统，Tomcat WEB 服务器、Oracle、IE 浏览器						
调用关系说明	调用模块	RM-21					
	被调用模块	无					

1.3.3.10 栏目列表

名 称	栏目列表	标识	RM-10	子系统名称	栏目管理	系统名称	新闻发布
接口说明	输入	无					
	输出	栏目名称、应用模板					
功能说明	分页显示所有栏目						
运行环境说明	Windows 操作系统，Tomcat WEB 服务器、Oracle、IE 浏览器						
调用关系说明	调用模块	无					
	被调用模块	无					

133.3.11 修改栏目

名 称	修改栏目	标识	RM-11	子系统名称	栏目管理	系统名称	新闻发布
接口说明	输入	栏目名称、栏目所属上级栏目（栏目结构）、应用模板					
	输出	静态页面					
功能说明	编辑修改栏目						
运行环境说明	Windows 操作系统，Tomcat WEB 服务器、Oracle、IE 浏览器						
调用关系说明	调用模块	RM-21					
	被调用模块	无					

1.3.3.12 删除栏目

名 称	删除栏目	标识	RM-12	子系统名称	栏目管理	系统名称	新闻发布
接口说明	输入	无					
	输出	提示信息					
功能说明	编辑删除栏目						
运行环境说明	Windows操作系统，Tomcat WEB 服务器、Oracle、IE浏览器						
调用关系说明	调用模块	RM-21					
	被调用模块	无					

1.3.3.13 添加广告

名 称	添加广告	标识	RM-13	子系统名称	广告管理	系统名称	广告发布
接口说明	输入	广告内容、连接位置、广告位					
	输出	广告位所影响的静态页面					
功能说明	编辑发布广告						
运行环境说明	Windows操作系统，Tomcat WEB 服务器、Oracle、IE浏览器						
调用关系说明	调用模块	RM-21					
	被调用模块	无					

1.3.3.14 修改广告

名 称	修改广告	标识	RM-14	子系统名称	广告管理	系统名称	广告发布
接口说明	输入	广告内容、连接位置、广告位					
	输出	广告位所影响的静态页面					
功能说明	编辑修改广告						
运行环境说明	Windows操作系统，Tomcat WEB 服务器、Oracle、IE浏览器						
调用关系说明	调用模块	RM-21					
	被调用模块	无					

1.3.3.15 广告列表

名 称	广告列表	标识	RM-15	子系统名称	广告管理	系统名称	广告发布
接 口 说 明	输入	无					
	输出	广告编号、广告位、广告描述					
功 能 说 明	分页显示所有广告						
运行环 境说明	Windows 操作系统，Tomcat WEB 服务器、Oracle、IE 浏览器						
调用关 系说明	调用模块	无					
	被调用模块	无					

1.3.3.16 删除广告

名 称	广告列表	标识	RM-16	子系统名称	广告管理	系统名称	广告发布
接 口 说 明	输入	无					
	输出	提示信息					
功 能 说 明	编辑删除广告						
运行环 境说明	Windows 操作系统，Tomcat WEB 服务器、Oracle、IE 浏览器						
调用关 系说明	调用模块	RM-21					
	被调用模块	无					

1.3.3.17 添加编辑

名 称	添加编辑	标识	RM-17	子系统名称	成员管理	系统名称	编辑管理
接 口 说 明	输入	编辑登录 ID、初始密码、权限					
	输出	无					
功 能 说 明	总编辑添加编辑						
运行环 境说明	Windows 操作系统，Tomcat WEB 服务器、Oracle、IE 浏览器						
调用关 系说明	调用模块	无					
	被调用模块	无					

1.3.3.18 编辑列表

名 称	编辑列表	标识	RM-18	子系统名称	成员管理	系统名称	编辑管理
接口说明	输入	无					
	输出	编辑登录ID					
功能说明	分页显示所有编辑						
运行环境说明	Windows操作系统，Tomcat WEB服务器、Oracle、IE浏览器						
调用关系说明	调用模块	无					
	被调用模块	无					

1.3.3.19 删除编辑

名 称	删除编辑	标识	RM-19	子系统名称	成员管理	系统名称	编辑管理
接口说明	输入	无					
	输出	提示信息					
功能说明	总编辑删除编辑						
运行环境说明	Windows操作系统，Tomcat WEB服务器、Oracle、IE浏览器						
调用关系说明	调用模块	无					
	被调用模块	无					

1.3.3.20 编辑权限管理

名 称	编辑权限管理	标识	RM-20	子系统名称	权限管理	系统名称	编辑管理
接口说明	输入	权限					
	输出	提示信息					
功能说明	总编辑管理编辑的权限						
运行环境说明	Windows操作系统，Tomcat WEB服务器、Oracle、IE浏览器						
调用关系说明	调用模块	无					
	被调用模块	无					

1.3.3.21 生成静态页面

名 称	生成静态页面	标识	RM-21	子系统名称	公有	系统名称	公有
接口说明	输入	页面类型、编号					
	输出	静态页面					
功能说明	按照输入的页面类型、编号生成静态页面						
运行环境说明	Windows 操作系统，Tomcat WEB 服务器、Oracle、IE 浏览器						
调用关系说明	调用模块	无					
	被调用模块	RM-02、RM-03、RM-04、RM-05、RM-07、RM-08、RM-09、RM-11、RM-12、RM-13、RM-14、RM-16					

1.3.3.22 编辑登录

名 称	编辑登录	标识	RM-22	子系统名称	公有	系统名称	公有
接口说明	输入	登录 ID、登录密码					
	输出	无					
功能说明	检查登录 ID、登录密码，成功后跳转到编辑首页						
运行环境说明	Windows 操作系统，Tomcat WEB 服务器、Oracle、IE 浏览器						
调用关系说明	调用模块	无					
	被调用模块	无					

1.3.3.23 检查编辑是否登录

名 称	检查编辑是否登录	标识	RM-23	子系统名称	公有	系统名称	公有
接口说明	输入	无					
	输出	提示信息					
功能说明	检查是否登录，如果否跳转到编辑首页。						
运行环境说明	Windows 操作系统，Tomcat WEB 服务器、Oracle、IE 浏览器						
调用关系说明	调用模块	无					
	被调用模块	RM-01、RM-20					

1.4 数据设计

参见《数据库设计说明书》

1.5 接口设计

1.5.1 用户界面设计规则

分析《需求规格说明书》中的用户特点，设计交互、信息显示和数据输入等用户界面规则。若有的话，列出用户的强制标准和开发单位的强制标准。

1.5.2 内部接口设计

说明软件内部模块间的接口安排。

1.5.3 外部接口设计

说明本系统同外界的所有接口的安排，包括软件与硬件之间的接口，本系统与各支持软件之间的接口关系。

内部和外部的接口设计必须结合模块内部的数据验证和出错处理。

1.6 出错处理设计

当出错时给出一个相应错误提示页面。

1.7 系统维护设计

对数据库和服务器应同时进行本地和双机备份。管理员账户最好至少两个。

附录E：×××网站新闻发布系统详细设计参考

1.1 引言

1.1.1 编写目的

本说明书提供了新闻系统各个模块部件的说明，以供编码人员具体实现及今后的维护工作。

1.1.2 背景

（1）软件系统的名称

（2）本项目的任务提出者

（3）本项目的任务开发者：网站建设教研室。

1.1.3 定义

提示：列出本文件中用到的专门术语的定义和英文缩写的原词组。

1.1.4 参考资料

1. 项目开发计划
2. 需求规格说明书
3. 概要设计说明书
4. 数据库设计说明书

1.2 程序（模块）系统的组织结构

提示：用层次图表（见图27）列出本程序系统内各层模块和程序单元的名称（标识符）和它们之间的相互关系。

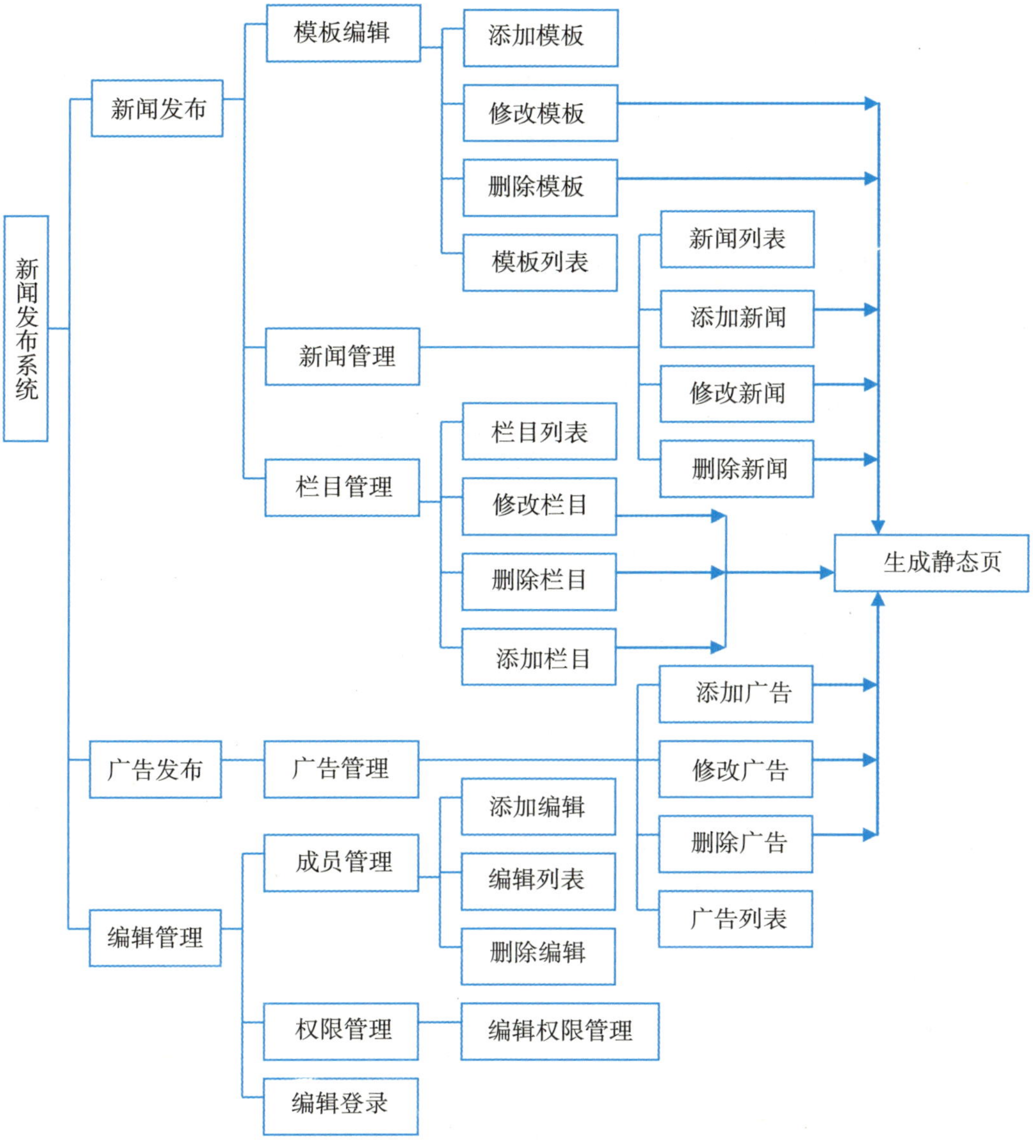

图27　新闻发布系统层次图表

1.3　界面设计要求

提示：指明总体风格，控件设计标准。

1.4　本软件系统中各程序(模块)的设计说明

提示：在本节中要求按模块依次说明在“2. 程序(模块)系统的组织结构”中列出的每个模块的设计内容。

➢ 添加模板模块：用于编辑添加模板。

主要的页面有：

xwfb_mbbj_tjmb.jsp:用于编辑添加模板。

xwfb.mbbj.tjmb.java:用于编辑添加模板。

➢ 修改模板模块：用于编辑修改模板。

主要的页面有：

xwfb_mbbj_xgmb.jsp:用于编辑修改模板。

xwfb.mbbj.xgmb.java:用于编辑修改模板。

➢ 删除模板模块：用于编辑删除模板。

主要的页面有：

xwfb.mbbj.scmb.java:用于编辑删除模板。

➢ 模板列表模块：查看站点模板。

主要的页面有：

xwfb_mbbj_mblb.jsp:查看站点模板。

➢ 新闻列表模块：查看站点新闻。

主要的页面有：

xwfb_xwgl_xwlb.jsp:查看站点新闻。

➢ 添加新闻模块：用于编辑添加新闻。

主要的页面有：

xwfb_ xwgl _tjxw.jsp:用于编辑添加新闻。

xwfb. xwgl.tjxw.java:用于编辑添加新闻。

➢ 修改新闻模块：用于编辑修改新闻。

主要的页面有：

xwfb_ xwgl _xgxw.jsp:用于编辑修改新闻。

xwfb. xwgl.xgxw.java:用于编辑修改新闻。

➢ 删除新闻模块：用于编辑删除新闻。

主要的页面有：

xwfb. xwgl.scxw.java:用于编辑删除新闻。

➢ 栏目列表模块：查看站点栏目。

主要的页面有：

xwfb_lmgl_lmlb.jsp:查看站点栏目。

➢ 添加栏目模块：用于编辑添加栏目。

主要的页面有：

xwfb_ lmgl _tjlm.jsp:用于编辑添加栏目。

xwfb. lmgl.tjlm.java:用于编辑添加栏目。

- 修改栏目模块：用于编辑修改栏目。
  主要的页面有：
  xwfb_ lmgl _xglm.jsp:用于编辑修改栏目。
  xwfb. lmgl.xglm.java:用于编辑修改栏目。
- 删除栏目模块：用于编辑删除栏目。
  主要的页面有：
  xwfb. lmgl.sclm.java:用于编辑删除栏目。
- 添加广告模块：用于编辑添加广告。
  主要的页面有：
  ggfb_gggl_tjgg.jsp:用于编辑添加广告。
  ggfb. gggl.tjgg.java:用于编辑添加广告。
- 修改广告模块：用于编辑修改模板。
  主要的页面有：
  ggfb_gggl_xggg.jsp:用于编辑修改广告。
  ggfb. gggl.xggg.java:用于编辑修改广告。
- 删除广告模块：用于编辑删除广告。
  主要的页面有：
  ggfb. gggl.scgg.java:用于编辑删除广告。
- 广告列表模块：查看站点广告。
  主要的页面有：
  ggfb_gggl_gglb.jsp:查看站点广告。
- 添加编辑模块：用于总编辑添加编辑。
  主要的页面有：
  bjgl_cygl_tjbj.jsp:用于总编辑添加编辑。
  bjgl. cygl. tjbj.java:用于总编辑添加编辑。
- 编辑列表模块：查看站点编辑权限。
  主要的页面有：
  bjgl_cygl_xglb.jsp:查看站点编辑权限。
- 删除编辑模块：用于总编辑删除编辑。
  主要的页面有：
  bjgl. cygl.scbj.java:用于总编辑删除编辑。
- 编辑权限管理模块：用于总编辑管理编辑权限。
  主要的页面有：
  bjgl_qxgl_bjqxgl.jsp:用于总编辑管理编辑权限。
  bjgl. qxgl. bjqxgl.java:用于总编辑管理编辑权限。

➢ 生成静态页面模块：用于生成静态页面。
主要的页面有：
public.scjtym.java:用于生成静态页面。
➢ 编辑登录模块：用于编辑登录。
主要的页面有：
bjgl_bjdl.jsp:用于编辑登录。
➢ 检查编辑是否登录模块：用于检查编辑是否登录。
主要的页面有：
public.jcbjsfdl.jsp:用于检查编辑是否登录。

1.4.1 添加模板模块的设计说明

表2 模块详细设计说明表（a）

模块名称	添加模板模块		模块代号	xwfb_mbbj_tjmb.jsp	
适用范围	全局		类型	Jsp 页面	
模块功能	用于编辑添加模板				
作　　者	×××	编写时间	2005-5-3	修改人	×××
修改时间		修改批准人		修改次数	
性能要求	在2秒内完成				
限制条件	仅编辑				
输　　入	模板类型、模板名称、模板内容				
输　　出	数据库记录　提示信息				
算法逻辑	1. 建立表单 2. 表单数据提交给 xwfb.mbbj.tjmb.java				
相关对象及接口	xwfb.mbbj.tjmb.java 添加模板模块. public.jcbjsfdl.jsp: 检查编辑是否登录				
备　　注					

表 3　模块详细设计说明表（b）

模块名称	添加模板模块		模块代号	xwfb.mbbj.tjmb.java	
适用范围	全局		类型	JAVABEAN	
模块功能	用于编辑添加模板				
作　　者	× × ×	编写时间	2005-5-3	修改人	× × ×
修改时间		修改批准人		修改次数	
性能要求	在 2 秒内完成				
限制条件	仅编辑				
输　　入	模板类型、模板名称、模板内容				
输　　出	数据库记录　提示信息				
算法逻辑	1. 检查数据完整性； 2. 添加数据库记录（表 Tb_Templet）				
相关对象及接口					
备　　注					

1.4.2　修改模板模块的设计说明

表 4　模块详细设计说明表（a）

模块名称	修改模板模块		模块代号	xwfb_mbbj_xgmb.jsp	
适用范围	全局		类型	JSP 页面	
模块功能	用于编辑修改模板				
作　　者	× × ×	编写时间	2005-5-3	修改人	× × ×
修改时间		修改批准人		修改次数	
性能要求	在 2 秒内完成				
限制条件	仅限编辑				
输　　入	模板名称、模板内容、模板类型				
输　　出	静态网站页面				
算法逻辑	1. 建立表单 2. 查询数据库相关记录 3. 给表单赋初始值 4. 表单数据提交给 xwfb.mbbj.xgmb.java				
相关对象及接口	xwfb.mbbj.xgmb.java 修改模板模块 public.jcbjsfdl.jsp: 检查编辑是否登录				
备　　注					

表5　模块详细设计说明表（b）

模块名称	修改模板模块		模块代号	xwfb.mbbj.xgmb.java	
适用范围	全局		类型	JAVABEAN	
模块功能	用于编辑修改模板				
作　者	×××	编写时间	2005-5-3	修改人	×××
修改时间		修改批准人		修改次数	
性能要求	在12秒内完成				
限制条件	仅限编辑				
输　入	模板名称、模板内容、模板类型				
输　出	静态网站页面				
算法逻辑	1. 检查数据完整性 2. 添加数据库记录（表Tb_Templet） 3. 调用public.scjtym.java: 用于生成静态页面				
相关对象及接口	public.scjtym.java: 生成静态页面				
备　注					

1.4.3　删除模板模块的设计说明

表6　模块详细设计说明表

模块名称	删除模板模块		模块代号	xwfb.mbbj.scmb.java	
适用范围	局部		类型	servlet	
模块功能	用于编辑删除模板				
作　者	×××	编写时间	2005-5-03	修改人	×××
修改时间		修改批准人		修改次数	
性能要求	在2秒内完成				
制条件	仅限编辑				
输　入	无				
输　出	提示信息				
算法逻辑	1. 检查模板有无使用 若无 2. 删除此模板的数据库记录 若有 3. 输出提示信息				
相关对象及接口	public.jcbjsfdl.jsp: 用于检查编辑是否登录				
备　注					

1.4.4 模板列表模块的设计说明

表7 模块详细设计说明表

模块名称	模板列表模块		模块代号	xwfb_mbbj_mblb.jsp	
适用范围	全局		类型	页面	
模块功能	查看站点模板				
作　者	×××	编写时间	2005-5-3	修改人	×××
修改时间		修改批准人		修改次数	
性能要求	在2秒内完成				
限制条件	仅限编辑				
输　入	无				
输　出	模板名称、模板类型				
算法逻辑	1. 查询数据库 2. 循环输出模板名称、模板类型				
相关对象及接口	public.jcbjsfdl.jsp:检查编辑是否登录				
备　注	应用分页算法逻辑				

1.4.5 新闻列表模块的设计说明

表8 模块详细设计说明表

模块名称	新闻列表模块		模块代号	xwfb_xwgl_xwlb.jsp	
适用范围	全局		类型	Jsp页面	
模块功能	查看站点新闻				
作　者	×××	编写时间	2005-5-3	修改人	×××
修改时间		修改批准人		修改次数	
性能要求	在2秒内完成				
限制条件	仅限编辑				
输　入	所属栏目				
输　出	新闻标题、应用模版、所属栏目				
算法逻辑	1. 查询数据库 2. 循环输出新闻标题、应用模版、所属栏目				
相关对象及接口	public.jcbjsfdl.jsp:检查编辑是否登录				
备　注	应用分页算法逻辑				

1.4.6 添加新闻模块的设计说明

表 9 模块详细设计说明表（a）

模块名称	添加新闻模块		模块代号	xwfb_ xwgl _tjxw.jsp	
适用范围	全局		类型	Jsp 页面	
模块功能	用于编辑添加新闻				
作　　者	×××	编写时间	2005-4-28	修改人	×××
修改时间		修改批准人		修改次数	
性能要求	在2秒内完成				
限制条件	仅限编辑				
输　　入	所属模板、新闻名称、所属栏目、新闻内容等				
输　　出	静态页面				
算法逻辑	1. 建立表单 2. 调用xwfb. xwgl.tjxw.java添加新闻模块				
相关对象及接口	xwfb. xwgl.tjxw.java添加新闻模块 public.jcbjsfdl.jsp:检查编辑是否登录。				
备　　注					

表 10 模块详细设计说明表（b）

模块名称	添加新闻模块		模块代号	xwfb. xwgl.tjxw.java	
适用范围	全局		类型	JAVABEAN	
模块功能	用于编辑添加新闻				
作　　者	×××	编写时间	2005- 4- 28	修改人	×××
修改时间		修改批准人		修改次数	
性能要求	在12秒内完成。				
限制条件	仅限编辑				
输　　入	所属模板、新闻名称、所属栏目、新闻内容等				
输　　出	静态页面				
算法逻辑	1. 检查数据完整性 2. 添加数据库记录（表Tb_News） 3. 调用public.scjtym.java:生成静态页面				
相关对象及接口	public.scjtym.java:生成静态页面				
备　　注					

1.4.7 修改新闻模块的设计说明

表11 模块详细设计说明表（a）

模块名称	修改新闻模块		模块代号	xwfb_ xwgl _xgxw.jsp	
适用范围	全局		类型	Jsp页面	
模块功能	用于编辑修改新闻				
作　　者	×××	编写时间	2005-5-3	修改人	×××
修改时间		修改批准人		修改次数	
性能要求	在2秒内完成				
限制条件	仅编辑				
输　　入	新闻编号、所属模板、新闻名称、所属栏目、新闻内容等				
输　　出	静态页面				
算法逻辑	1. 建立表单 2. 提取数据库记录 3. 给表单赋初始值 4. 调用xwfb. xwgl.xgxw.java修改新闻模块				
相关对象及接口	xwfb. xwgl.xgxw.java：修改新闻模块 public.jcbjsfdl.jsp: 检查编辑是否登录				
备　　注					

表12 模块详细设计说明表（b）

模块名称	修改新闻模块		模块代号	xwfb. xwgl.xgxw.java	
适用范围	全局		类型	JAVABEAN	
模块功能	用于编辑修改新闻				
作　　者	×××	编写时间	2005-5-3	修改人	×××
修改时间		修改批准人		修改次数	
性能要求	在12秒内完成				
限制条件	仅编辑				
输　　入	新闻编号、所属模板、新闻名称、所属栏目、新闻内容等				
输　　出	静态页面				
算法逻辑	1. 检查数据完整性 2. 修改数据库记录 3. 调用public.scjtym.java: 用于生成静态页面				
相关对象及接口	public.scjtym.java:生成静态页面				
备　　注					

1.4.8 删除新闻模块的设计说明

表 13 模块详细设计说明表

模块名称	删除新闻模块		模块代号	xwfb. xwgl.scxw.java	
适用范围	全局		类型	servlet	
模块功能	用于编辑删除新闻				
作　　者	×××	编写时间	2005-5-3	修改人	×××
修改时间		修改批准人		修改次数	
性能要求	在2秒内完成				
限制条件	仅限编辑				
输　　入	无				
输　　出	提示删除成功				
算法逻辑	1. 删除数据库记录 2. 调用public.scjtym.java: 用于生成静态页面				
相关对象及接口	public.scjtym.java:生成静态页面 public.jcbjsfdl.jsp:检查编辑是否登录				
备　　注					

1.4.9 栏目列表模块的设计说明

表 14 模块详细设计说明表

模块名称	栏目列表模块		模块代号	xwfb_lmgl_lmlb.jsp	
适用范围	全局		类型	Jsp 页面	
模块功能	查看站点栏目				
作　　者	×××	编写时间	2005-5-3	修改人	×××
修改时间		修改批准人		修改次数	
性能要求	在2秒内完成				
限制条件	仅编辑				
输　　入	无				
输　　出	栏目名称、应用模板				
算法逻辑	1. 查询数据库 2. 循环输出结果集				
相关对象及接口	public.jcbjsfdl.jsp:检查编辑是否登录				
备　　注	应用分页算法逻辑				

1.4.10 添加栏目模块的设计说明

表15 模块详细设计说明表（a）

模块名称	添加栏目模块		模块代号	xwfb_ lmgl _tjlm.jsp	
适用范围	全局		类型	Jsp页面	
模块功能	用于编辑添加栏目				
作　　者	×××	编写时间	2005-5-3	修改人	×××
修改时间		修改批准人		修改次数	
性能要求	在2秒内完成。				
限制条件	仅编辑				
输　　入	栏目名称、所属上级栏目、所属模板				
输　　出	提示信息				
算法逻辑	1. 建立表单 2. 调用xwfb. lmgl.tjlm.java添加栏目模块				
相关对象及接口	xwfb. lmgl.tjlm.java添加栏目模块 public.jcbjsfdl.jsp:检查编辑是否登录				
备　　注					

表16 模块详细设计说明表（b）

模块名称	添加栏目模块		模块代号	xwfb. lmgl.tjlm.java	
适用范围	全局		类型	JAVABEAN	
模块功能	用于编辑添加栏目				
作　　者	×××	编写时间	2005-5-3	修改人	×××
修改时间		修改批准人		修改次数	
性能要求	在12秒内完成				
限制条件	仅编辑				
输　　入	栏目名称、所属上级栏目、所属模板				
输　　出	提示信息				
算法逻辑	1. 检查数据完整性 2. 添加数据库记录（表Tb_Program） 3. 调用public.scjtym.java: 用于生成静态页面				
相关对象及接口	public.scjtym.java:生成静态页面				
备　　注					

1.4.11 修改栏目模块的设计说明

表 17 模块详细设计说明表（a）

模块名称	修改栏目模块		模块代号	xwfb_ lmgl _xglm.jsp
适用范围	全局		类型	Jsp 页面
模块功能	用于编辑修改栏目			
作　　者	×××	编写时间	2005-5-3	修改人	×××
修改时间		修改批准人		修改次数	
性能要求	在2秒内完成			
限制条件	仅编辑			
输　　入	栏目名称、栏目所属上级栏目（栏目结构）、应用模版			
输　　出	静态页面			
算法逻辑	1. 建立表单 2. 查询数据库 3. 给表单赋初始值 4. 调用xwfb. lmgl.xglm.java修改栏目模块			
相关对象及接口	xwfb. lmgl.xglm.java修改栏目模块 public.jcbjsfdl.jsp:检查编辑是否登录			
备　　注				

表 18 模块详细设计说明表（b）

模块名称	修改栏目模块		模块代号	xwfb. lmgl.xglm.java	
适用范围	全局		类型	JAVABEAN	
模块功能	用于编辑修改栏目				
作　　者	×××	编写时间	2005-5-3	修改人	×××
修改时间		修改批准人		修改次数	
性能要求	在12秒内完成				
限制条件	仅编辑				
输　　入	栏目名称、栏目所属上级栏目（栏目结构）、应用模板				
输　　出	静态页面				
算法逻辑	1. 检查数据完整性 2. 调用public.scjtym.java: 用于生成静态页面				
相关对象及接口	public.scjtym.java: 用于生成静态页面				
备　　注					

1.4.12 删除栏目模块的设计说明

表19 模块详细设计说明表

模块名称	删除栏目模块		模块代号	xwfb. lmgl.sclm.java	
适用范围	全局		类型	servlet	
模块功能	用于编辑删除栏目				
作　　者	×××	编写时间	2005-5-3	修改人	×××
修改时间		修改批准人		修改次数	
性能要求	在2秒内完成				
限制条件	仅编辑				
输　　入	无				
输　　出	提示信息				
算法逻辑	1. 删除数据库记录 2. 调用public.scjtym.java: 用于生成静态页面				
相关对象及接口	public.scjtym.java: 用于生成静态页面				
备　　注					

1.4.13 添加广告模块的设计说明

表20 模块详细设计说明表（a）

模块名称	添加广告模块		模块代号	ggfb_gggl_tjgg.jsp	
适用范围	全局		类型	Jsp页面	
模块功能	用于编辑添加广告				
作　　者	×××	编写时间	2005-5-3	修改人	×××
修改时间		修改批准人		修改次数	
性能要求	在2秒内完成				
限制条件	仅编辑				
输　　入	广告内容、连接位置、广告位				
输　　出	广告位所影响的静态页面				
算法逻辑	1. 建立表单 2. 调用ggfb. gggl.tjgg.java添加广告模块				
相关对象及接口	ggfb. gggl.tjgg.java添加广告模块 public.jcbjsfdl.jsp:检查编辑是否登录				
备　　注					

表 21　模块详细设计说明表（b）

模块名称	添加广告模块		模块代号	ggfb. gggl.tjgg.java	
适用范围	全局		类型	JAVABEAN	
模块功能	用于编辑添加广告				
作　　者	×××	编写时间	2005-5-3	修改人	×××
修改时间		修改批准人		修改次数	
性能要求	在 12 秒内完成				
限制条件	仅编辑				
输　　入	广告内容、连接位置、广告位				
输　　出	广告位所影响的静态页面				
算法逻辑	1. 检查数据完整性 2. 添加数据库记录（表 Tb_Advertisement）				
相关对象及接口					
备　　注					

1.4.14　修改广告模块的设计说明

表 22　模块详细设计说明表（a）

模块名称	修改广告模块		模块代号	ggfb_gggl_xggg.jsp	
适用范围	全局		类型	Jsp 页面	
模块功能	用于编辑修改广告				
作　　者	×××	编写时间	2005-5-3	修改人	×××
修改时间		修改批准人		修改次数	
性能要求	在 2 秒内完成				
限制条件	仅编辑				
输　　入	广告内容、连接位置、广告位、广告描述				
输　　出	广告位所影响的静态页面				
算法逻辑	1. 建立表单 2. 查询数据库 3. 给表单赋初始值 4. 调用 ggfb. gggl.xggg.java 修改广告模块				
相关对象及接口	ggfb. gggl.xggg.java 修改广告模块 public.jcbjsfdl.jsp: 用于检查编辑是否登录				
备　　注					

表23　模块详细设计说明表（b）

模块名称	修改广告模块		模块代号	ggfb. gggl.xggg.java	
适用范围	全局		类型	JAVABEAN	
模块功能	用于编辑修改广告				
作　　者	×××	编写时间	2005-5-3	修改人	×××
修改时间		修改批准人		修改次数	
性能要求	在12秒内完成				
限制条件	仅编辑				
输　　入	广告内容、连接位置、广告位、广告描述				
输　　出	广告位所影响的静态页面				
算法逻辑	1. 检查数据完整性 2. 修改数据库记录 3. 调用public.scjtym.java:生成静态页面				
相关对象及接口	public.scjtym.java:生成静态页面				
备　　注					

1.4.15　删除广告模块的设计说明

表24　模块详细设计说明表

模块名称	删除广告模块		模块代号	ggfb. gggl.scgg.java	
适用范围	全局		类型	servlet	
模块功能	用于编辑删除广告				
作　　者	×××	编写时间	2005-5-3	修改人	×××
修改时间		修改批准人		修改次数	
性能要求	在2秒内完成				
限制条件	仅编辑				
输　　入	无				
输　　出	提示信息				
算法逻辑	1. 检查模版是否有应用此广告（有则执行2）（无则执行3） 2. 删除数据库记录 3. 提示不能删除				
相关对象及接口	public.jcbjsfdl.jsp:检查编辑是否登录				
备　　注					

1.4.16 广告列表模块的设计说明

表 25 模块详细设计说明表

模块名称	广告列表模块		模块代号	ggfb_gggl_gglb.jsp	
适用范围	全局		类型	Jsp 页面	
模块功能	查看站点广告				
作　　者	×××	编写时间	2005-5-3	修改人	×××
修改时间		修改批准人		修改次数	
性能要求	在 2 秒内完成				
限制条件	仅编辑				
输　　入	无				
输　　出	广告编号、广告位、广告描述				
算法逻辑	1. 查询数据库 2. 循环输出结果集				
相关对象及接口	public.jcbjsfdl.jsp:检查编辑是否登录				
备　　注	应用分页算法逻辑				

1.4.17 添加编辑模块的设计说明

表 26 模块详细设计说明表（a）

模块名称	添加编辑模块		模块代号	bjgl_cygl_tjbj.jsp	
适用范围	全局		类型	Jsp 页面	
模块功能	用于总编辑添加编辑				
作　　者	×××	编写时间	2005-5-3	修改人	×××
修改时间		修改批准人		修改次数	
性能要求	在 2 秒内完成				
限制条件	仅编辑				
输　　入	编辑登录 ID、初始密码、权限				
输　　出	无				
算法逻辑	1. 建立表单 2. 调用 bjgl. cygl. tjbj.java 添加编辑模块				
相关对象及接口	public.jcbjsfdl.jsp:检查编辑是否登录 bjgl.cygl.tjbj.java：添加编辑模块				
备　　注					

表27　模块详细设计说明表（b）

模块名称	添加编辑模块		模块代号	bjgl. cygl. tjbj.java	
适用范围	全局		类型	JAVABEAN	
模块功能	用于总编辑添加编辑				
作　　者	×××	编写时间	2005-5-3	修改人	×××
修改时间		修改批准人		修改次数	
性能要求	在2秒内完成				
限制条件	仅编辑				
输　　入	编辑登录ID、初始密码、权限				
输　　出	无				
算法逻辑	1. 检查数据完整性 2. 添加数据库记录				
相关对象及接口					
备　　注					

1.4.18　编辑列表模块的设计说明

表28　模块详细设计说明表

模块名称	编辑列表模块		模块代号	bjgl_cygl_xglb.jsp	
适用范围	全局		类型	Jsp页面	
模块功能	查看站点编辑权限				
作　　者	×××	编写时间	2005-5-3	修改人	×××
修改时间		修改批准人		修改次数	
性能要求	在2秒内完成				
限制条件	仅编辑				
输　　入	无				
输　　出	编辑登录ID、编辑权限				
算法逻辑	1. 查询数据库记录 2. 循环输出编辑登录ID、编辑权限				
相关对象及接口	public.jcbjsfdl.jsp:检查编辑是否登录				
备　　注	应用分页算法逻辑				

1.4.19 删除编辑模块的设计说明

表 29 模块详细设计说明表

模块名称	删除编辑模块		模块代号	bjgl.cygl.scbj.java	
适用范围	全局		类型	servlet	
模块功能	用于总编辑删除编辑				
作　　者	×××	编写时间	2005-5-3	修改人	×××
修改时间		修改批准人		修改次数	
性能要求	在2秒内完成				
限制条件	仅编辑				
输　　入	无				
输　　出	提示信息				
算法逻辑	删除数据库记录				
相关对象及接口	public.jcbjsfdl.jsp:检查编辑是否登录				
备　　注					

1.4.20 编辑权限管理模块的设计说明

表 30 模块详细设计说明表（a）

模块名称	编辑权限管理模块		模块代号	bjgl_qxgl_bjqxgl.jsp	
适用范围	全局		类型	Jsp 页面	
模块功能	用于总编辑管理编辑权限				
作　　者	×××	编写时间	2005-5-3	修改人	×××
修改时间		修改批准人		修改次数	
性能要求	在2秒内完成				
限制条件	仅编辑				
输　　入	权限				
输　　出	提示信息				
算法逻辑	1. 建立表单 2. 查询数据库 3. 给表单赋初始值				
相关对象及接口	public.jcbjsfdl.jsp:检查编辑是否登录 bjgl. qxgl. bjqxgl.java：编辑权限管理模块				
备　　注					

表31　模块详细设计说明表（b）

模块名称	编辑权限管理模块		模块代号	bjgl. qxgl. bjqxgl.java	
适用范围	全局		类型	JAVABEAN	
模块功能	用于总编辑管理编辑权限				
作　　者	×××	编写时间	2005-5-3	修改人	×××
修改时间		修改批准人		修改次数	
性能要求	在2秒内完成				
限制条件	仅编辑				
输　　入	权限				
输　　出	提示信息				
算法逻辑	1. 检查数据完整性 2. 修改数据库记录				
相关对象及接口					
备　　注					

1.4.21　生成静态页面模块的设计说明

表32　模块详细设计说明表

模块名称	生成静态页面模块		模块代号	public.scjtym.java	
适用范围	全局		类型	JAVABEAN	
模块功能	用于生成静态页面				
作　　者	×××	编写时间	2005-5-3	修改人	×××
修改时间		修改批准人		修改次数	
性能要求	在10秒内完成				
限制条件	仅编辑				
输　　入	页面类型、记录编号				
输　　出	静态页面				
算法逻辑	1. 获取参数 2. 判断生成页面类型（1=新闻页面到第3步、2=首页到第11步、3=栏目到第7步） 3. 查询数据库（表Tb_News）获取新闻标题、新闻内容、所属栏目、录入时间、关键字、模版ID 4. 查询数据库（表Tb_Templet）获取模板内容 5. 替换模板内容中的标签 6. 写静态页面（结束） 7. 查询数据库（表Tb_Program）获取栏目名、上级栏目名 8. 查询数据库（表Tb_Templet）获取模板内容 9. 替换模板内容中的标签 10. 写静态页面（结束） 11. 查询数据库（表Tb_Templet）获取模板内容 12. 替换模板内容中的标签 13. 写静态页面（结束）				
相关对象及接口					
备　　注					

1.4.22 编辑登录模块的设计说明

表 33 模块详细设计说明表

模块名称	编辑登录模块		模块代号	bjgl_bjdl.jsp	
适用范围	全局		类型	Jsp 页面	
模块功能	用于编辑登录				
作　　者	×××	编写时间	2005-5-3	修改人	×××
修改时间		修改批准人		修改次数	
性能要求	在2秒内完成				
限制条件	仅编辑				
输　　入	登录ID				
输　　出	无				
算法逻辑	1. 检查数据完整性 2. 查询数据库记录 3. 用session（" userid" ," password" ）对象记录编辑登录ID及编辑权限				
相关对象及接口					
备　　注					

1.4.23 检查编辑是否登录模块的设计说明

表 34 模块详细设计说明表

模块名称	检查编辑是否登录模块		模块代号	public_jcbjsfdl.jsp	
适用范围	全局		类型	Jsp 页面	
模块功能	用于检查编辑是否登录				
作　　者	×××	编写时间	2005-5-3	修改人	×××
修改时间		修改批准人		修改次数	
性能要求	在2秒内完成				
限制条件	仅编辑				
输　　入	无				
输　　出	无				
算法逻辑	1. 判断session("userid")是否存在，若不存在则跳转到bjgl_bjdl.jsp 2. 判断session("password")是否包含页面代号，若不存在则跳转到bjgl_bjdl.jsp				
相关对象及接口					
备　　注					

分页显示算法逻辑：

1. 查询数据库获取记录总数；
2. 计算总页数；
3. 计算当前页所对应的第一条记录的位置；
4. 查询数据库得到结果集；
5. 移动结果集记录点到第3步计算的位置；
6. 循环输出每页要求的输出条数。

1.5 模块相互关系表

提示：根据第4节的内容理清各模块间的调用/被调用关系，并填写下表。

表35 模块相互关系表

模块名称	本模块详细设计说明书编号	相关模块名称	相关模块详细设计说明书编号	相互关系描述
添加模板模块	xwfb_mbbj_tjmb.jsp	添加模板模块	xwfb.mbbj.tjmb.java	调用
添加模板模块	xwfb_mbbj_tjmb.jsp	检查编辑是否登录	public.jcbjsfdl.jsp	调用
修改模板模块	xwfb_mbbj_xgmb.jsp	修改模板模块	xwfb.mbbj.xgmb.java	调用
修改模板模块	xwfb_mbbj_xgmb.jsp	检查编辑是否登录	public.jcbjsfdl.jsp	调用
修改模板模块	xwfb.mbbj.xgmb.java	生成静态页面	public.scjtym.java	调用
删除模板模块	xwfb.mbbj.scmb.java	检查编辑是否登录	public.jcbjsfdl.jsp	调用
模板列表模块	xwfb_mbbj_mblb.jsp	检查编辑是否登录	public.jcbjsfdl.jsp	调用
新闻列表模块	xwfb_xwgl_xwlb.jsp	检查编辑是否登录	public.jcbjsfdl.jsp	调用
添加新闻模块	xwfb_ xwgl _tjxw.jsp	添加新闻模块	xwfb. xwgl.tjxw.java	调用
添加新闻模块	xwfb_ xwgl _tjxw.jsp	检查编辑是否登录	public.jcbjsfdl.jsp	调用
添加新闻模块	xwfb. xwgl.tjxw.java	生成静态页面	public.scjtym.java	调用
修改新闻模块	xwfb_ xwgl _xgxw.jsp	修改新闻模块	xwfb. xwgl.xgxw.java	调用
修改新闻模块	xwfb_ xwgl _xgxw.jsp	检查编辑是否登录	public.jcbjsfdl.jsp	调用
修改新闻模块	xwfb. xwgl.xgxw.java	生成静态页面	public.scjtym.java	调用
删除新闻模块	xwfb. xwgl.scxw.java	检查编辑是否登录	public.jcbjsfdl.jsp	调用
栏目列表模块	xwfb_lmgl_lmlb.jsp	检查编辑是否登录	public.jcbjsfdl.jsp	调用
添加栏目模块	xwfb_ lmgl _tjlm.jsp	添加栏目模块	xwfb. lmgl.tjlm.java	调用
添加栏目模块	xwfb_ lmgl _tjlm.jsp	检查编辑是否登录	public.jcbjsfdl.jsp	调用
添加栏目模块	xwfb. lmgl.tjlm.java	生成静态页面	public.scjtym.java	调用
修改栏目模块	xwfb_ lmgl _xglm.jsp	修改栏目模块	xwfb. lmgl.xglm.java	调用
修改栏目模块	xwfb_ lmgl _xglm.jsp	检查编辑是否登录	public.jcbjsfdl.jsp	调用

续表

模块名称	本模块详细设计说明书编号	相关模块名称	相关模块详细设计说明书编号	相互关系描述
修改栏目模块	xwfb. lmgl.xglm.java	生成静态页面	public.scjtym.java	调用
删除栏目模块	xwfb. lmgl.sclm.java	检查编辑是否登录	public.jcbjsfdl.jsp	调用
添加广告模块	ggfb_gggl_tjgg.jsp	检查编辑是否登录	public.jcbjsfdl.jsp	调用
添加广告模块	ggfb_gggl_tjgg.jsp	添加广告模块	ggfb. gggl.tjgg.java	调用
修改广告模块	ggfb_gggl_xggg.jsp	修改广告模块	ggfb. gggl.xggg.java	调用
修改广告模块	ggfb_gggl_xggg.jsp	检查编辑是否登录	public.jcbjsfdl.jsp	调用
修改广告模块	ggfb. gggl.xggg.java	生成静态页面	public.scjtym.java	调用
删除广告模块	ggfb. gggl.scgg.java	检查编辑是否登录	public.jcbjsfdl.jsp	调用
广告列表模块	ggfb_gggl_gglb.jsp	检查编辑是否登录	public.jcbjsfdl.jsp	调用
添加编辑模块	bjgl_cygl_tjbj.jsp	检查编辑是否登录	public.jcbjsfdl.jsp	调用
添加编辑模块	bjgl_cygl_tjbj.jsp	添加编辑模块	bjgl.cygl.tjbj.java	调用
编辑列表模块	bjgl_cygl_xglb.jsp	检查编辑是否登录	public.jcbjsfdl.jsp	调用
删除编辑模块	bjgl.cygl.scbj.java	检查编辑是否登录	public.jcbjsfdl.jsp	调用
编辑权限管理模块	bjgl_qxgl_bjqxgl.jsp	检查编辑是否登录	public.jcbjsfdl.jsp	调用
编辑权限管理模块	bjgl_qxgl_bjqxgl.jsp	编辑权限管理模块	bjgl. qxgl. bjqxgl.java	调用

参 考 资 料

[1] ANDROID 自定义视图——onMeasure 流程，MeasureSpec 详解. http://blog.csdn.net/easyer2012/article/details/37900583.
[2] Android的 onMeasure方法. https://www.2cto.com/kf/201402/276507.html.
[3] Android:scaleType属性. http://www.cnblogs.com/zhujiabin/p/4550855.html.
[4] Android 设置各种颜色. http://blog.csdn.net/callmejason/article/details/44120023.
[5] SQL 教程.http://www.w3school.com.cn/sql/index.asp.
[6] JAVA 中 this的三种用法的详解. http://blog.csdn.net/javaniuniu/article/details/52447502.
[7] 杨明羽.Android语法规范参考大全[M]. 北京：电子工业出版社，2012:300-302.
[8] Cursor游标接口简介. http://blog.csdn.net/guomeijuan916/article/details/7960130.
[9] Android Cursor浅析. http://blog.csdn.net/ifloveelse/article/details/28595833.
[10] Android 之 JSON 格式数据解析. http://blog.csdn.net/hantangsongming/article/details/42234293.
[11] Handler 系列一：如何使用. https://segmentfault.com/a/1190000005926314.
[12] Android 进阶——深入浅出 Handler（一）. http://www.cnblogs.com/JohnTsai/p/5259869.html.
[13] Android ListView详解. http://www.cnblogs.com/allin/archive/2010/05/11/1732200.html.
[14] listview与adapter用法. http://l62s.iteye.com/blog/1675509.
[15] Android 研究院之应用程序 ListView 详解（六）. http://www.xuanyusong.com/archives/91.
[16] Android基础入门教程——2.3.8 SeekBar(拖动条). http://blog.csdn.net/coder_pig/article/details/47779933.
[17] 自定义 Seekbar. http://blog.csdn.net/imdxt1986/article/details/7609164.
[18] JAVA 中常用 IO 流类：FileInputStream 和 FileOutputStream. http://blog.csdn.net/caixiexin/article/details/6719407.
[19] 本地文件读写：FileInputStream 和 FileOutputStream. http://blog.sina.cn/dpool/blog/s/blog_70e5bf6e0101dwsd.html.
[20] Android 设置各种颜色.http://blog.csdn.net/callmejason/article/details/44120023.
[21] Android 画图最基本的三个对象（Color，Paint，Canvas）. http://blog.csdn.net/

hzc543806053/article/details/7672965.
[22] Android 2D绘图初步. http://www.cnblogs.com/chenkailw/p/5113888.html.
[23] Android入门第十四篇之画图. http://blog.csdn.net/hellogv/article/details/5970083.
[24] Android提高第一篇之MediaPlayer. http://blog.csdn.net/hellogv/article/details/5975864.
[25] 深入 Android MediaPlayer 的使用方法详解. http://blog.csdn.net/u014365133/article/details/53330776.
[26] Android Mediaplayer各种属性和方法简单介绍. http://www.cnblogs.com/dyllove98/p/3192090.html.
[27] Android：控件 AutoCompleteTextView 自动提示. http://www.cnblogs.com/tinyphp/p/3969984.html.
[28] AutoCompleteTextView简单用法.http://blog.csdn.net/i_lovefish/article/details/17337999.
[29] Android 缓存浅谈（一） LruCache. http://blog.csdn.net/zxw136511485/article/details/52153287.
[30] 详细解读LruCache类. http://www.cnblogs.com/tianzhijiexian/p/4248677.html.
[31] imageLoader之介绍. http://www.cnblogs.com/awkflf11/p/6608114.html.
[32] Android 开源框架 Universal-Image-Loader 完全解析（一）——基本介绍及使用. http://blog.csdn.net/xiaanming/article/details/26810303/.
[33] Android中getSystemService详解.http://blog.sina.com.cn/s/blog_7cb2c5d50101c26t.html.
[34] Android 中 getSystemService 详 解.http://blog.sina.cn/dpool/blog/s/blog_7cb2c5d50101c26t. html.
[35] Android之ActivityManager简介（一）.http://blog.csdn.net/ljphhj/article/details/9835877.
[36] MD5算法原理与实现.http://blog.csdn.net/xiaofengcanyuexj/article/details/37698801.
[37] MD5算法原理.http://blog.csdn.net/forgotaboutgirl/article/details/7258109.
[38] java提高篇（二三）——HashMap. http://www.cnblogs.com/chenssy/p/3521565.html.